安装工程预算编制必读(第二版)

祝连波　主编
张　玉　副主编

U0254014

中国建筑工业出版社

图书在版编目（CIP）数据

安装工程预算编制必读/祝连波主编．—2版．—北京：
中国建筑工业出版社，2015.7
ISBN 978-7-112-18378-4

Ⅰ．①安… Ⅱ．①祝… Ⅲ．①建筑安装—预算编制
Ⅳ．①TU723.3

中国版本图书馆 CIP 数据核字（2015）第 198193 号

本书根据现行《建设工程工程量清单计价规范》GB 50500—2013、《通用安装工程工程量计算规范》GB 50856—2013 及最新给水排水、暖通、工业管道及建筑电气工程制图标准及其他最新资料编制。本书内容共由 9 章组成，具体为：安装工程预算概述；给水排水工程预算编制方法；消防工程预算编制方法；采暖工程预算编制方法；通风空调工程预算编制方法；工业管道工程预算编制方法；电气设备工程预算编制方法；建筑智能化工程预算编制方法；刷油、防腐蚀、绝热工程预算编制方法。

本书可供造价人员、工程预算人员、工程审计人员、工程概算编制和审计人员阅读，是从事安装工程预算必不可少的工具书，也可作为大中专院校有关专业师生学习安装工程预算的教材。

*　　　*　　　*

责任编辑：郭　栋　张　磊
责任设计：张　虹
责任校对：李欣慰　党　蕾

安装工程预算编制必读（第二版）

祝连波　主　编
张　玉　副主编

*

中国建筑工业出版社出版、发行（北京西郊百万庄）
各地新华书店、建筑书店经销
北京传奇佳彩数码印刷有限公司制版
北京盈盛恒通印刷有限公司印刷

*

开本：787×1092毫米　1/16　印张：21½　字数：522千字
2015年9月第二版　2015年9月第二次印刷
定价：49.00元
ISBN 978-7-112-18378-4
（27563）

第二版前言

　　《安装工程预算编制必读》自 2011 年问世以来，深受广大工程预算人员的喜爱，全体参编人员倍感欣慰。2013 年 7 月起，我国工程建设领域开始执行《建设工程工程量清单计价规范》GB 50500—2013、《通用安装工程工程量计算规范》GB 50856—2013 及《建筑安装工程费用项目组成》建标〔2013〕44 号文，为此，本书及时修订、更新了第一版中的清单规范及相关例题，以便于广大工程预算人员更好地查阅使用。

　　第二版修订由祝连波组织完成，具体分工如下：祝连波完成第 1、7 章及第 2 章第 1、2 节的更新，张玉完成第 3、8、9 章的更新，温海燕完成第 4、5 章的更新，闫林君完成第 2 章的第 3、4 节及第 6 章的更新，硕士生王源佑、王晓许及海月协助完成部分绘图内容，在此表示衷心感谢！

目　录

第1章 安装工程预算概述

为了介绍安装工程预算编制的基本原理和方法，本章首先介绍安装工程预算方面的基本知识，重点介绍安装工程预算的编制步骤、安装工程工程量计算方法、安装工程的定额计价体系及清单计价体系，以便为深入学习编制其他各种安装工程的预算打好基础。

1.1 概　　述

1.1.1 安装工程定义

安装工程是指按设计的施工图和施工验收规范的规定，把各种设备安装在一定的地方，或将建筑材料经过一些工艺加工处理而形成的具有一定使用价值产品的过程。

安装工程包含的内容非常广泛，涉及许多专业，如给水排水工程、消防工程、采暖工程、通风空调工程、工业管道工程、电气设备安装工程及建筑智能设备安装工程等。这些安装工程具有独立的设计文件及独立的施工条件，在编制安装工程预算时需独立编制各部分的工程造价。

1.1.2 安装工程预算编制步骤

安装工程预算的编制是一项庞杂而又细致的工作，并具有较强的政策性和科学性，需要按照一定的编制步骤完成预算编制。由于编制条件、编制者的工作习惯及编制水平的差异，在编制预算中编制者可能会采取不同的步骤，但基本的编制步骤是一致的。其基本编制步骤为：

（1）做好编制预算的准备工作

编制预算准备工作的内容包括：熟悉施工图，参加施工图的技术交底和图纸会审，充分了解施工图及有关设计文件；熟悉施工组织设计等；收集与安装工程有关的材料、设备价格；熟悉施工工艺及现场的施工条件；收集与编制预算有关的文件及规定等。

（2）划分单位工程

预算编制前，为避免重复或漏项，需要按图纸进行单位工程划分。一般安装工程可直接根据设计图纸划分不同单位工程。

（3）计算工程量

工程量是编制预算的基础。工程量计算要符合定额或清单计价体系的工程量计算规则的规定，计算方法要正确，防止重复计算或漏项，计算底稿要力求简洁，且具有可查性。计量单位与预算定额的单位要保持一致。

（4）套用预算定额消耗量并编制工程量清单

工程量计算完毕后，应进行整理、汇总，按一定格式填写工程量清单。

（5）费用计取

按照定额或清单取费规定进行取费计算，得到单位工程造价。

（6）计算有关指标

根据需要计算能反映工程造价主要数据的有关指标，如每平方米安装造价指标，主要材料耗用指标，人工、材料、机械单位耗用水平等。

（7）撰写预算编制说明

为了说明各单位安装工程预算编制依据、编制条件，各单位工程预算的编制说明是一项必不可少的内容。完成后的工程预算经有关人员或部门审核后，需按规定的格式整理出正式预算书。

1.1.3 安装工程的工程量计算

工程量是衡量工程建设规模的实物量，是预算编制的原始数据。工程量的多少，将直接影响到工程造价的高低，所以，工程量计算的精度与合理性，将直接影响到预算编制的准确性。

准确地识读工程图，具备一定的专业知识，掌握定额或清单的"工程量计算规则"，并有一定的数学计算基础和综合归纳的统筹技巧，是准确计算工程量的基本功。

1.1.3.1 工程量的计量单位

工程量的计量单位有物理计量单位和自然计量单位两类。物理计量单位是指法定的计量单位，它包括长度、面积、体积和质量四种计量单位。

（1）长度（m）：一般用"延长米"。如：电缆敷设长度、管道安装长度等，均以长度计量。

（2）面积（m²）：指外围或表面范围的"平方米"。有外围面积、净（实）面积、展开面积等区别。安装工程多以展开面积计算，例如：通风管道的面积、刷油的面积。

（3）体积（m³）：指空间范围或建筑实体的"立方米"。有外围体积与实体积之分。如管道保温绝热的体积。

（4）质量（t）：指统一的重力计量。如金属支架的质量。

自然计量单位是指建筑成品表现在自然状态下的计量。汉语中的自然计量单位，因物而异，称呼不同，如常用台、套、组、个、只、片、系统、块等。安装工程中，大量地使用自然计量单位。例如：配电柜（盘）、灯具、插座、阀门、卫生洁具、散热器等安装项目，都采用自然计量单位。

1.1.3.2 工程量的计算方法

编制安装工程预算，一般采用"按图列式、逐项计算、全面核对"的方法，分项逐条地算出安装工程的工程量。工程量计算方法的要点是：

（1）工程量计算的主要依据是施工图、安装工程预算消耗量定额及工程量清单计价规范。

（2）必须掌握识读工程图的基本技术，能较熟练地看懂施工图，只有弄清施工图的内容及其尺寸，才能准确地计算各个项目的工程量。

（3）必须熟悉有关专业的安装工程预算消耗量定额，明确定额的分项内容包含的部分和未包含部分，这是防止重复计算或漏项的关键，也是准确组价的基础。

（4）计算中对几何公式的运用是工程量计算的基础。要善于捕捉施工图中规律性的图形及其尺寸，运用相应的几何公式来简化计算。

（5）选择工程量的合理计算顺序，是确保工程量计算做到内容全面、便捷明了、列式系统、一式多用的关键。常用的工程量计算顺序有按图纸顺序（编号、轴线、层段、上下、左右、内外等）、按施工顺序、按系统顺序（管线走向）和按清单编码顺序等多种。对于初学者，建议采用按清单编号顺序计算工程量。

（6）列式计算工程量是使工程量有据可查的基本方法。计算式中，应在数字的下方标注位置或含义，以有利于复核。同一计价项目涉及众多部位时，尽可能按不同部位分别单列算式，再进行汇总，以供套价。

1.2　安装工程预算定额计价体系

1.2.1　《全国统一安装工程预算定额》简介

《全国统一安装工程预算定额》简称《安装工程预算定额》。2013 年《建设工程工程量清单计价规范》颁布后，各省市将"量、价"合一的定额，进行"量、价"分离，编制出本地区的"消耗量定额"和"综合单价"以指导本地区工程造价管理工作。量价分离后称为"安装工程消耗量定额"。安装工程消耗量定额是建设工程定额体系中的专业类定额。

1.2.1.1　《全国统一安装工程预算定额》的适用范围

《全国统一安装工程预算定额》适用于各类工业建筑、民用建筑、扩建项目的安装工程。

1.2.1.2　《全国统一安装工程预算定额》的组成

我国现行《全国统一安装工程预算定额》由 14 个专业安装工程预算定额组成，具体如下：

第一册《机械设备安装工程》；

第二册《电气设备安装工程》；

第三册《热力设备安装工程》；

第四册《炉窑砌筑工程》；

第五册《静置设备与工艺金属结构制作安装工程》；

第六册《工业管道工程》；

第七册《消防及安全防范设备安装工程》；

第八册《给水排水、采暖、燃气工程》；

第九册《通风空调工程》；

第十册《自动化控制仪表安装工程》；

第十一册《刷油、防腐蚀、绝热工程》；

第十二册《通信设备及线路安装工程》；

第十三册《建筑智能化系统设备安装工程》；

第十四册《长距离输送管道工程》。

1.2.1.3 《全国统一安装工程预算定额》的适用条件

《全国统一安装工程预算定额》是按正常施工条件进行编制的，所以只适用于正常施工条件。正常施工条件包括：

（1）设备、材料、成品、半成品及构件完整无损，符合质量标准和设计要求，附有合格证书和试验记录。

（2）安装工程和土建工程之间的交叉作业正常。

（3）安装地点、建筑物、设备基础、预留孔洞等均符合安装要求。

（4）水、电供应均满足安装施工正常使用。

（5）正常的气候、地理条件和施工环境。

当在非正常施工条件下施工时，如在有毒、超高、管廊内施工时，应根据有关规定增加其费用。

1.2.1.4 《全国统一安装工程预算定额》各册的组成

《全国统一安装工程预算定额》中14个专业安装工程消耗量定额由以下内容组成：

（1）定额总说明

定额总说明的内容包含说明定额编制的依据，工程施工条件的要求，定额人工、材料、机械台班消耗标准的说明及范围，施工中所用仪器、仪表台班消耗量的取定，对垂直和水平运输要求的说明，对定额中相关费用按系数计取的规定及其他有关问题的说明。

（2）各专业工程定额册说明

各专业工程定额册说明是对各册定额共同性问题所作的说明。说明该专业工程定额的内容和适用范围，定额依据的专业标准和规范，定额的编制依据，有关人工、材料和机械台班定额的说明，与其他安装专业工程定额的关系，超高、超层脚手架搭拆及摊销等的规定。

（3）目录

目录为查找、检索安装工程子目定额提供方便。定额目录为工程造价人员在计算工程造价时提供连贯性的参考，在分项计算消耗量时不漏项或错算。

（4）分章说明

主要说明本章定额的适用范围、工作内容、工程量的计算规则、本定额不包括的工作内容以及用定额系数计算消耗量的一些规定。

（5）定额项目表

它是各专业工程定额的重要内容之一，定额分项工程项目表是预算定额的主要部分，按章——节——项——分项——子项——目——子目（工程基本构成要素）等次序排列起来，如表1-1所示。定额项目表的组成内容包括：章节名称，分节工作内容，各组成子目及其编号，各子目人工、材料、机械台班消耗数量等。它以表格形式列出各分项工程项目的名称、计量单位、工作内容、定额编号及其中的人工、材料、机械台班消耗量。

室外管道安装工程预算定额

表 1-1

一、室外管道

1. 镀锌钢管（螺纹连接）：

工作内容： 切管、套丝、上零件、调直、管道安装、水压试验。

计量单位：10m

定 额 编 号			8-1	8-2	8-3	8-4	8-5	8-6
项 目			公称直径（mm 以内）					
			15	20	25	32	40	50
名 称	单位	单价（元）	数 量					
人工 综合工日	工日	23.22	0.650	0.650	0.650	0.650	0.710	0.820
镀锌钢管 DN15	m	—	(10.150)	—	—	—	—	—
镀锌钢管 DN20	m	—	—	(10.150)	—	—	—	—
镀锌钢管 DN25	m	—	—	—	(10.150)	—	—	—
镀锌钢管 DN32	m	—	—	—	—	(10.150)	—	—
镀锌钢管 DN40	m	—	—	—	—	—	(10.150)	—
镀锌钢管 DN50	m	—	—	—	—	—	—	(10.150)
室外镀锌钢管接头零件 DN15	个	0.690	1.900	—	—	—	—	—
室外镀锌钢管接头零件 DN20	个	0.930	—	1.920	—	—	—	—
室外镀锌钢管接头零件 DN25	个	1.460	—	—	1.920	—	—	—
室外镀锌钢管接头零件 DN32	个	2.220	—	—	—	1.920	—	—
室外镀锌钢管接头零件 DN40	个	3.460	—	—	—	—	1.860	—
室外镀锌钢管接头零件 DN50	个	5.100	—	—	—	—	—	1.850
钢锯条	根	0.620	0.370	0.420	0.380	0.470	0.640	0.320
砂轮片 φ400	片	23.800	—	—	0.010	0.010	0.010	0.040
机油	kg	3.550	0.020	0.030	0.030	0.030	0.040	0.030
铅油	kg	8.770	0.020	0.020	0.020	0.030	0.040	0.040
线麻	kg	10.400	0.002	0.002	0.002	0.003	0.004	0.004
水	t	1.650	0.050	0.060	0.080	0.100	0.130	0.160
镀锌铁丝 8~12	kg	6.140	0.050	0.050	0.060	0.070	0.080	0.090
破布	kg	5.830	0.100	0.120	0.120	0.130	0.220	0.250
机械 管子切断机 φ60~150	台班	18.290	—	—	0.010	0.010	0.010	0.030
管子切断套丝机 φ159	台班	22.030	—	—	0.020	0.030	0.030	0.040
基价（元）			17.87	18.54	20.49	22.48	26.92	33.83
其中 人工费（元）			15.09	15.09	15.09	15.09	16.49	19.04
材料费（元）			2.78	3.45	4.78	6.55	9.59	13.36
机械费（元）			—	—	0.62	0.84	0.84	1.43

（6）附录

附录放在每册消耗量定额后，为使用定额提供参考资料和数据，一般有以下内容：

① 工程量计算方法及相关规定；

② 材料、构件、零件、组件等质量及数量表；

③ 材料配合比表、材料损耗率表等。

1.2.2 安装工程费用系数计算

安装工程预算定额中，把不便列项目的内容，如高层建筑增加费、工程超高增加费、脚手架搭拆费等，用规定的系数计算其费用，它们列在各专业定额册的册说明中或定额总说明中。

1.2.2.1 高层建筑增加费

（1）定义

高层建筑增加费是指在高层建筑（高度在6层或20m以上的工业与民用建筑）施工时增加的人工降效及材料垂直运输增加的人工费用。

① 高层建筑的定义

在安装工程预算定额中，建筑超过6层（不含6层），或层数虽未超过6层但建筑物高度超过20m（不含20m）的，两个条件具备其一即属高层建筑，可以计算高层建筑增加费。

② 建筑高度

建筑高度是自室外设计地面算至檐口的高度，不包括屋面水箱间、电梯间、女儿墙、屋面平台出入口等的高度。同一建筑物高度不同时，可按不同高度分别计算。

（2）计算方法

以全部工程的人工费为基数乘以规定的系数计算。

（3）注意事项

① 高层建筑增加费全部为因降效而增加的人工费。

② 高层建筑增加费适用范围：适用于电气设备安装工程，消防及安全防范设备安装工程，给水排水、采暖、燃气工程，通风空调工程以及与其配套的保温、防腐、绝热工程等。

③ 为高层建筑供电的变电所和供水等动力工程，如装在高层建筑的底层或地下室的，不计取高层建筑增加费；装在6层以上的变配电和动力工程，可以计取高层建筑增加费。

1.2.2.2 工程超高增加费

（1）定义

当安装物或操作物的高度超过定额规定的安装高度时，可以计算工程超高增加费。安装高度的计算，有楼地面的按楼地面至安装工作物底部的高度确定，无楼地面的按操作地面（或安装地点的设计地面）至安装工作物底部的高度确定。

（2）计算方法

以超过规定高度以上部分的工程人工费为基数乘以相应系数计算。规定高度以下部分的工程人工费不作为计算基数。

（3）注意事项

① 定额规定的高度：根据各专业工程特点的不同而不同，如电气设备安装工程规定高度为5m，给水排水、采暖、燃气工程规定高度均为3.6m，通风空调工程规定高度为6m。

② 超高系数的差异：安装预算定额中规定的各专业工程的超高系数是不同的，使用时一定要根据各定额册的规定正确选择。

③ 工程超高增加费全部为因降效而增加的人工费。

④ 工程超高增加费适用范围：适用于电气设备安装工程，消防及安全防范设备安装工程，给水排水、采暖、燃气工程，通风空调工程以及与之配套的保温、防腐、绝热工程等。

⑤ 已在定额基价中考虑了超高作业因素的定额项目不得再计算超高增加费，如 10kV 以下架空配电线路、避雷针的安装，半导体少长针消雷装置的安装，路灯、投光灯、气灯、烟囱或水塔指示灯、装饰灯具的安装等。

⑥ 在高层建筑中，如同时符合超高施工条件的，可同时计算高层建筑增加费和超高增加费。

1.2.2.3 脚手架搭拆费

（1）计算规则

安装工程脚手架搭拆费用，以全部工程人工费（含子目系数人工费）为计算基数乘以脚手架搭拆费系数计算。

（2）注意事项

① 脚手架搭拆费系数的差异：各册定额规定的脚手架搭拆费系数不同，如电气设备安装工程规定：脚手架搭拆费按人工费的 4% 计算，其中人工工资占 25%；给水排水、采暖、燃气工程规定：脚手架搭拆费按人工费的 5% 计算，其中人工工资占 25%；通风空调工程规定：脚手架搭拆费按人工费的 3% 计算，其中人工工资占 25%。

② 脚手架搭拆费包括搭拆脚手架所需的人工费、材料费等，其中人工费占 25%。

③ 各专业工程交叉作业施工时，可以互相利用脚手架的因素，在测算系数时已综合考虑。

④ 计算脚手架搭拆费时，大部分是按简易架考虑的。

⑤ 如果安装工程部分或全部利用土建工程的脚手架，脚手架搭拆费还需计算，但对土建工程应作有偿使用。

1.3 安装工程的工程量清单计价体系

工程量清单是指建设工程的分部分项工程项目、措施项目、其他项目、规费项目和税金项目的名称和相应数量等的明细清单，具体包括分部分项工程量清单、措施项目清单、其他项目清单、规费项目清单和税金项目清单。

1.3.1 我国实行工程量清单计价的背景

工程量清单计价是与市场经济相适应的，由承包单位自主报价，通过市场竞争确定价格，与国际惯例接轨的一种计价模式。2003 年 2 月 17 日，建设部以第 119 号公告批准发布了国家标准《建设工程工程量清单计价规范》GB 50500—2003，自 2003 年 7 月 1 日起开始实施。该规范的实施，使我国工程造价从传统的定额计价方式向国际上通行的工程量清单计价模式转变，逐步改革了工程定额的管理方式，实现了量价分离，建立起了以工程定额为指导、市场形成价格为主的工程造价机制，是我国工程造价体制改革的一项重要措施，在工程建设领域受到了广泛的关注与积极的响应。

《建设工程工程量清单计价规范》GB 50500—2003 在实施过程中虽取得了丰硕的成果，但也反映出一些不足。为了更好地完善工程量清单计价工作，住房和城乡建设部组织有关单位和专家对该规范进行了修订，并于 2008 年 7 月 9 日以第 63 号公告发布了《建设工程工程量清单计价规范》GB 50500—2008，自 2008 年 12 月 1 日起实施。该规范的出台对巩固工程量清单计价改革的成果，进一步规范工程量清单计价行为具有十分重要的意义。

2012 年 12 月 25 日，中华人民共和国住房和城乡建设部与中华人民共和国国家质量监督检验检疫总局联合发布《通用安装工程工程量计算规范》GB 50856—2013，该规范自 2013 年 4 月 1 日起实行。该规范根据《建设工程工程量清单计价规范》GB 50500—2008附录 C 编制，其内容包括正文、附录和条文说明三个部分，其中正文包括：总则、术语、工程计量、工程量清单编制（一般规定、分部分项工程、措施项目）四章，共计 26 项条款；附录部分包括附录 A 机械设备安装工程，附录 B 热力设备安装工程，附录 C 静置设备与工艺金属结构制作安装工程，附录 D 电气设备安装工程，附录 E 建筑智能化工程，附录 F 自动化控制仪表安装工程，附录 G 通风空调工程，附录 H 工业管道工程，附录 J消防工程，附录 K 给排水、采暖、燃气工程，附录 L 通信设备及线路工程，附录 M 刷油、防腐蚀、绝热工程，附录 N 措施项目，共计 13 部分。

1.3.2 《通用安装工程工程量计算规范》编制依据

（1）《建设工程工程量清单计价规范》GB 50500—2008；
（2）《机械设备安装工程施工及验收通用规范》GB 50231—2009；
（3）《金属切削机床安装工程施工及验收规范》GB 50271—2009；
（4）《锻压设备安装工程施工及验收规范》GB 50272—2009；
（5）《铸造设备安装工程施工及验收规范》GB 50277—2010；
（6）《风机、压缩机、泵安装工程施工及验收规范》GB 50275—2010；
（7）《制冷设备、空气分离设备安装工程施工及验收规范》GB 50274—2010；
（8）《起重设备安装工程施工及验收规范》GB 50278—2010；
（9）《输送设备安装工程施工及验收规范》GB 50270—2010；
（10）《压力容器》GB 150.1～4—2011；
（11）《现场设备、工业管道焊接工程施工质量验收规范》GB 50683—2011；
（12）《电力建设施工及验收技术规范》锅炉机组篇 DL/T 5047—1995；
（13）《火电施工质量检验及评定标准》（锅炉篇）（1996 年版）；
（14）《电力建设安全工作规程》（火力发电厂部分）DL 5009.1—2002；
（15）《火力发电厂工程建设预算编制与计算标准》（2006 年版）；
（16）《电气装置安装工程 高压电器施工及验收规范》GB 50147—2010；
（17）《电气装置安装工程 母线装置施工及验收规范》GB 50149—2010；
（18）《电气装置安装工程 电缆线路施工及验收规范》GB 50168—2006；
（19）《电气装置安装工程 接地装置施工及验收规范》GB 50169—2006；
（20）《电气装置安装工程 低压电器施工及验收规范》GB 50254—1996；
（21）《建筑电气工程施工质量验收规范》GB 50303—2002；

（22）《民用建筑电气设计规范》JGJ 16—2008；

（23）《建筑照明设计标准》GB 50034—2013；

（24）《自动化仪表工程施工及质量验收规范》GB 50093—2013；

（25）《自动化仪表工程施工质量验收规范》GB 50131—2007；

（26）《分散型控制系统工程设计规范》HG/T 20573—2012；

（27）《仪表配管配线设计规定》HG/T 20512—2000；

（28）《仪表系统接地设计规范》HG/T 20513—2014；

（29）《仪表及管线和绝热保温设计规定》HG/T 20514—2000；

（30）《仪表隔离和吹洗设计规范》HG/T 20515—2014；

（31）《自动分析器室设计规定》HG/T 20516—2014；

（32）《计算机设备安装与调试工程施工及验收规范》YBJ—89；

（33）《采暖通风与空气调节设计规范》GB 50019—2003；

（34）《通风与空调工程施工质量验收规范》GB 50243—2002；

（35）《暖通空调设计选用手册》；

（36）《设备及管道绝热技术通则》GB/T 4272—2008；

（37）《工业设备及管道绝热工程施工质量验收规范》GB 50185—2010；

（38）《工业设备及管道防腐蚀工程施工质量验收规范》GB 50727—2011；

（39）《埋地钢质管道环氧煤沥青防腐层技术标准》SY/T 0447—1996；

（40）《石油化工设备和管道涂料防腐蚀设计规范》SH/T 3022—2011；

（41）现行施工规范、施工质量验收标准、安全技术操作规程、有代表性的标准图集。

1.3.3　适用范围及与市政工程计量规范的项目界限划分

1.3.3.1　适用范围

《通用安装工程工程量计算规范》适用于一般工业与民用建筑安装工程施工发承包计价活动中的工程量清单编制和工程量计算。

安装工程是指各种设备、装置的安装工程。通常包括：工业、民用设备，电气、智能化控制设备，自动化控制仪表，通风空调，工业管道，消防管道及给水排水燃气管道以及通信设备安装等。

1.3.3.2　与市政工程计量规范的项目界限划分

《通用安装工程工程量计算规范》与《市政工程工程量计算规范》GB 50857—2013 相关项目界限划分如下：

（1）《通用安装工程工程量计算规范》的电气设备安装工程与市政工程路灯工程的界定：厂区、住宅小区的道路路灯安装工程及庭院艺术喷泉等电气设备安装工程，按通用安装工程"电气设备安装工程"相应项目执行；涉及市政道路、市政庭院等电气安装工程的项目，按市政工程中"路灯工程"的相应项目执行。

（2）《通用安装工程工程量计算规范》与市政工程管网工程的界定：给水管道以厂区入口水表井为界；排水管道以厂区围墙外第一个污水井为界；热力和燃气以厂区入口第一个计量表（阀门）为界。

（3）《通用安装工程工程量计算规范》给水排水、采暖、燃气工程与市政工程管网工程的界定：室外给水、采暖、燃气管道以计量表井为界；厂区、住宅小区的庭院喷灌及喷泉水设备安装按本规范相应项目执行；公共庭院喷灌及喷泉水设备安装按国家标准《市政工程工程量计算规范》GB 50857—2013 管网工程的相应项目执行。

（4）通用安装工程涉及管沟、坑及井类的土方开挖、垫层、基础、砌筑、抹灰、地沟盖板预制安装、回填、运输、路面开挖及修复、管道支墩的项目，按国家标准《房屋建筑与装饰工程工程量计算规范》GB 50854—2013 和《市政工程工程量计算规范》GB 50857—2013 的相应项目执行。

1.3.4　通用安装工程的措施项目

措施项目是指为完成工程项目施工，发生于该工程施工准备和施工过程中的技术、生活、安全、环境保护等方面的项目。

通用安装工程的措施项目包括专业措施项目、安全文明施工及其他措施项目。

1.3.4.1　专业措施项目

（1）吊装加固

① 项目编码：031301001

② 工作内容及包含范围

a. 行车梁加固；

b. 桥式起重机加固及负荷试验；

c. 整体吊装临时加固件，加固设施拆除、清理。

（2）金属抱杆安装、拆除、移位

① 项目编码：031301002

② 工作内容及包含范围

a. 安装、拆除；

b. 位移；

c. 吊耳制作安装；

d. 拖拉坑挖埋。

（3）平台铺设、拆除

① 项目编码：031301003

② 工作内容及包含范围

a. 场地平整；

b. 基础及支墩砌筑；

c. 支架型钢搭设；

d. 铺设；

e. 拆除、清理。

（4）顶升、提升装置

① 项目编码：031301004

② 工作内容及包含范围：安装、拆除。

（5）大型设备专用机具

① 项目编码：031301005

② 工作内容及包含范围：安装、拆除。

（6）焊接工艺评定

① 项目编码：031301006

② 工作内容及包含范围：焊接试验及结果评价。

（7）胎（模）具制作、安装、拆除

① 项目编码：031301007

② 工作内容及包含范围：胎（模）具制作、安装、拆除。

（8）防护棚制作、安装、拆除

① 项目编码：031301008

② 工作内容及包含范围：防护棚制作、安装、拆除。

（9）特殊地区施工增加

① 项目编码：031301009

② 工作内容及包含范围

a. 高原、高寒施工防护；

b. 地震防护。

（10）安装与生产同时进行施工增加

① 项目编码：031301010

② 工作内容及包含范围

a. 火灾防护；

b. 噪声防护。

（11）在有害身体健康环境中施工增加

① 项目编码：031301011

② 工作内容及包含范围

a. 有害化合物防护；

b. 粉尘防护；

c. 有害气体防护；

d. 高浓度氧气防护。

（12）工程系统检测、检验

① 项目编码：031301012

② 工作内容及包含范围

a. 起重机、锅炉、高压容器等特种设备安装质量监督检验检测；

b. 由国家或地方检测部门进行的各类检测。

（13）设备、管道施工的安全、防冻和焊接保护

① 项目编码：031301013

② 工作内容及包含范围：保证工程施工正常进行的防冻和焊接保护。

（14）焦炉烘炉、热态工程

① 项目编码：031301014

② 工作内容及包含范围

a. 烘炉安装、拆除、外运；

b. 热态作业劳保消耗。

（15）管道安拆后的充气保护

① 项目编码：031301015

② 工作内容及包含范围：充气管道安装、拆除。

（16）隧道内施工的通风、供水、供气、供电、照明及通信设施

① 项目编码：031301016

② 工作内容及包含范围：通风、供水、供气、供电、照明及通信设施安装、拆除。

（17）脚手架搭拆

① 项目编码：031301017

② 工作内容及包含范围

a. 场内、场外材料搬运；

b. 搭、拆脚手架；

c. 拆除脚手架后材料的堆放。

（18）其他措施

① 项目编码：031301018

② 工作内容及包含范围：为保证工程施工正常进行所发生的费用。

1.3.4.2 安全文明施工及其他措施项目

（1）安全文明施工（含环境保护、文明施工、安全施工、临时设施）

安全文明施工费是指工程施工期间按照国家现行的环境保护、建筑施工安全、施工现场环境与卫生标准和有关规定更新施工安全防护用具及设施、改善安全生产条件和作业环境所需要的费用。

① 项目编码：031302001

② 工作内容及包含范围

a. 环境保护包含范围

现场施工机械设备降低噪声、防扰民措施；水泥和其他易飞扬细颗粒建筑材料密闭存放或采取覆盖措施等；工程防扬尘洒水；土石方、建渣外运车辆冲洗、防洒漏等；现场污染源的控制、生活垃圾清理外运、场地排水排污措施；其他环境保护措施。

b. 文明施工包含范围

"五牌一图"的费用；现场围挡的墙面美化（包括内外粉刷、刷白、标语等）、压顶装饰；现场厕所便槽刷白、贴面砖，水泥砂浆地面或地砖，建筑物内临时便溺设施；其他施工现场临时设施的装饰装修、美化措施；现场生活卫生设施；符合卫生要求的饮水设备、淋浴、消毒等设施；生活用洁净燃料；防煤气中毒、防蚊虫叮咬等措施；施工现场操作场地的硬化；现场绿化、治安综合治理；现场配备医药保健器材、物品费用和急救人员培训；用于现场工人的防暑降温、电风扇、空调等设备及用电；其他文明施工措施。

c. 安全施工包含范围

安全资料、特殊作业专项方案的编制，安全施工标志的购置及安全宣传；"三宝"（安

全帽、安全带、安全网)、"四口"(楼梯口、电梯井口、通道口、预留洞口)、"五临边"（阳台围边、楼板围边、屋面围边、槽坑围边、卸料平台两侧)、水平防护架、垂直防护架、外架封闭等防护措施；施工安全用电，包括配电箱三级配电、两级保护装置要求、外电防护措施；起重机、塔式起重机等起重设备（含井架、门架)及外用电梯的安全防护措施（含警示标志)及卸料平台的临边防护、层间安全门、防护棚等设施；建筑工地起重机械的检验检测；施工机具防护棚及其围栏的安全保护设施；施工安全防护通道；工人的安全防护用品、用具购置；消防设施与消防器材的配置；电气保护、安全照明设施费；其他安全防护措施。

d. 临时设施包含范围

施工现场采用彩色定型钢板、砖、混凝土砌块等围挡的安砌、维修、拆除；施工现场临时建筑物、构筑物的搭设、维修、拆除，如临时宿舍、办公室、食堂、厨房、厕所、诊疗所、临时文化福利用房、临时仓库、加工场、搅拌台、临时简易水塔、水池等；施工现场临时设施的搭设、维修、拆除，如临时供水管道、临时供电管线、小型临时设施等；施工现场规定范围内临时简易道路铺设，临时排水沟、排水设施安砌、维修、拆除；其他临时设施搭设、维修、拆除。

（2）夜间施工增加

① 项目编码：031302002

② 工作内容及包含范围

a. 夜间固定照明灯具和临时可移动照明灯具的设置、拆除；

b. 夜间施工时，施工现场交通标志、安全标牌、警示灯等的设置、移动、拆除；

c. 夜间照明设备摊销及照明用电、施工人员夜班补助、夜间施工劳动效率降低等。

（3）非夜间施工照明

① 项目编码：031302003

② 工作内容及包含范围

为保证工程施工正常进行，在如地下（暗）室、设备及大口径管道内等特殊施工部位施工时所采用的照明设备的安拆、维护及照明用电、通风等在地下（暗）室等施工引起的人工工效降低以及由于人工工效降低引起的机械降效。

（4）二次搬运

① 项目编码：031302004

② 工作内容及包含范围

由于施工场地条件限制而发生的材料、成品、半成品等一次运输不能到达堆放地点，必须进行二次或多次搬运。

（5）冬雨季施工

① 项目编码：031302005

② 工作内容及包含范围

a. 冬雨（风）季施工时增加的临时设施（防寒保温、防雨、防风设施）的搭设、拆除；

b. 冬雨（风）季施工时，对砌体、混凝土等采用的特殊加温、保温和养护措施；

c. 冬雨（风）季施工时，施工现场的防滑处理、对影响施工的雨雪的清除；

d. 包括冬雨（风）季施工时增加的临时设施、施工人员的劳动保护用品、冬雨（风）

季施工劳动效率降低等。

（6）已完工程及设备保护

① 项目编码：031302006

② 工作内容及包含范围

对已完工程及设备采取的覆盖、包裹、封闭、隔离等必要保护措施。

（7）高层施工增加

① 项目编码：031302007

② 工作内容及包含范围

a. 高层施工引起的人工工效降低以及由于人工工效降低引起的机械降效；

b. 通信联络设备的使用。

③ 计取高层施工增加费的注意事项

a. 单层建筑物檐口高度超过 20m，多层建筑物超过 6 层时，按各附录分别列项；

b. 突出主体建筑物顶的电梯机房、楼梯出口间、水箱间、瞭望塔、排烟机房等不计入檐口高度。计算层数时，地下室不计入层数。

1.4 建筑安装工程费用组成及计算

1.4.1 概述

2013 年 3 月 21 日，中华人民共和国住房和城乡建设部与中华人民共和国财政部，发布了《建筑安装工程费用项目组成》（建标〔2013〕44 号文），该文件详细介绍了建筑安装工程费的组成及建筑安装工程费用参考计算方法、公式和计价程序，与原建设部、财政部《关于印发〈建筑安装工程费用项目组成〉的通知》（建标〔2003〕206 号文）相比，主要调整了以下内容：

（1）建筑安装工程费用项目按费用构成要素组成划分为人工费、材料费、施工机具使用费、企业管理费、利润、规费和税金；

（2）为指导工程造价专业人员计算建筑安装工程造价，将建筑安装工程费用按工程造价形成顺序划分为分部分项工程费、措施项目费、其他项目费、规费和税金；

（3）按照国家统计局《关于工资总额组成的规定》，合理调整了人工费构成及内容；

（4）依据国家发展改革委、财政部等 9 部委发布的《标准施工招标文件》的有关规定，将工程设备费列入材料费，原材料费中的检验试验费列入企业管理费；

（5）将仪器仪表使用费列入施工机具使用费，大型机械进出场及安拆费列入措施项目费；

（6）按照《社会保险法》的规定，将原企业管理费中劳动保险费中的职工死亡丧葬补助费、抚恤费列入规费中的养老保险费，在企业管理费中的财务费和其他中增加担保费、投标费、保险费；

（7）按照《社会保险法》、《建筑法》的规定，取消原规费中危险作业意外伤害保险费，增加工伤保险费、生育保险费；

（8）按照财政部的有关规定，在税金中增加地方教育附加。

该文件自 2013 年 7 月 1 日起施行，原建设部、财政部《关于印发〈建筑安装工程费用项目组成〉的通知》（建标〔2003〕206 号文）同时废止。

1.4.2 建筑安装工程费的费用组成

1.4.2.1 按费用构成要素划分的建筑安装工程费组成

建筑安装工程费按照费用构成要素划分为人工费、材料（包含工程设备，下同）费、施工机具使用费、企业管理费、利润、规费和税金等几个部分，其中人工费、材料费、施工机具使用费、企业管理费和利润包含在分部分项工程费、措施项目费和其他项目费中。

（1）人工费

人工费是指按工资总额构成规定，支付给从事建筑安装工程施工的生产工人和附属生产单位工人的各项费用，内容包括：

① 计时工资或计件工资：是指按计时工资标准和工作时间或对已做工作按计件单价支付给个人的劳动报酬。

② 奖金：是指对超额劳动和增收节支支付给个人的劳动报酬，如节约奖、劳动竞赛奖等。

③ 津贴、补贴：是指为了补偿职工特殊或额外的劳动消耗和因其他特殊原因支付给个人的津贴，以及为了保证职工工资水平不受物价影响支付给个人的物价补贴，如流动施工津贴、特殊地区施工津贴、高温（寒）作业临时津贴、高空津贴等。

④ 加班加点工资：是指按规定支付的在法定节假日工作的加班工资和在法定日工作时间外延时工作的加点工资。

⑤ 特殊情况下支付的工资：是指根据国家法律、法规和政策规定，因病、工伤、产假、计划生育假、婚丧假、事假、探亲假、定期休假、停工学习、执行国家或社会义务等原因按计时工资标准或计时工资标准的一定比例支付的工资。

（2）材料费

材料费是指施工过程中耗费的原材料、辅助材料、构配件、零件、半成品或成品、工程设备的费用，内容包括：

① 材料原价：是指材料、工程设备的出厂价格或商家供应价格。

② 运杂费：是指材料、工程设备自来源地运至工地仓库或指定堆放地点所发生的全部费用。

③ 运输损耗费：是指材料在运输装卸过程中不可避免的损耗。

④ 采购及保管费：是指为组织采购、供应和保管材料、工程设备的过程中所需要的各项费用，包括采购费、仓储费、工地保管费、仓储损耗。

工程设备是指构成或计划构成永久工程一部分的机电设备、金属结构设备、仪器装置及其他类似的设备和装置。

（3）施工机具使用费

施工机具使用费是指施工作业所发生的施工机械、仪器仪表使用费或租赁费，内容包括施工机械使用费和仪器仪表使用费。

① 施工机械使用费：以施工机械台班耗用量乘以施工机械台班单价表示，施工机械

台班单价应由下列七项费用组成：

a. 折旧费：指施工机械在规定的使用年限内，陆续收回其原值的费用。

b. 大修理费：指施工机械按规定的大修理间隔台班进行必要的大修理，以恢复其正常功能所需的费用。

c. 经常修理费：指施工机械除大修理以外的各级保养和临时故障排除所需的费用，包括为保障机械正常运转所需替换设备与随机配备工具附具的摊销和维护费用，机械运转中日常保养所需润滑与擦拭的材料费用及机械停滞期间的维护和保养费用等。

d. 安拆费及场外运费：安拆费指施工机械（大型机械除外）在现场进行安装与拆卸所需的人工、材料、机械和试运转费用以及机械辅助设施的折旧、搭设、拆除等费用；场外运费指施工机械整体或分体自停放地点运至施工现场或由一施工地点运至另一施工地点的运输、装卸、辅助材料及架线等费用。

e. 人工费：指机上司机（司炉）和其他操作人员的人工费。

f. 燃料动力费：指施工机械在运转作业中所消耗的各种燃料及水、电费等。

g. 税费：指施工机械按照国家规定应缴纳的车船使用税、保险费及年检费等。

② 仪器仪表使用费：是指工程施工所需使用的仪器仪表的摊销及维修费用。

（4）企业管理费

企业管理费是指建筑安装企业组织施工生产和经营管理所需的费用。内容包括：

① 管理人员工资：是指按规定支付给管理人员的计时工资、奖金、津贴补贴、加班加点工资及特殊情况下支付的工资等。

② 办公费：是指企业管理办公用的文具、纸张、账表、印刷、邮电、书报、办公软件、现场监控、会议、水电、烧水和集体取暖降温（包括现场临时宿舍取暖降温）等费用。

③ 差旅交通费：是指职工因公出差、调动工作的差旅费和住勤补助费，市内交通费和误餐补助费，职工探亲路费，劳动力招募费，职工退休、退职一次性路费，工伤人员就医路费，工地转移费以及管理部门使用的交通工具的油料、燃料等费用。

④ 固定资产使用费：是指管理和试验部门及附属生产单位使用的属于固定资产的房屋、设备、仪器等的折旧、大修、维修或租赁费。

⑤ 工具用具使用费：是指企业施工生产和管理使用的不属于固定资产的工具、器具、家具、交通工具和检验、试验、测绘、消防用具等的购置、维修和摊销费。

⑥ 劳动保险和职工福利费：是指由企业支付的职工退职金，按规定支付给离休干部的经费，集体福利费，夏季防暑降温、冬季取暖补贴，上下班交通补贴等。

⑦ 劳动保护费：是指企业按规定发放的劳动保护用品的支出，如工作服、手套、防暑降温饮料以及在有碍身体健康的环境中施工的保健费用等。

⑧ 检验试验费：是指施工企业按照有关标准规定，对建筑以及材料、构件和建筑安装物进行一般鉴定、检查所发生的费用，包括自设试验室进行试验所耗用的材料等费用。不包括新结构、新材料的试验费，对构件做破坏性试验及其他特殊要求检验试验的费用和建设单位委托检测机构进行检测的费用。对此类检测发生的费用由建设单位在工程建设其他费用中列支，但对施工企业提供的具有合格证明的材料进行检测不合格的，该检测费用由施工企业支付。

⑨ 工会经费：是指企业按《工会法》规定的全部职工工资总额比例计提的工会经费。

⑩ 职工教育经费：是指按职工工资总额的规定比例计提，企业为职工进行专业技术和职业技能培训，专业技术人员继续教育、职工职业技能鉴定、职业资格认定以及根据需要对职工进行各类文化教育所发生的费用。

⑪ 财产保险费：是指施工管理用财产、车辆等的保险费用。

⑫ 财务费：是指企业为施工生产筹集资金或提供预付款担保、履约担保、职工工资支付担保等所发生的各种费用。

⑬ 税金：是指企业按规定缴纳的房产税、车船使用税、土地使用税、印花税等。

⑭ 其他：包括技术转让费、技术开发费、投标费、业务招待费、绿化费、广告费、公证费、法律顾问费、审计费、咨询费、保险费等。

（5）利润

利润是指施工企业完成所承包工程获得的盈利。

（6）规费

规费是指按国家法律、法规规定，由省级政府和省级有关权力部门规定必须缴纳或计取的费用，内容包括：

① 社会保险费

a. 养老保险费：是指企业按照规定标准为职工缴纳的基本养老保险费。

b. 失业保险费：是指企业按照规定标准为职工缴纳的失业保险费。

c. 医疗保险费：是指企业按照规定标准为职工缴纳的基本医疗保险费。

d. 生育保险费：是指企业按照规定标准为职工缴纳的生育保险费。

e. 工伤保险费：是指企业按照规定标准为职工缴纳的工伤保险费。

② 住房公积金：是指企业按照规定标准为职工缴纳的住房公积金。

③ 工程排污费：是指按规定缴纳的施工现场工程排污费。

其他应列而未列入的规费，按实际发生计取。

（7）税金

税金是指国家税法规定的应计入建筑安装工程造价内的营业税、城市维护建设税、教育费附加以及地方教育附加。

按费用构成要素划分的建筑安装工程费组成，如图 1-1 所示。

1.4.2.2 按造价形成划分的建筑安装工程费组成

建筑安装工程费按照工程造价形成由分部分项工程费、措施项目费、其他项目费、规费、税金组成，分部分项工程费、措施项目费、其他项目费包含人工费、材料费、施工机具使用费、企业管理费和利润。

（1）分部分项工程费

分部分项工程费是指各专业工程的分部分项工程应予列支的各项费用。

① 专业工程：是指按现行国家计量规范划分的房屋建筑与装饰工程、仿古建筑工程、通用安装工程、市政工程、园林绿化工程、矿山工程、构筑物工程、城市轨道交通工程、爆破工程等各类工程。

② 分部分项工程：是指按现行国家计量规范对各专业工程划分的项目。如房屋建筑与装饰工程划分为土石方工程、地基处理与桩基工程、砌筑工程、钢筋及钢筋混凝土工程等。

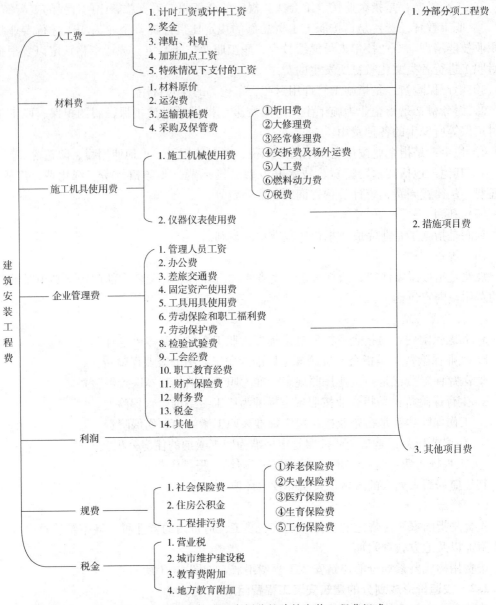

图 1-1 按费用构成要素划分的建筑安装工程费组成

各类专业工程的分部分项工程划分见现行国家或行业计量规范。

（2）措施项目费

措施项目费是指为完成建设工程施工，发生于该工程施工前和施工过程中的技术、生活、安全、环境保护等方面的费用。内容包括：

① 安全文明施工费

a. 环境保护费：是指施工现场为达到环保部门要求所需要的各项费用。

b. 文明施工费：是指施工现场文明施工所需要的各项费用。

c. 安全施工费：是指施工现场安全施工所需要的各项费用。

d. 临时设施费：是指施工企业为进行建设工程施工所必须搭设的生活和生产用的临时建筑物、构筑物和其他临时设施费用。包括临时设施的搭设、维修、拆除、清理费或摊销费等。

② 夜间施工增加费：是指因夜间施工所发生的夜班补助费、夜间施工降效、夜间施工照明设备摊销及照明用电等费用。

③ 二次搬运费：是指因施工场地条件限制而发生的材料、构配件、半成品等一次运输不能到达堆放地点，必须进行二次或多次搬运所发生的费用。

④ 冬雨季施工增加费：是指在冬季或雨季施工需增加的临时设施、防滑、排除雨雪，人工及施工机械效率降低等费用。

⑤ 已完工程及设备保护费：是指竣工验收前，对已完工程及设备采取的必要保护措施所发生的费用。

⑥ 工程定位复测费：是指工程施工过程中进行全部施工测量放线和复测工作的费用。

⑦ 特殊地区施工增加费：是指工程在沙漠或其边缘地区、高海拔、高寒、原始森林等特殊地区施工增加的费用。

⑧ 大型机械设备进出场及安拆费：是指机械整体或分体自停放场地运至施工现场或由一个施工地点运至另一个施工地点，所发生的机械进出场运输及转移费用及机械在施工现场进行安装、拆卸所需的人工费、材料费、机械费、试运转费和安装所需的辅助设施的费用。

⑨ 脚手架工程费：是指施工需要的各种脚手架搭、拆、运输费用以及脚手架购置费的摊销（或租赁）费用。

措施项目及其包含的内容详见各类专业工程的现行国家或行业计量规范。

（3）其他项目费

① 暂列金额：是指建设单位在工程量清单中暂定并包括在工程合同价款中的一笔款项。用于施工合同签订时尚未确定或者不可预见的所需材料、工程设备、服务的采购，施工中可能发生的工程变更、合同约定调整因素出现时的工程价款调整以及发生的索赔、现场签证确认等的费用。

② 计日工：是指在施工过程中，施工企业完成建设单位提出的施工图纸以外的零星项目或工作所需的费用。

③ 总承包服务费：是指总承包人为配合、协调建设单位进行的专业工程发包，对建设单位自行采购的材料、工程设备等进行保管以及施工现场管理、竣工资料汇总整理等服务所需的费用。

（4）规费

规费是指按国家法律、法规规定，由省级政府和省级有关权力部门规定必须缴纳或计取的费用。

（5）税金

税金是指国家税法规定的应计入建筑安装工程造价内的营业税、城市维护建设税、教育费附加以及地方教育附加。

按造价形成划分的建筑安装工程费用项目组成，如图 1-2 所示。

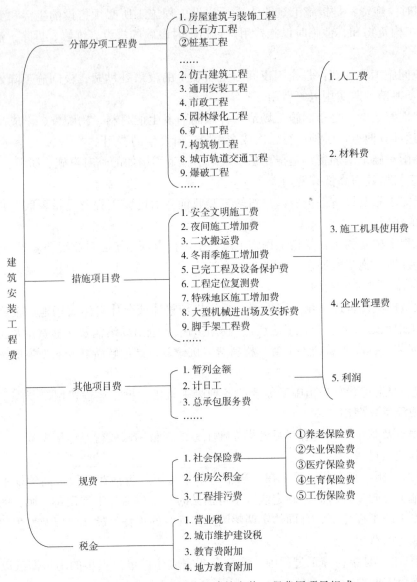

图 1-2　按造价形成划分的建筑安装工程费用项目组成

1.4.3　建筑安装工程费用参考计算方法

1.4.3.1　人工费的计算

（1）公式 1

$$人工费 = \sum (工日消耗量 \times 日工资单价) \qquad 式（1-1）$$

$$日工资单价 = \frac{生产工人平均月工资（计时、计件）+ 平均月（奖金 + 津贴补贴 + 特殊情况下支付的工资）}{年平均每月法定工作日}$$

式（1-2）

　　该公式主要适用于施工企业投标报价时自主确定人工费，是工程造价管理机构编制计价定额确定定额人工单价或发布人工成本信息的参考依据。

（2）公式 2

$$人工费=\sum（工程工日消耗量\times日工资单价）\qquad 式（1-3）$$

日工资单价是指施工企业平均技术熟练程度的生产工人在每工作日（国家法定工作时间内）按规定从事施工作业应得的日工资总额。

工程造价管理机构确定日工资单价应通过市场调查，根据工程项目的技术要求，参考实物工程量人工单价综合分析确定，最低日工资单价不得低于工程所在地人力资源和社会保障部门所发布的最低工资标准的：普工 1.3 倍、一般技工 2 倍、高级技工 3 倍。

工程计价定额不可只列一个综合工日单价，应根据工程项目技术要求和工种差别适当划分多种日人工单价，确保各分部工程人工费的合理构成。

式（1-3）适用于工程造价管理机构编制计价定额时确定定额人工费，是施工企业投标报价的参考依据。

1.4.3.2 材料设备费的计算

（1）材料费

$$材料费=\sum（材料消耗量\times材料单价）\qquad 式（1-4）$$
$$材料单价=［（材料原价+运杂费）\times（1+运输损耗率（\%））］\times［1+采购保管费率（\%）］$$
$$式（1-5）$$

（2）工程设备费

$$工程设备费=\sum（工程设备量\times工程设备单价）\qquad 式（1-6）$$
$$工程设备单价=（设备原价+运杂费）\times［1+采购保管费率（\%）］\quad 式（1-7）$$

1.4.3.3 施工机具使用费的计算

（1）施工机械使用费

$$施工机械使用费=\sum（施工机械台班消耗量\times机械台班单价）\qquad 式（1-8）$$

机械台班单价=台班折旧费+台班大修费+台班经常修理费+台班安拆费及场外运费+台班人工费+台班燃料动力费+台班车船税费

工程造价管理机构在确定计价定额中的施工机械使用费时，应根据《建筑施工机械台班费用计算规则》结合市场调查编制施工机械台班单价。施工企业可以参考工程造价管理机构发布的台班单价，自主确定施工机械使用费的报价，如租赁施工机械，计算公式为：

$$施工机械使用费=\sum（施工机械台班消耗量\times机械台班租赁单价）\quad 式（1-9）$$

（2）仪器仪表使用费

$$仪器仪表使用费=工程使用的仪器仪表摊销费+维修费\qquad 式（1-10）$$

（3）企业管理费费率

① 以分部分项工程费为计算基础

$$企业管理费费率（\%）=\frac{生产工人年平均管理费}{年有效施工天数\times人工单价}\times人工费占分部分项工程费比例（\%）$$
$$式（1-11）$$

② 以人工费和机械费合计为计算基础

$$企业管理费费率（\%）=\frac{生产工人年平均管理费}{年有效施工天数\times（人工单价+每一工日机械使用费）}\times100\%$$
$$式（1-12）$$

21

③ 以人工费为计算基础

$$企业管理费费率（\%）= \frac{生产工人年平均管理费}{年有效施工天数 \times 人工单价} \times 100\% \qquad 式（1-13）$$

注：上述公式适用于施工企业投标报价时自主确定管理费，是工程造价管理机构编制计价定额确定企业管理费的参考依据。

工程造价管理机构在确定计价定额中企业管理费时，应以定额人工费或（定额人工费＋定额机械费）作为计算基数，其费率根据历年工程造价积累的资料，辅以调查数据确定，列入分部分项工程和措施项目中。

1.4.3.4 利润的计算

（1）施工企业根据企业自身需求并结合建筑市场实际自主确定，列入报价中。

（2）工程造价管理机构在确定计价定额中利润时，应以定额人工费或（定额人工费＋定额机械费）作为计算基数，其费率根据历年工程造价积累的资料，并结合建筑市场实际确定，以单位（单项）工程测算，利润在税前建筑安装工程费的比重可按不低于5%且不高于7%的费率计算。利润应列入分部分项工程和措施项目中。

1.4.3.5 规费的计算

（1）社会保险费和住房公积金

社会保险费和住房公积金应以定额人工费为计算基础，根据工程所在地省、自治区、直辖市或行业建设主管部门规定费率计算。

$$社会保险费和住房公积金＝\sum（工程定额人工费 \times 社会保险费和住房公积金费率）$$
$$式（1-14）$$

式中：社会保险费和住房公积金费率可以每万元发承包价的生产工人人工费和管理人员工资含量与工程所在地规定的缴纳标准综合分析取定。

（2）工程排污费

工程排污费等其他应列而未列入的规费应按工程所在地环境保护等部门规定的标准缴纳，按实计取列入。

1.4.3.6 税金的计算

$$税金＝税前造价 \times 综合税率（\%） \qquad 式（1-15）$$

综合税率：纳税地点在市区的企业综合税率取3.41%，纳税地点在县城、镇的企业综合税率取3.34%，纳税地点不在市区、县城、镇的企业综合税率取3.22%，实行营业税改增值税的，按纳税地点现行税率计算。

1.4.4 建筑安装工程计价参考计算办法

1.4.4.1 分部分项工程费的计算

$$分部分项工程费＝\sum（分部分项工程量 \times 综合单价） \qquad 式（1-16）$$

式中：综合单价包括人工费、材料费、施工机具使用费、企业管理费和利润以及一定范围的风险费用（下同）。

1.4.4.2 措施项目费的计算

（1）国家计量规范规定应予计量的措施项目，其计算公式为：

$$措施项目费＝\sum（措施项目工程量 \times 综合单价） \qquad 式（1-17）$$

（2）国家计量规范规定不宜计量的措施项目计算方法如下：

① 安全文明施工费

$$安全文明施工费 = 计算基数 \times 安全文明施工费费率（\%）\qquad 式（1-18）$$

计算基数应为定额基价（定额分部分项工程费＋定额中可以计量的措施项目费）、定额人工费或（定额人工费＋定额机械费），其费率由工程造价管理机构根据各专业工程的特点综合确定。

② 夜间施工增加费

$$夜间施工增加费 = 计算基数 \times 夜间施工增加费费率（\%）\qquad 式（1-19）$$

③ 二次搬运费

$$二次搬运费 = 计算基数 \times 二次搬运费费率（\%）\qquad 式（1-20）$$

④ 冬雨季施工增加费

$$冬雨季施工增加费 = 计算基数 \times 冬雨季施工增加费费率（\%）\qquad 式（1-21）$$

⑤ 已完工程及设备保护费

$$已完工程及设备保护费 = 计算基数 \times 已完工程及设备保护费费率（\%）$$

$$式（1-22）$$

上述②～⑤项措施项目的计费基数应为定额人工费或（定额人工费＋定额机械费），其费率由工程造价管理机构根据各专业工程特点和调查资料综合分析后确定。

1.4.4.3 其他项目费的计算

（1）暂列金额由建设单位根据工程特点，按有关计价规定估算，施工过程中由建设单位掌握使用、扣除合同价款调整后如有余额，归建设单位。

（2）计日工由建设单位和施工企业按施工过程中的签证计价。

（3）总承包服务费由建设单位在招标控制价中根据总包服务范围和有关计价规定编制，施工企业投标时自主报价，施工过程中按签约合同价执行。

1.4.4.4 规费和税金的计算

建设单位和施工企业均应按照省、自治区、直辖市或行业建设主管部门发布的标准计算规费和税金，不得作为竞争性费用。

1.4.5 建筑安装工程的计价程序

1.4.5.1 建设单位工程招标控制价计价程序

建设单位工程招标控制价计价程序如表1-2所示。

建设单位工程招标控制价计价程序 表1-2

工程名称： 标段：

序号	内　容	计算方法	金　额（元）
1	分部分项工程费	按计价规定计算	
1.1			
1.2			
1.3			

序号	内　容	计算方法	金　额（元）
1.4			
1.5			
2	措施项目费	按计价规定计算	
2.1	其中：安全文明施工费	按规定标准计算	
3	其他项目费		
3.1	其中：暂列金额	按计价规定估算	
3.2	其中：专业工程暂估价	按计价规定估算	
3.3	其中：计日工	按计价规定估算	
3.4	其中：总承包服务费	按计价规定估算	
4	规费	按规定标准计算	
5	税金（扣除不列入计税范围的工程设备金额）	（1＋2＋3＋4）×规定税率	

招标控制价合计＝1＋2＋3＋4＋5

1.4.5.2　施工企业工程投标报价计价程序

施工企业工程投标报价计价程序如表1-3所示。

施工企业工程投标报价计价程序　　　　　　　　　表1-3

工程名称：　　　　　　　　　　标段：

序号	内　容	计算方法	金　额（元）
1	分部分项工程费	自主报价	
1.1			
1.2			
1.3			
1.4			
1.5			
2	措施项目费	自主报价	
2.1	其中：安全文明施工费	按规定标准计算	
3	其他项目费		
3.1	其中：暂列金额	按招标文件提供金额计列	

序号	内　容	计算方法	金　额（元）
3.2	其中：专业工程暂估价	按招标文件提供金额计列	
3.3	其中：计日工	自主报价	
3.4	其中：总承包服务费	自主报价	
4	规费	按规定标准计算	
5	税金（扣除不列入计税范围的工程设备金额）	（1＋2＋3＋4）×规定税率	
投标报价合计＝1＋2＋3＋4＋5			

1.4.5.3 竣工结算计价程序

竣工结算计价程序如表 1-4 所示。

竣工结算计价程序　　　　　　　　　　　　　　　　　　表 1-4

工程名称：　　　　　　　　标段：

序号	汇总内容	计算方法	金　额（元）
1	分部分项工程费	按合同约定计算	
1.1			
1.2			
1.3			
1.4			
1.5			
2	措施项目费	按合同约定计算	
2.1	其中：安全文明施工费	按规定标准计算	
3	其他项目费		
3.1	其中：专业工程结算价	按合同约定计算	
3.2	其中：计日工	按计日工签证计算	
3.3	其中：总承包服务费	按合同约定计算	
3.4	索赔与现场签证	按发承包双方确认数额计算	
4	规费	按规定标准计算	
5	税金（扣除不列入计税范围的工程设备金额）	（1＋2＋3＋4）×规定税率	
竣工结算总价合计＝1＋2＋3＋4＋5			

习　　题

1. 安装工程预算编制的步骤是什么？

2. 安装工程预算定额包括哪些定额？这些定额的共性是什么？

第2章 给水排水工程预算编制方法与原理

2.1 给水排水工程施工规定

2.1.1 基本规定

（1）管道上使用冲压弯头时，所使用的冲压弯头外径应与管外径相同。

（2）地下室或地下构筑物外墙有管道穿过的，应采取防水措施。对有严格防水要求的建筑物，必须采用柔性防水套管。

（3）在管道或保温层外皮上、下部留有不小于150mm的净空。

（4）在同一房间内，同类型的采暖设备、卫生器具有管道配件，除有特殊要求外，应安装在同一高度上。

（5）钢管水平安装的支、吊架间距不应大于表2-1的规定。

钢管管道支架的最大间距　　　　　表2-1

公称直径（mm）		15	20	25	32	40	50	70	80	100	125	150	200	250	300
支架最大间距（m）	保温管	2	2.5	2.5	2.5	3	3	4	4	4.5	6	7	7	8	8.5
	不保温管	2.5	3	3.5	4	4.5	5	6	6	6.5	7	8	9.5	11	12

（6）采暖、给水及热水供应系统的塑料管及复合管垂直或水平安装的支架间距应符合表2-2的规定。采用金属制作的管道支架，应在管道与支架间加衬非金属垫或套管。

塑料管及复合管管道支架的最大间距　　　　　表2-2

公称直径（mm）			12	14	16	18	20	25	32	40	50	63	75	90	110
支架最大间距（m）	立管		0.5	0.6	0.7	0.8	0.9	1.0	1.1	1.3	1.6	1.8	2.0	2.2	2.4
	水平管	冷水管	0.4	0.4	0.5	0.5	0.6	0.7	0.8	0.9	1.0	1.1	1.2	1.35	1.55
		热水管	0.2	0.2	0.25	0.3	0.3	0.35	0.4	0.5	0.6	0.7	0.8		

（7）铜管垂直水平安装的支架间距应符合表 2-3 的规定。

铜管管道支架的最大间距　　　　　　　　表 2-3

公称直径 (mm)		15	20	25	32	40	50	65	80	100	125	150	200
支架最大间距 (m)	垂直管	1.8	2.4	2.4	3.0	3.0	3.0	3.5	3.5	3.5	3.5	4.0	4.0
	水平管	1.2	1.8	1.8	2.4	2.4	2.4	3.0	3.0	3.0	3.0	3.5	3.5

（8）采暖、给水及热水供应系统的金属管道立管管卡安装应符合下列规定：

① 楼层高度小于或等于 5m，每层必须安装 1 个。

② 管卡安装高度，距地面应为 1.5～1.8m，2 个以上管卡应匀称安装，同一房间管卡应安装在同一高度上。

（9）管道穿过墙壁和楼板，应设置金属或塑料套管。安装在楼板内的套管，其顶部高出装饰地面 20mm；安装在卫生间及厨房内的套管，其顶部应高出装饰地面 50mm，底部应与楼板底面相平；安装在墙壁内的套管其两端与饰面相平。穿过楼板的套管与管道之间缝隙宜用阻燃密实材料填实，且端面应光滑。管道的接口不得设在套管内。

2.1.2 室内给水系统安装

（1）管径小于或等于 100mm 的镀锌钢管应采用螺纹连接，套丝扣时破坏的镀锌层表面采用法兰或卡套式专用管件连接，镀锌钢管与法兰的焊接处应二次镀锌。

（2）给水立管和装有 3 个或 3 个以上配水点的支管始端，均应安装可拆卸的连接件。

（3）冷、热水管道同时安装应符合下列规定：

① 上、下平行安装时热水管就在冷水管上方。

② 垂直平行安装时热水管应在冷水管左侧。

（4）室内直埋给水管道（塑料管道和复合管道除外）应做防腐处理。

（5）给水引入管与排水排出管的水平净距不得小于 1m。室内给水与排水管道平行敷设时，两管间的最小水平净距不得小于 0.5m；交叉铺设时，垂直净距不得小于 0.15m。给水管应铺在排水管上面，若给水管必须铺在排水管下面时，给水管应加套管，其长度不得小于排水管管道直径的 3 倍。

（6）水表应安装在便于检修、不受暴晒、污染和冻结的地方。安装螺翼式水表，表前与阀门应有不小于 8 倍水表接口直径的直线管段。表外壳距墙表面净距为 10～30mm。

2.1.3 室内排水系统安装

（1）排水塑料管必须按设计要求及位置装设伸缩节。如设计无要求时，伸缩节间距不得大于4m。高层建筑中明设排水塑料管道应按设计要求设置阻火圈或防火套管。

（2）在生活污水管道上设置的检查口或清扫口，当设计无要求时应符合下列规定：

① 在立管上应每隔一层设置一个检查口，但在最底层和有卫生器具的最高层必须设置。如为两层建筑时，可仅在底层设置立管检查口；如有乙字弯管时，则在该层乙字弯管的上部设置检查口。检查口中心高度距操作地面一般为1m，允许偏差±20mm；检查口的朝向应便于检修。暗装立管，在检查口处应安装检修门。

② 在连接2个及2个以上大便器或3个及3个以上卫生器具的污水横管上应设置清扫口。当污水管在楼板下悬吊敷设时，可将清扫口设在上一层楼地面上，污水管起点的清扫口与管道相垂直的墙面距离不得小于200mm；若污水管起点设置堵头代替清扫口时，与墙面距离不得小于400mm。

③ 在转角小于135°的污水横管上，应设置检查口或清扫口。

④ 污水横管的直线管段，应按设计要求的距离设置检查口或清扫口。

（3）金属排水管道上的吊钩或卡箍应固定在承重结构上。固定件间距：横管不大于2m；立管不大于3m。楼层高度小于或等于4m，立管可安装1个固定件。

（4）排水塑料管道支、吊架间距应符合表2-4的规定。

排水塑料管道支、吊架最大间距（单位：m）   表2-4

管径（mm）	50	75	110	125	160
立管	1.2	1.5	2.0	2.0	2.0
横管	0.5	0.75	1.10	1.30	1.6

（5）排水通气管不得与风道或烟道连接，且应符合下列规定：

① 通气管应高出屋面300mm，但必须大于最大积雪厚度。

② 在通气管出口4m以内有门、窗时，通气管应高出门、窗顶600mm或引向无门、窗一侧。

③ 在经常有人停留的平屋顶上，通气管应高出屋面2m，并应根据防雷要求设置防雷装置。

④ 屋顶有隔热层从隔热层板面算起。

（6）雨水斗管的连接应固定在屋面承重结构上。雨水斗边缘与屋面连接处应严密、不漏。连接管管径当设计无要求时，不得小于100mm。

2.1.4 卫生器具安装

（1）卫生器具安装高度如设计无要求时，应符合表2-5的规定。

卫生器具的安装高度 表 2-5

项次	卫生器具名称		卫生器具安装高度 （mm）		备注
			居住和公共建筑	幼儿园	
1	污水盆 （池）	架空式	800	800	—
		落地式	500	500	
2	洗涤盆（池）		800	800	自地面至器具 上边缘
3	洗脸盆、洗手盆（有塞、无塞）		800	500	
4	盥洗槽		800	500	
5	浴盆		≤520		
6	蹲式 大便器	高水箱	1800	1800	自台阶面至高 水箱底
		低水箱	900	900	自台阶面至低 水箱底
7	坐式 大便器	高水箱	1800	1800	自地面至高 水箱底
		低水箱 外露排水管式	510	370	自地面至低 水箱底
		低水箱 虹吸喷射式	470		
8	小便器	挂式	600	450	自地面至 下边缘
9	小便槽		200	150	自地面至 台阶面
10	大便槽冲洗水箱		≥2000		自台阶面至 水箱底
11	妇女卫生盆		360		自地面至器具 上边缘
12	化验盆		800		自地面至器具 上边缘

（2）卫生器具给水配件的安装高度，如设计无要求时，应符合表 2-6 的规定。

卫生器具给水配件的安装高度 表 2-6

项次	给水配件名称		配件中心距地面高度 （mm）	冷热水龙头距离 （mm）
1	架空式污水盆（池）水龙头		1000	—
2	落地式污水盆（池）水龙头		800	—
3	洗涤盆（池）水龙头		1000	150
4	住宅集中给水龙头		1000	—
5	洗手盆水龙头		1000	—
6	洗脸盆	水龙头（上配水）	1000	150
		水龙头（下配水）	800	150
		角阀（下配水）	450	—

29

项次	给水配件名称		配件中心距地面高度（mm）	冷热水龙头距离（mm）
7	盥洗槽	水龙头	1000	150
		冷热水管上下并行　其中热水龙头	1100	150
8	浴盆	水龙头（上配水）	670	150
9	淋浴器	截止阀	1150	95
		混合阀	1150	—
		淋浴喷头下沿	2100	—
10	蹲式大便器（台阶面算起）	高水箱角阀及截止阀	2040	—
		低水箱角阀	250	—
		手动式自闭冲洗阀	600	—
		脚踏式自闭冲洗阀	150	—
		拉管式冲洗阀（从地面算起）	1600	—
		带防污助冲器阀门（从地面算起）	900	—
11	坐式大便器	高水箱角阀及截止阀	2040	—
		低水箱角阀	150	—
12	大便槽冲洗水箱截止阀（从台阶面算起）		≥2400	—
13	立式小便器角阀		1130	—
14	挂式小便器角阀及截止阀		1050	—
15	小便槽多孔冲洗管		1100	—
16	试验室化验水龙头		1000	—
17	妇女卫生盆混合阀		360	—

注：装设在幼儿园的洗手盆、洗脸盆和盥洗槽水嘴中心离地面安装高度应为700mm，其他卫生器具给水配件的安装高度，应按卫生器具实际尺寸相应减少。

（3）排水栓和地漏的安装应平正、牢固，低于排水表面，周边无渗漏。地漏水封高度不得小于50mm。

（4）小便槽冲洗管，应采用镀锌钢管或硬质塑料管。冲洗孔应斜向下方安装，冲洗水流向同墙面成45°角。镀锌钢管钻孔后应进行二次镀锌。

（5）浴盆软管淋浴器挂钩的高度，如设计无要求，应距地面1.8m。

（6）连接卫生器具的排水管管径和最小坡度，如设计无要求时，应符合表2-7的规定。

连接卫生器具的排水管管径和最小坡度　　　　　　　　表 2－7

项次	卫生器具名称		排水管管径（mm）	管道的最小坡度（‰）
1	污水盆（池）		50	25
2	单、双格洗涤盆（池）		50	25
3	洗手盆、洗脸盆		32～50	20
4	浴盆		50	20
5	淋浴器		50	20
6	大便器	高、低水箱	100	12
		自闭式冲洗阀	100	12
		拉管式冲洗阀	100	12
7	小便器	手动、自闭式冲洗阀	40～50	20
		自动冲洗水箱	40～50	20
8	化验盆（无塞）		40～50	25
9	净身器		40～50	20
10	饮水器		20～50	10～20
11	家用洗衣机		50（软管为 30）	

2.2　给水排水工程施工图

在现代建筑中，根据使用功能的要求需要安装各种各样的给水排水和消防设施，如满足人们生活和生产活动需要的给水排水设施，满足建筑消防要求的给水排水设施等。上述每一项设施，都需要经过专门的设计表达在图纸上，这些有关的图纸就是建筑给水排水工程施工图。它与建筑施工图、建筑结构施工图、建筑电气施工图、暖通空调施工图组合在一起，就能构成一套完整的建筑工程施工图。

建筑给水排水工程施工图是建筑工程施工图的主要组成内容，它是施工技术人员及工人安装建筑给水排水设施的依据。它能将设计意图和内容简明、全面、正确地表达出来，常用的表达方式有图例、符号、文字标注等，是建设工程的通用语言。要正确地认识给水排水工程施工图，必须了解熟悉该通用语言。要正确安装建筑给水排水设备及正确敷设管道，必须认真识读给水排水工程施工图。

2.2.1　给水排水工程施工图的组成

建筑给水排水工程施工图包括设计总说明、给水排水工程总平面图、给水排水工程平面图、给水排水工程系统图以及详图等几部分。对于数量较多的图样，设计人员会将图样按一定图名和顺序归纳编排成图样目录，从图样目录中可以查知图样张数、图样内容、工程名称、地点以及参加设计和建设的单位等。

2.2.1.1　图纸目录

图纸目录一般先列出新绘制的图纸，后列出本工程选用的标准图，最后列出重复使用图，内容主要有序号、编号，图纸名称、张数等。

2.2.1.2　设计总说明与图例表

设计总说明是用文字而非图形的形式表达有关必须交代的问题，主要说明那些在图纸上不易表达的，或可以用文字统一说明的问题，是图纸的重要组成部分。识图时，按照先文字后图形的原则。在识读图纸之前，应首先仔细阅读设计总说明的有关内容。另外，对说明中提及的相关问题，如引用的标准图集、有关施工验收规范、操作规程及要求等内容，也要收集查阅。

设计总说明的主要内容一般视具体情况而定，原则是以交代清楚设计人员的设计意图为主，一般包括工程概况（着重描述规模、体积以及消防定性等）、设计依据、尺寸单位及标高标准、管材与接口形式、设备管道的安装与固定方式、消火栓的安装、自动喷淋系统的安装、管道的安装坡度、检查口及伸缩节的安装要求、立管与排出管的连接、卫生器具的安装标准、管线图中的图例及代号的含意、管道保温和防腐的做法、试压及其他未尽事宜等内容。

图例表罗列本工程常用图例（包括国标和自编图例）。

2.2.1.3　给水排水工程总平面图

给水排水工程总平面图反映各建筑物的外形、名称、位置、层数、标高、指北针；全部给水排水管网及构筑物的位置（或坐标）、距离、检查井、化粪池型号等；给水管管径、埋设深度（敷设的标高）、管道长度等；排水检查井和水流坡向，管道接口处市政管网的位置、标高、管径、水流坡向等。建筑给水排水总平面图可以全部绘制在一张图纸上，也可以根据需要和工程的复杂程度分别绘制，但必须处理好它们之间的相互关系，常把给水（或消防）与排水相关管道分开绘制，形成建筑给水管道总平面图和建筑排水管道总平面图。

2.2.1.4　给水排水工程平面图

建筑给水排水工程平面图是在建筑平面图的基础上，根据给水排水工程施工图制图的规定绘制出的用于反映给水排水设备、管线的平面布置状况的图样，是建筑给水排水工程施工图的重要组成部分，是绘制和识读其他室内给水排水工程施工图的基础。

中小型建筑给水排水工程的给水平面图和排水平面图可以画在一张图纸中；高层建筑及其他较复杂的给水排水工程，其给水平面图和排水平面图应分层分别绘制，如一层给水排水平面图、顶层给水排水平面图、标准层给水排水平面图，内容包括生活给水与排水、工业给水与排水、雨水和消防用水等。

建筑给水排水工程平面图反映的主要内容有以下几个方面：

（1）房屋建筑的平面形式及有关给水排水设施在房屋平面中所处的位置。对底层给水排水平面图而言，室内给水排水平面图应该反映与之相应的室外给水排水设施的情况。

（2）卫生设备、给水排水立管等的平面布置位置及尺寸关系。

（3）给水排水管道的管径、平面走向，管材的名称、规格、型号、尺寸，管道支架的平面位置等。

（4）给水排水立管的管径、编号，管道的敷设方式、连接方式、坡度及坡向。

（5）管道剖面图的剖切符号和投影方向。

（6）与室内给水系统相关的室外引入管、水表节点和加压设备等的平面位置。

（7）与室内排水系统相关的室外检查井、化粪池及排出管等的平面位置。

（8）屋面雨水排水设施、排水管道的平面位置、雨水排水口的平面位置，水流的组织、管道安装敷设方式以及与雨水管相关联的阳台、雨篷、走廊的排水设施等内容。

（9）屋顶给水排水平面图反映屋顶水箱的平面位置、水箱容量、进出水箱的各种管道的平面位置、管道支架以及保温等内容。

对于给水排水设备及管道较多处，如泵房、水池、水箱间、热交换器站、饮水间、卫生间、水处理间、报警阀门、气体消防贮瓶间等，一般应另绘局部放大平面图（即大样图）。

2.2.1.5　给水排水工程系统图

给水排水工程系统图利用轴测作图原理，在空间中反映管路、设备及卫生器具相互关系。通常情况下，室内给水系统图和排水系统图是分开绘制的，分别表示给水系统和排水系统的空间关系。绘制给水排水工程系统图的基础是各层给水排水工程平面图。一般情况下，一个系统图能反映该系统从下到上全方位的关系，图中用单线表示管道，用图例表示设备。

给水排水工程系统图与平面图是相辅相成的，给水排水工程系统图反映的主要内容有：

（1）系统编号。该系统的编号与给水排水工程平面图中的编号必须一致。

（2）管道的管径、标高、走向、坡度及连接方式等内容。在系统图中，管径的大小通常用公称直径来标注。图中的标高主要包括建筑标高、给水排水管道的标高、卫生设备的标高、管件的标高、管径变化处的标高以及管道的埋地深度等。管道的埋地深度通常用负标高标注。

（3）管道和设备与建筑的关系，主要是指管道穿墙、穿地下室、穿基础的位置以及卫生设备与管道接口的位置等。

（4）明确标注在平面图中无法示意的重要管件的具体位置，如给水管道中的阀门、污水管道中的检查口等。

（5）管道与给水排水设施的空间位置，如屋顶水箱、室外储水池、水泵、加压设备、室外阀门井等与给水相关的设施的空间位置，以及室外排水检查井、管道等与排水相关的设施的空间位置等。

（6）对于采用分区供水的建筑物，系统图还应反映出分区供水区域；对于采用分质供水的建筑物，应按照不同的水质独立绘制各系统的供水系统图。

（7）雨水排水系统图主要反映雨水排水管道的走向、落水口、雨水斗等内容。雨水排到地下以后，若采用有组织排水方式，还应反映出排出管与室外雨水井之间的空间关系。

2.2.1.6　给水排水工程剖面图

对于复杂的工程，当管道及设备被建筑遮挡，或在平面图和系统图中尚不能表达清楚的时候，还需要画出它的剖面图。在给水排水工程平面图中的适当位置标注剖切符号及投影方向，用假想竖直面把建筑物切开，投影其内部有关设备、卫生器具、管道及附件等内容，同时也反映给水排水设备及管道与建筑之间的关系和有关标高。有些简单工程可省略不画。

2.2.1.7　给水排水工程大样图

给水排水工程大样图就是将给水排水工程平面图或系统图中的某一位置放大或剖切后

放大比例而得到的施工图样，如管道节点图、接口大样图、穿墙做法图、卫生间大样图等。大样图表达了某一被表达位置的详细做法。

给水排水工程大样图有两类：一类是由设计人员在图纸上绘出的；另一类则引自有关安装图册。因此，识读一套给水排水工程施工图时，仅仅看设计图纸还是不够的，同时还要查阅有关标准安装图册及施工验收规范。有关标准安装图册的代号，可参见说明中的有关内容或图纸上的索引号。详图的比例一般较大，且一定要结合现场情况，结合设备、构件尺寸详细绘制，有时配合建筑给水排水工程剖面图表示。

2.2.1.8 给水排水工程标准图

指定型装置、管道安装、卫生器具安装等内容的标准化图纸，以供设计和施工直接套用。如全国通用给水、排水标准图，以"S"编号。

2.2.1.9 给水排水工程非标准图

指具有特殊要求的卫生器具及附件，不能采用标准图，而独立设计的加工或安装图。

上述内容，应根据工程特点，由设计者决定出图的内容和数量，只要能全面而清楚地表达设计意图即可，不一定每个工程必须包含以上的每一部分内容。

2.2.2 给水排水工程施工图的表示方法

建筑给水排水工程施工图是按照国家标准《给水排水制图标准》GB/T 50106—2010 绘制而成的，为了能快速识读建筑给水排水工程施工图并为编制概预算提供指导，必须事先熟悉建筑给水排水工程施工图绘制的有关规则和规定。

2.2.2.1 线型及其用途

在给水排水工程施工图中，采用多种线型和不同线宽来表达不同的图样和内容。主要采用粗（中粗、中、细）实线、粗（中粗、中、细）虚线、单点长画线、折断线、波浪线等。给水排水工程施工图常用的几种线型及其用途见表2-8。

建筑给水排水工程施工图常用的线型及其用途 表2-8

名称	线型	线宽	用途
粗实线	▬▬▬▬▬▬▬▬	b	新设计的各种排水和其他重力流管线
粗虚线	▬ ▬ ▬ ▬ ▬ ▬	b	新设计的各种排水和其他重力流管线的不可见轮廓线
中粗实线	————————	$0.7b$	新设计的各种给水和其他压力流管线；原有的各种排水和其他重力流管线
中粗虚线	— — — — — —	$0.7b$	新设计的各种给水和其他压力流管线及原有的各种排水和其他重力流管线的不可见轮廓线
中实线	————————	$0.5b$	给水排水设备、零（附）件的可见轮廓线；总图中新建的建筑物和构筑物的可见轮廓线；原有的各种给水和其他压力流管线

名称	线 型	线宽	用 途
中虚线		0.5b	给水排水设备、零（附）件的不可见轮廓线；总图中新建的建筑物和构筑物的不可见轮廓线；原有的各种给水和其他压力流管线的不可见轮廓线
细实线		0.25b	建筑的可见轮廓线；总图中原有的建筑物和构筑物的可见轮廓线；制图中的各种标注线
细虚线		0.25b	建筑的不可见轮廓线；总图中原有的建筑物和构筑物的不可见轮廓线
单点长画线		0.25b	中心线、定位轴线
折断线		0.25b	断开界线
波浪线		0.25b	平面图中水面线；局部构造层次范围线；保温范围示意线等

注：b 为线宽，按现行国家标准《房屋建筑制图统一标准》GB/T 50001—2010 中的规定选用。线宽宜为 0.7mm 或 1.0mm。

2.2.2.2 常用比例

比例就是图长与实长的比值。当比值＞1 时，就是放大，这种比例在建筑给水排水工程施工图中很少使用；当比值＝1 时，就是照实形绘制；当比值＜1 时，就是缩小，建筑给水排水工程施工图通常使用这种比例，建筑给水排水工程施工图常用比例见表 2-9。在管道纵横断面图中，纵向和横向可以采用不同的比例。

常用比例   表 2-9

名 称	比 例	备 注
区域规划图 区域位置图	1∶50000、1∶25000、1∶10000 1∶5000、1∶2000	宜与总图专业一致
总平面图	1∶1000、1∶500、1∶300	宜与总图专业一致
管道纵断面图	竖向 1∶200、1∶100、1∶50 横向 1∶1000、1∶500、1∶300	—
水处理厂（站）平面图	1∶500、1∶200、1∶100	—
水处理构筑物，设备间，卫生间，泵房平、剖面图	1∶100、1∶50、1∶40、1∶30	—
建筑给水排水平面图	1∶200、1∶150、1∶100	宜与建筑专业一致
建筑给水排水轴测图	1∶150、1∶100、1∶50	宜与相应图纸一致
详图	1∶50、1∶30、1∶20、1∶10、 1∶5、1∶2、1∶1、2∶1	—

2.2.2.3 标高表示

（1）标高表示的一般规定：

① 标高符号及一般标注方法应符合《房屋建筑制图统一标准》GB/T 50001—2010 的相关规定。

② 室内工程应标注相对标高；室外工程宜标注绝对标高，当无绝对标高资料时，可标注相对标高，但应与总图专业一致。

③ 压力管道应标注管中心标高；沟渠和重力流管道宜标注沟（管）内底标高。

（2）标高应标注的部位：

① 沟渠和重力流管道：建筑物内应标注起点、变径（尺寸）点、变坡点、穿外墙及剪力墙处，需控制标高处。

② 压力流管道中的标高控制点。

③ 管道穿外墙、剪力墙和构筑物的壁及底板等处。

④ 不同水位线处。

⑤ 构筑物和土建部分的相关标高。

（3）标高的标注方法：建筑给水排水工程施工图常用的标高标注方法见表 2-10。建筑物内的管道也可按本层建筑地面的标高加管道安装高度的方式标注管道标高，标注方法为 $h+\times.\times\times$，h 表示本层建筑地面标高（如 $h+0.250$）。

常用的标高标注方法 表 2-10

标高类别	标注方法
平面图中管道标高	
平面图中沟渠标高	
剖面图中管道及水位标高	

标高类别	标注方法
轴测图中管道标高	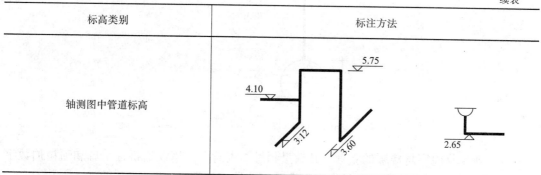

2.2.2.4 管径表示方法

管道管径分为内径和外径。不同材质的管道标注管径有时所表达的含义不同，在识图过程中，应特别注意这一点。

（1）管径单位：mm。

（2）管径表达方式的一般规定：

① 水煤气输送钢管（镀锌或非镀锌）、铸铁管等管材，管径宜以公称直径 DN 表示（如 $DN15$、$DN50$）；

② 无缝钢管、焊接钢管（直缝或螺旋缝等管材），管径宜以外径 $D×$壁厚表示（如 $D108×4$、$D159×4.5$ 等）；

③ 钢筋混凝土（或混凝土）管，管径宜以内径 d 表示（如 $d230$、$d380$ 等）；

④ 复合管、结构壁塑料管等管材，管径应按产品标准的方法表示；

⑤ 当设计均采用公称直径 DN 表示管径时，应有公称直径 DN 与相应产品规格对照表。在建筑给水排水工程施工图中常用这种管径表达方式；

⑥ 铜管、薄壁不锈钢管等管材，管径宜以公称外径 D_w 表示；

⑦ 建筑给水排水塑料管材，管径宜以公称外径 dn 表示。

（3）管径的标注方法：建筑给水排水工程施工图常用的管径标注方法见图 2-1。

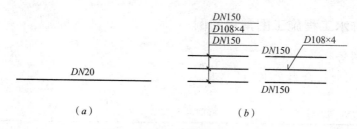

图 2-1 常用的管径标注方法
(a) 单根管道管径表示方法；(b) 多根管道管径表示方法

2.2.2.5 管径编号方法

（1）当建筑物的给水引入管或排水排出管的数量超过 1 根时，通常用汉语拼音字母和阿拉伯数字进行编号，如图 2-2 所示，在圆圈中，横线上写的汉语拼音字母表示管道类别，横线下写的阿拉伯数字为管道进出口编号。

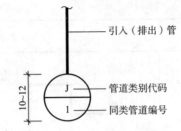

图 2-2 给水引入（排水排出）管编号表示法

（2）建筑物内穿越楼层的立管，其数量超过 1 根时，也用汉语拼音字母和阿拉伯数字进行编号，如"JL-1"表示 1 号给水立管。立管的编号表示如图 2-3 所示。

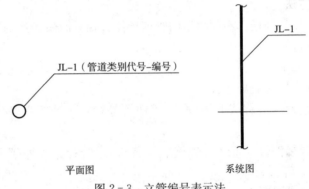

图 2-3 立管编号表示法

（3）在总平面图中，当给水排水附属构筑物的数量超过 1 个时，宜进行编号。
① 编号方法应采用构筑物代号加编号表示；
② 给水构筑物的编号顺序宜为从水源到干管，再从干管到支管，最后到用户；
③ 排水构筑物的编号顺序宜为从上游到下游，先干管后支管。
（4）当给水排水工程的机电设备的数量超过 1 台时，宜进行编号，并应有设备编号与设备名称对照表。

2.2.3 给水排水工程施工图常用图例

2.2.3.1 文字符号

管道文字符号宜符合表 2-11 的要求。

管道文字符号   表 2-11

序号	名称	图　例	序号	名称	图　例
1	生活给水管	—— J ——	4	中水给水管	—— ZJ ——
2	热水给水管	—— RJ ——	5	循环冷却给水管	—— XJ ——
3	热水回水管	—— RH ——	6	循环冷却回水管	—— XH ——

序号	名称	图例	序号	名称	图例
7	热媒给水管	—— RM	18	虹吸雨水管	—— HY ——
8	热媒回水管	—— RMH ——	19	膨胀管	—— PZ ——
9	蒸汽管	—— Z	20	保温管	〰〰〰
10	凝结水管	—— N	21	防护套管	▭
11	废水管	—— F	22	多孔管	↑ ↑ ↑
12	压力废水管	—— YF	23	地沟管	----
13	通气管	—— T	24	空调凝结水管	—— KN
14	污水管	—— W	25	管道立管	XL-1 平面　XL-1 系统
15	压力污水管	—— YW	26	伴热管	--------
16	雨水管	—— Y	27	排水明沟	坡向 →
17	压力雨水管	—— YY	28	排水暗沟	坡向 →

注：分区管道用加注角标方式表示，如 J_1、J_2、J_3……

2.2.3.2　图例

（1）管道附件图例

管道附件的图例宜符合表 2-12 的要求。

管道附件图例　　　　表 2-12

序号	名称	图例	序号	名称	图例
1	管道伸缩器		4	柔性防水套管	
2	方形伸缩器		5	波纹管	
3	刚性防水套管		6	可曲挠橡胶接头	单球　双球

39

序号	名称	图　例	序号	名称	图　例
7	管道固定支架		16	自动冲洗水箱	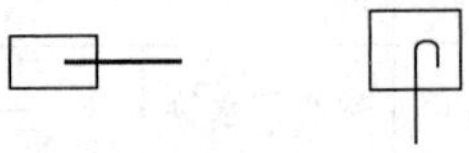
8	立交检查口	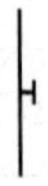	17	Y形除污器	
9	通气帽	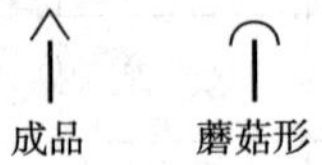 成品　蘑菇形	18	减压孔板	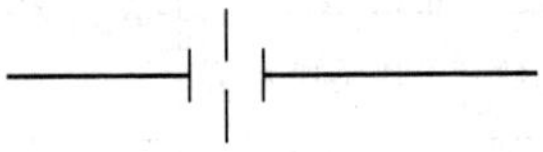
10	清扫口	 平面　系统	19	倒流防止器	
11	排水漏斗	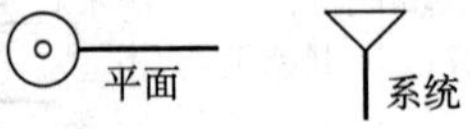 平面　系统	20	毛发聚集器	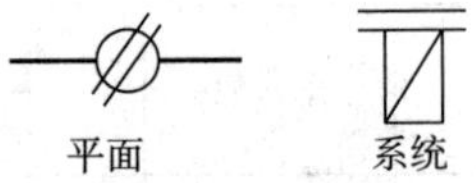 平面　系统
12	雨水斗	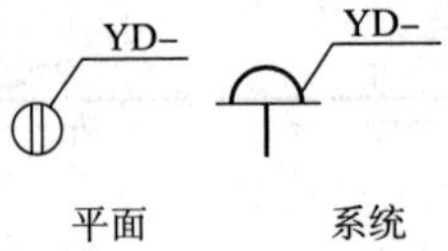 YD–　YD–　平面　系统	21	吸气阀	
13	方形地漏		22	真空破坏器	
14	圆形地漏	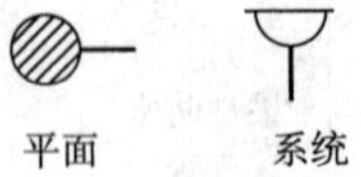 平面　系统	23	防虫网罩	
15	挡墩	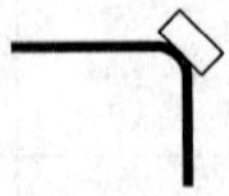	24	金属软管	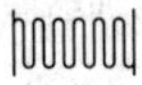

（2）管道连接图例

管道连接的图例宜符合表 2-13 的要求。

40

序号	名称	图 例	序号	名称	图 例
1	法兰连接		6	弯折管	高 低　低 高
2	承插连接		7	盲板	
3	活接头		8	管道丁字上接	高　低
4	管堵		9	管道丁字下接	高　低
5	法兰堵盖		10	管道交叉	低　高

（3）管件图例

管件的图例宜符合表 2-14 的要求。

序号	名称	图 例	序号	名称	图 例
1	偏心异径管		8	90°弯头	
2	同心异径管		9	正三通	
3	乙字管		10	TY 三通	
4	喇叭口		11	斜三通	
5	转动接头		12	正四通	
6	S 形存水弯		13	斜四通	
7	P 形存水弯		14	浴盆排水管	

（4）阀门图例

阀门的图例宜符合表 2-15 的要求。

阀门图例

表 2-15

序号	名称	图　例	序号	名称	图　例
1	闸阀		13	减压阀	
2	角阀		14	旋塞阀	平面　　　系统
3	三通阀		15	底阀	平面　　　系统
4	四通阀		16	球阀	
5	截止阀	平面　　　系统	17	隔膜阀	
6	蝶阀		18	气开隔膜阀	
7	电动闸阀		19	气闭隔膜阀	
8	液动闸阀		20	温度调节阀	
9	电动蝶阀		21	电动隔膜阀	
10	气动闸阀		22	电磁阀	
11	液动蝶阀		23	压力调节阀	
12	气动蝶阀		24	持压阀	

序号	名称	图例	序号	名称	图例
25	止回阀		31	浮球阀	平面　系统
26	消声止回阀		32	延时自闭冲洗阀	
27	泄压阀		33	水力液位控制阀	平面　系统
28	弹簧安全阀		34	感应式冲洗阀	
29	平衡锤安全阀		35	吸水喇叭口	平面　系统
30	自动排气阀	平面　系统	36	疏水器	

（5）给水排水配件图例

给水排水配件的图例宜符合表 2-16 的要求。

给水排水配件图例　　　　　　　表 2-16

序号	名称	图例	序号	名称	图例
1	水嘴	平面　系统	6	脚踏开关水嘴	
2	皮带水嘴	平面　系统	7	混合水嘴	
3	洒水（栓）水嘴		8	旋转水嘴	
4	化验水嘴		9	浴盆带喷头混合水嘴	
5	肘式水嘴		10	蹲便器脚踏开关	

(6) 卫生设备及水池图例

卫生设备及水池的图例宜符合表 2-17 的要求。

卫生设备及水池图例   表 2-17

序号	名称	图例	序号	名称	图例
1	立式洗脸盆		9	盥洗槽	
2	台式洗脸盆		10	立式小便器	
3	挂式洗脸盆		11	妇女净身盆	
4	浴盆		12	蹲式大便器	
5	化验盆 洗涤盆		13	壁挂式 小便器	
6	带沥水板 洗涤盆		14	小便槽	
7	厨房洗涤盆		15	坐式大便器	
8	污水池		16	淋浴喷头	

(7) 小型给水排水构筑物图例

小型给水排水构筑物的图例宜符合表 2-18 的要求。

小型给水排水构筑物图例   表 2-18

序号	名称	图例	序号	名称	图例
1	矩形化粪池	HC	3	沉淀池	CC
2	隔油池	YC	4	降温池	JC

44

序号	名称	图　例	序号	名称	图　例
5	中和池	ZC	9	水封井	
6	雨水口（单箅）		10	跌水井	
7	雨水口（双箅）		11	水表井	
8	阀门井及检查井	J-×× W-×× Y-×× ／ J-×× W-×× Y-××			

（8）给水排水设备图例

给水排水设备的图例宜符合表 2-19 的要求。

给水排水设备图例　　　　　表 2-19

序号	名称	图　例	序号	名称	图　例
1	卧式水泵	平面　　　系统	9	板式热交换器	
2	立式水泵	平面　　　系统	10	开水器	
3	潜水泵		11	喷射器	
4	定量泵		12	除垢器	
5	管道泵		13	水锤消除器	
6	卧式容积热交换器		14	搅拌器	M
7	立式容积热交换器		15	紫外线消毒器	ZWX
8	快速管式热交换器				

45

（9）给水排水仪表图例

给水排水仪表的图例宜符合表 2-20 的要求。

给水排水仪表图例

表 2-20

序号	名称	图例	序号	名称	图例
1	温度计		8	真空表	
2	压力表		9	温度传感器	------ T ------
3	自动记录压力表		10	压力传感器	------ P ------
4	压力控制器		11	pH 传感器	------ pH ------
5	水表		12	酸传感器	------ H ------
6	自动记录流量表		13	碱传感器	------ Na ------
7	转子流量计	平面　　系统	14	余氯传感器	------ Cl ------

2.2.4　给水排水工程施工图的识读

识读建筑给水排水工程施工图时对给水图样和排水图样应分开读。识读给水排水工程施工图的方法，可归纳为以下几点：

（1）首先，阅读设计总说明，明确设计内容、规模、标准及有关要求。

（2）平面图对照系统图阅读，一般按水流方向（由进水至用水设备），从底层至顶层逐层阅读。

① 给水工程可从进户引入管开始读，顺着水流方向，经干管、立管、横管、支管到用水设备。分清水流方向、分支位置、管路走向、管径变径位置，各管段的管径、标高，阀门的型号与位置等内容。

② 排水系统可从卫生器具开始，沿水流方向经支管、横管、立管一直看到排出管。弄清管道变径位置，各管段的管径、标高、坡向，管路上清扫口、检查口、地漏、风帽等位置和形式。

（3）弄清整个管路全貌后，再对管路中的设备、器具的数量、位置进行分析。

（4）要了解和熟悉给水排水设计和验收规范中部分卫生器具的安装高度（施工图一般不标注），以利于量截和计算管道工程量。常用卫生器具给水配件的安装高度见表 2-21。

卫生器具给水配件的安装高度 表 2 - 21

名　　称		给水配件中心距地面高度（mm）	名　　称		给水配件中心距地面高度（mm）
1. 架空式污水盆（池）水龙头		1000	11. 挂式小便器角阀及截止阀		1050
2. 落地式污水盆（池）水龙头		800	12. 小便槽多孔冲洗管		1100
3. 洗涤池（盆）水龙头		1000	13. 蹲式大便器（从台阶面算起）	高水箱角阀及截止阀	2048
				低水箱角阀	250
				低水箱浮球阀	900
4. 住宅集中给水龙头		1000	14. 坐式大便器（从台阶面算起）	高水箱角阀及截止阀	2048
				低水箱角阀	250
				低水箱浮球阀	800
5. 洗手盆水龙头		1000	15. 大便槽冲洗水箱截止阀（从台阶面算起）		不低于240
6. 洗脸盆	水龙头（上配水）	1000	16. 试验室化验龙头		1000
	水龙头（下配水）	800			
	角阀（下配水）	450			
7. 盥洗槽水龙头		1000	17. 妇女卫生盆混合阀		380
8. 浴盆水龙头		700	18. 饮水器喷嘴口		1000
9. 淋浴器	截止阀	1150	19. 室内洒水龙头		1000
	莲蓬头下沿	2100			
10. 立式小便器角阀		1130			

2.2.4.1　建筑给水排水平面图的识读

建筑内部给水排水平面图主要表明建筑内部给水排水管道、卫生设备以及用水设备等的平面布置，识读内容如下：

（1）识读卫生器具、用水设备和升压设备（如洗涤盆、大便器、小便器、地漏、拖布盆、淋浴器以及水箱等）的类型、数量、安装位置及定位尺寸等。

（2）识读引入管和污水排出管的平面位置、走向、定位尺寸、系统编号以及与室外管网的连接形式、管径和坡度等。

（3）识读给水排水立管、水平干管和支管的管径、在平面图上的位置、立管编号以及管道安装方式等。

（4）识读管道配（附）件（如阀门、清扫口、水表、消火栓和清通设备等）的型号、口径大小、平面位置、安装形式及设置情况等。

2.2.4.2　建筑给水排水系统图的识读

识读建筑给水系统图时，可以按照循序渐进的方法，从室外水源引入处着手，顺着管路的走向依次识读各管路及用水设备。也可以逆向进行，即从任意一用水点开始，顺着管路逐个弄清管道和设备的位置、管径的变化以及所用管件等内容。

识读建筑排水系统图时，可以按照卫生器具或排水设备的存水弯、器具排水管、排水横管、立管和排出管的顺序进行，依次弄清排水管道的走向、管路分支情况、管径尺寸、各管道标高、各横管坡度、存水弯形式、通气系统形式以及清通设备位置等。

给水管道系统图中的管道一般都是采用单线图绘制，管道中的重要管件（如阀门）用图例表示，而更多的管件（如补心、活接、短接、三通及弯头等）在图中并未做特别标注。这就要求要熟练掌握有关图例、符号和代号的含意，并对管路构造及施工程序有足够的了解。

2.2.4.3　建筑给水排水工程施工大样图的识读

常用的建筑给水排水工程的大样图有淋浴器、盥洗池、浴盆、水表、管道节点、排水设备、室内消火栓、水表、卫生器具排水管路以及管道保温等的安装图。各种大样图中注有详细的构造尺寸及材料的名称和数量。

2.2.4.4　建筑给水排水工程施工图识读举例

图2-4和图2-5为某住宅楼（一梯两户、五层）的一个单元给水排水工程平面图和系统图，请根据所学知识阅读一下该图所表达的工程内容。

（1）给水排水平面图

从图2-4（a）"一层给水排水平面图"上可以看到以下几点：

① 给水管道进户点

该住宅楼两条给水干管分别从③、⑧号轴线进户，直接进入用户的厨房。

② 用水房间、用水设备、卫生设施的平面位置和数量

从给水排水工程平面图及系统图可以看到，该住宅楼共五层，每层两个住户，每个住户内有厨房和厕所各一个。在每一个厨房内设洗涤盆1个，在每一个厕所内设淋浴器1个，则该单元住宅楼共安装洗涤盆10套，淋浴器10组。

③ 排水方式和排水出户点

从图2-4的给水排水平面图和大样图可以看出，每个住户内设两根排水立管PL和WL，它们在一楼分别与室外排水检查井相连。

④ 排水设施的位置和数量

地漏，每户厨房和厕所各安装1个，共20个。蹲便器每户安装1组，共10组。

（2）给水排水系统图

通过阅读平面图，知道了该住宅楼用水设备、排水设施的平面布置和数量，以及管网的布置和走向等工程内容，但是用水设备、排水设施、管道的规格、标高等情况，在平面图上看不出来，还需对照系统图加以理解。

① 给水管道系统图所表示的工程内容

图2-5是该住宅楼一户的给水管道系统图，从图中可知：进水干管管径为$DN40$，由室外地沟−1.5m引入，进入建筑物后，标高上升为−0.3m。该给水干管进入建筑物后，直接敷设至一层厨房，然后分为两路。一路垂直向上直至五楼，管径由$DN40$变为$DN25$，三楼以上为$DN20$。一路水平向左，一直延伸到厕所，分别给洗涤盆、淋浴器和蹲便器的自闭式冲洗阀供水，管道的相对标高为1m，管径为$DN20$。

从图中可看出，每户安装自闭式冲洗阀1个，共10个。每户安装$DN20$截止阀1个，共10个。每个用户每根立管安装$DN40$截止阀1个，共20个。每户安装$DN20$螺纹水表1个，共10个。

② 排水管道系统图所表示的工程内容

从图2-5可看到，该住宅楼每户有两根排水立管PL和WL，在底层分别排至室外排水检查井。PL上连接每户的蹲式大便器，排水立管的管径为$DN100$，排水横管的管径为

DN100，排水干管的管径为 DN150。WL 上连接每户的洗涤盆及厨房和卫生间地漏，排水横管的管径为 DN50，排水立管的管径为 DN100，排水干管的管径为 DN150。

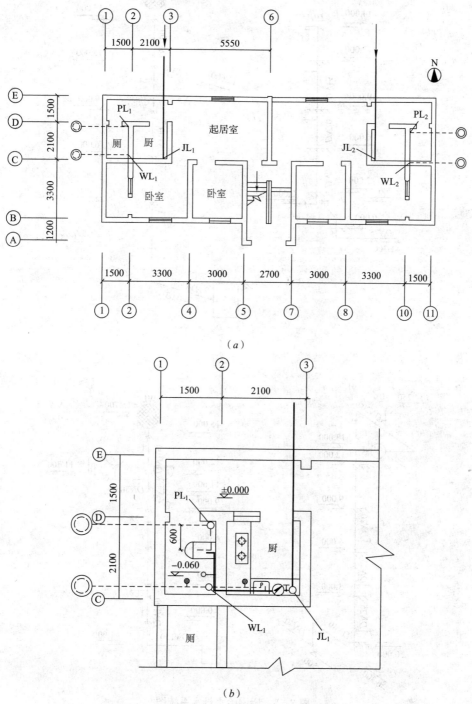

（a）

（b）

图 2-4　给水排水一层平面图及厨厕大样图

（a）一层给水排水平面图；（b）厨厕给水排水大样图

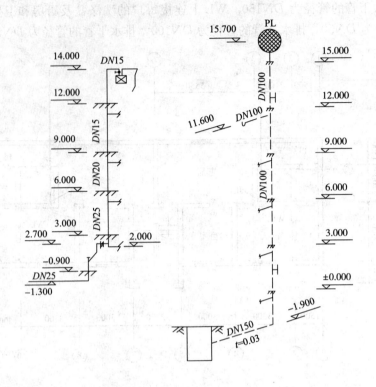

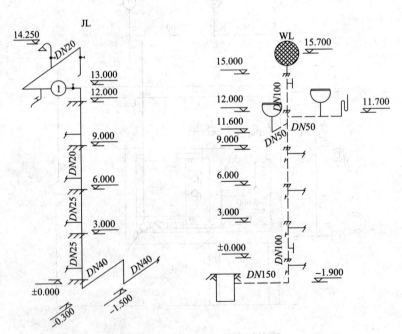

图 2-5　厨厕给水排水系统图

2.3 给水排水工程预算定额

2.3.1 定额适用范围

根据 2000 年颁布的《全国统一安装工程定额》第八册（GYD—208—2000）的规定，本册定额适用于新建、扩建项目中的生活用给水、排水、燃气、采暖热源管道以及附件配件安装，小型容器制作安装。

2.3.2 该册定额与其他册定额的界限划分

（1）工业管道、生产生活共同的管道、锅炉房和泵类配管以及高层建筑内加压泵间的管道执行第六册《工业管道工程》相应项目。

（2）刷油、绝热、防腐蚀工程执行第十一册《刷油、绝热、防腐蚀工程》相应项目。

2.3.3 定额内容

该册定额共有七章，与给水排水工程有关的具体内容和规则有五章，它们分别是：

2.3.3.1 第一章 管道安装

（1）界限划分

① 给水管道

a. 室内外界线以建筑物外墙皮 1.5m 为界，入口处设阀门者以阀门为界；

b. 与市政管道界线以水表井为界，无水表井者，以与市政管道碰头点为界。

② 排水管道

a. 室内外以出户第一个排水检查井为界；

b. 室外管道与市政管道界线以与市政管道碰头井为界。

③ 采暖热源管道

a. 室内外以入口阀门或建筑物外墙皮 1.5m 为界；

b. 与工业管道界线以锅炉房或泵站外墙皮 1.5m 为界；

c. 工厂车间内采暖管道以采暖系统与工业管道碰头点为界；

d. 设在高层建筑内的加压泵间管道与本章项目的界线，以泵间外墙皮为界。

（2）该章定额包括以下工作内容

① 管道及接头零件安装。

② 水压试验或灌水试验。

③ 室内 DN32 以内钢管包括管卡及托钩制作安装。

④ 钢管包括弯管制作与安装（伸缩器除外），无论是现场煨制或成品弯管均不得换算。

⑤ 铸铁排水管、雨水管及塑料排水管均包括管卡及吊托支架、臭气帽、雨水漏斗制作安装。

⑥ 穿墙及过楼板铁皮套管安装人工。

（3）该章定额不包括以下工作内容

① 室内外管道沟土方及管道基础，应执行《全国统一建筑工程基础定额》。

② 管道安装中不包括法兰、阀门及伸缩器的制作、安装，按相应项目另行计算。

③ 室内外给水、雨水铸铁管包括接头零件所需的人工，但接头零件价格应另行计算。

④ DN32 以上的钢管支架按本章管道支架另行计算。

⑤ 过楼板的钢套管的制作、安装工料，按室外钢管（焊接）项目计算。

2.3.3.2 第二章 阀门、水位标尺安装

(1) 螺纹阀门安装适用于各种内外螺纹连接的阀门安装。

(2) 法兰阀门安装适用于各种法兰阀门的安装，如仅为一侧法兰连接时，定额中的法兰、带帽螺栓及钢垫圈数量减半。

(3) 各种法兰连接用垫片均按石棉橡胶板计算。如用其他材料，不做调整。

(4) 浮标液面计 FQ-Ⅱ 型安装是按《采暖通风国家标准图集》N102—3 编制的。

(5) 水塔、水池浮漂水位标尺制作安装，是按《全国通用给水排水标准图集》S318 编制的。

2.3.3.3 第三章 低压器具、水表组成与安装

(1) 减压器、疏水器组成与安装是按《采暖通风国家标准图集》N106 编制的，如实际组成与此不同时，阀门和压力表数量可按实际调整，其余不变。

(2) 法兰水表安装是按《全国通用给水排水标准图集》S145 编制的，定额内包括旁通管及止回阀，如实际安装形式与此不同时，阀门及止回阀可按实际调整，其余不变。

2.3.3.4 第四章 卫生器具制作安装

(1) 该章所有卫生器具安装项目，均参照《全国通用给水排水标准图集》中有关标准图集计算，除以下说明者外，设计无特殊要求均不作调整。

(2) 成组安装的卫生器具，定额均已按标准图集计算了与给水、排水管道连接的人工和材料。

(3) 浴盆安装适用于各种型号的浴盆，但浴盆支座和浴盆周边的砌砖、瓷砖粘贴应另行计算。

(4) 洗脸盆、洗手盆、洗涤盆适用于各种型号。

(5) 化验盆安装中的鹅颈水嘴、化验单嘴、双嘴适用于成品件安装。

(6) 洗脸盆肘式开关安装不分单双把均执行同一项目。

(7) 脚踏开关安装包装弯管和喷头安装的人工和材料。

(8) 淋浴器铜制品安装适用于各种成品淋浴器安装。

(9) 蒸汽-水加热器安装项目中，包括了莲蓬头安装，但不包括支架制作安装，阀门和疏水器安装可按相应项目另行计算。

(10) 冷热水混合器安装项目中包括了温度计安装，但不包括支座制作安装，可按相应项目另行计算。

(11) 小便槽冲洗管制作安装定额中，不包括阀门安装，可按相应项目另行计算。

(12) 大、小便槽水箱托架安装已按标准图集计算在定额内，不得另行计算。

(13) 高（低）水箱蹲式大便器、低水箱坐式大便器安装，适用于各种型号。

(14) 电热水器、电开关炉安装定额内只考虑了本体安装，连接管、连接件等可按相应项目另行计算。

(15) 饮水器阀门的安装或脚踏开关安装，可按相应项目另行计算。

（16）容积式水加热器安装，定额内已按标准图集计算了其中的附件，但不包括安全阀安装、本体保温、刷油和基础砌筑。

2.3.3.5　第五章　小型容器制作安装

（1）各种水箱连接管，均未包括在定额内，可执行室内管道安装的相应项目。

（2）各类水箱均未包括支架制作安装，如为型钢支架，执行本册定额"一般管道支架"子目。

（3）水箱制作包括水箱本身及人孔的质量。

2.3.4　定额费用的规定

2.3.4.1　定额费用组成

给水排水工程涉及的定额费用包括脚手架搭拆费、高层建筑增加费、超高增加费、管廊增加费及主体结构配合费等。

（1）脚手架搭拆费

按人工费的5%计算，其中人工工资占25%。

（2）高层建筑增加费

高层建筑指高度在6层或20m以上（不含本身）的工业和民用建筑。高层建筑增加费以高层建筑给水排水工程、采暖工程、生活用煤气工程的人工费分别乘以相应的系数计取，且全部计入人工费。高层建筑增加费系数见表2-22。

高层建筑增加费系数　　　　　　　表2-22

层数	9层以下(30m)	12层以下(40m)	15层以下(50m)	18层以下(60m)	21层以下(70m)	24层以下(80m)	27层以下(90m)	30层以下(100m)	33层以下(110m)	36层以下(120m)	39层以下(130m)	42层以下(140m)	45层以下(150m)
按人工费的%	2	3	4	6	8	10	13	16	19	22	25	28	31

（3）超高增加费

该册定额的操作高度为3.6m，如超过3.6m时，其超过部分工程量定额的人工费乘以表2-23的系数。

超高增加费系数　　　　　　　表2-23

标高（m）	3.6~8	3.6~12	3.6~16	3.6~20
超高系数	1.1	1.15	1.2	1.25

例如，某建筑层高3.9m，给水工程定额人工费为3000元，其中安装高度超过3.6m工程量的人工费为1000元，则该工程超高增加费为1000×0.1＝100元，此时该给水工程定额人工费为3100元。

（4）管廊增加费

设置于管道间、管廊内的管道、阀门、法兰、支架安装，其定额人工费乘以系数1.3。

该项内容是指一些高级建筑、宾馆、饭店内封闭的顶棚、竖向通道（管道间）内安装给水排水、采暖、煤气管道及阀门、法兰支架等工程量，不包括管沟内的管道安装。

(5) 主体结构配合费

为配合预留孔洞，凡主体结构为现浇并采用钢模施工的工程，均可计取。内外浇筑的定额人工费乘以系数 1.05，内浇外砌的定额人工费乘以系数 1.03。

2.3.4.2 定额费用计算

与给水排水工程相关的定额费用计算程序见表 2-24。

定额费用计算程序　　　　　　　　　　　　　　　　表 2-24

费用名称	费用代号	费率代号	计算过程	基价	人工费	材料费	机械费
施工图预算	A		$A=A_1+A_2+A_3$	A	A_1	A_2	A_3
超高增加费	B	b	$B=A_1'\times b$ （注 A_1' 为超高部分工程人工费）	B	B		
高层建筑增加费	C	c	$C=A_1\times c$	C	C		
管廊增加费	D	d	$D=A_1''\times d$ （注 A_1'' 为管廊施工部分人工费）	D	D		
主体结构配合费	E	e	$E=A_1\times e$	E	E		
小计	F		$F_1=A_1+B+C+D+E$ $F=A+B+C+D+E$	F	F_1	F_2	F_3
脚手架搭拆费	G	g	$G=F_1\times g$　$G_1=G\times m$ （m 为 G 中人工费所占比例）	G	G_1	G_2	
合计	I		$I=F+G$　$I_1=F_1+G_1$ $I_2=F_2+G_2$　$I_3=F_3$	I	I_1	I_2	I_3

2.3.5　套用定额应注意的问题

(1) 定额中项目划分的步距由小到大，如施工图设计的规格、型号在定额步距上下之间时，可套用上限定额项目。

(2) 铸铁排水管及塑料排水管安装中，管卡、托架、支架及透气帽已综合考虑，不得单独列项或换算。雨水管与下水管合用时，执行排水管安装定额。

(3) 管道消毒、冲洗定额，仅适用于设计和施工及验收规范有要求的工程项目。

(4) 本册定额已包括水压试验，不论用何种形式做水压试验，均不得调整。

(5) 室内排水铸铁管安装检查口已包括在排水铸铁管安装定额内，不得另计。

(6) 管道穿墙、穿楼板的铁皮套管，其安装费已综合在管道安装定额内。用钢管作套管，则按管道公称直径套用室外焊接钢管安装定额。

(7) 管道安装定额说明中"DN32 以内钢管包括管卡及托钩的制作与安装"条款仅适用于室内螺纹连接钢管的安装。

(8) 坐式大便器、立式普通小便器中的角阀，已分别包括在坐便器低水箱（带全部管件安装，俗称铜活）和立式小便器铜活内。如零件安装中未包括角阀的，可另计主材费。

(9) 各种水箱连接管和支架均未包括在定额内，可按室内管道安装的相应项目执行。支架为型钢支架可执行定额中"一般管架"项目。

(10) 各种法兰连接的阀门、水表的安装定额均已包括法兰、螺栓的安装，在编制预算时不得重复套用法兰安装定额。

（11）定额中卫生器具安装子目，均参照有关标准图编制，一些与卫生器具相连的配管、阀门已包含在定额内，详见表 2-25。

卫生器具配件定额含量表　　　　　　　　　　　　　表 2-25

序号	项　目	给水			排水	
		阀门	水龙头	配管	存水弯	下水竖管
1	水表组成安装	已含	—	未计	—	—
2	浴盆安装	—	未计	已含	已含	未计
3	净身盆安装	—	未计	已含	已含	未计
4	洗脸盆安装（钢管组成）	—	已含	已含	已含	未计
5	洗手盆安装	—	已含	已含	已含	未计
6	洗涤盆安装（单、双嘴）	—	已含	已含	已含	已含
7	淋浴器安装（钢管组成）	已含	—	已含	—	—
8	蹲式大便器安装（自闭式冲洗）	已含	—	已含	已含	未计
9	蹲式大便器安装（手压阀冲洗）	未计	—	已含	已含	未计
10	坐式大便器安装（自闭式冲洗阀）	已含	—	已含	—	—
11	坐式大便器安装（连体水箱）	未计	—	已含	—	—
12	自动冲洗小便器安装	已含	已含	已含	已含	—
13	排水栓安装（带存水弯）	—	—	—	已含	—
14	排水栓安装（不带存水弯）	—	—	—	—	已含
15	地漏安装	—	—	—	—	已含
16	小便槽冲洗管安装	—	—	已含	—	—

（12）卫生器具与给水排水管道安装工程量界限划分

① 浴盆成组安装定额中，给水部分包括了冷、热水管道各 0.15m，以及冷热水龙头；排水部分包括排水配件及存水弯。与管道安装工程量分界线：给水为水平管与支管的交接处；排水为铸铁存水弯下口处。

② 洗涤盆成组安装定额中，与管道安装工程量分界线：给水部分为水平管与支管交接处；排水为存水弯下口处。

③ 洗脸盆成组安装定额中，给水部分已包括了洗脸盆下的角阀和给水支管，安装普通水龙头者已包括了水龙头和接水龙头的 0.1m 管道。与管道安装工程量的分界线：给水为水平管与支管的交接处；排水为存水弯下口处。

④ 淋浴器成组安装定额中，与给水管道安装工程量的分界线为水平管与支管交接处。

⑤ 蹲式大便器成组安装定额中，高水箱子目已包括了进高水箱的支管和支管上的阀门，普通阀、手压阀冲洗子目已包括了阀门及阀后的 1.5m 管道。与给水排水管道安装的分界线：给水为水平管与支管交接处；排水为存水弯下口处，不包括排水短管。

⑥ 坐式大便器成组安装定额中，与管道安装工程量的分界线：给水为水平管与进水箱支管交接处；排水为坐便器排水口。

⑦ 小便器成组安装定额中，普通式的给水部分已包括给水支管及角式截止阀，自动冲洗式的给水部分已包括进水箱的支管和进水阀。与管道安装工程量的分界线：给水为水平管与支管交接处；排水为小便器的存水弯下口处。

⑧ 排水栓安装定额中，带存水弯者包括了其下部的存水弯，不带存水弯者包括了和排水栓相连的管段。与排水管道安装工程量的分界线为存水弯下口或交界处。

2.4 给水排水工程的工程量清单计算规则

2.4.1 管道工程量计算规则

根据《通用安装工程工程量计算规范》GB 50856—2013 的规定，给排水、采暖、燃气管道工程的工程量计算规则见表 2-26。

给排水、采暖、燃气管道（编码：031001）　　　　表 2-26

项目编码	项目名称	项目特征	计量单位	工程量计算规则	工作内容
031001001	镀锌钢管	1. 安装部位 2. 介质 3. 规格、压力等级 4. 连接形式 5. 压力试验及吹、洗设计要求 6. 警示带形式	m	按设计图示管道中心线以长度计算	1. 管道安装 2. 管件制作、安装 3. 压力试验 4. 吹扫、冲洗 5. 警示带铺设
031001002	钢管				
031001003	不锈钢管				
031001004	铜管				
031001005	铸铁管	1. 安装部位 2. 介质 3. 材质、规格 4. 连接形式 5. 接口材料 6. 压力试验及吹、洗设计要求 7. 警示带形式			1. 管道安装 2. 管件安装 3. 压力试验 4. 吹扫、冲洗 5. 警示带铺设
031001006	塑料管	1. 安装部位 2. 介质 3. 材质、规格 4. 连接形式 5. 阻火圈设计要求 6. 压力试验及吹、洗设计要求 7. 警示带形式			1. 管道安装 2. 管件安装 3. 塑料卡固定 4. 阻火圈安装 5. 压力试验 6. 吹扫、冲洗 7. 警示带铺设
031001007	复合管	1. 安装部位 2. 介质 3. 材质、规格 4. 连接形式 5. 压力试验及吹、洗设计要求 6. 警示带形式			1. 管道安装 2. 管件安装 3. 塑料卡固定 4. 压力试验 5. 吹扫、冲洗 6. 警示带铺设
031001008	直埋式预制保温管	1. 埋设深度 2. 介质 3. 管道材质、规格 4. 连接形式 5. 接口保温材料 6. 压力试验及吹、洗设计要求 7. 警示带形式			1. 管道安装 2. 管件安装 3. 接口保温 4. 压力试验 5. 吹扫、冲洗 6. 警示带铺设

项目编码	项目名称	项目特征	计量单位	工程量计算规则	工作内容
031001009	承插陶瓷缸瓦管	1. 埋设深度 2. 规格 3. 接口方式及材料 4. 压力试验及吹、洗设计要求 5. 警示带形式	m	按设计图示管道中心线以长度计算	1. 管道安装 2. 管件安装 3. 压力试验 4. 吹扫、冲洗 5. 警示带铺设
031001010	承插水泥管				
031001011	室外管道碰头	1. 介质 2. 碰头形式 3. 材质规格 4. 连接形式 5. 防腐、绝热设计要求	处	按设计图示以处计算	1. 挖填工作坑或暖气沟拆除及修复 2. 碰头 3. 接口处防腐 4. 接口处绝热及保护层

注：1. 安装部位，指管道安装在室内、室外。
　　2. 输送介质包括给水、排水、中水、雨水、热媒体、燃气、空调水等。
　　3. 方形补偿器制作安装应含在管道安装综合单价中。
　　4. 铸铁管安装适用于承插铸铁管、球墨铸铁管、柔性抗震铸铁管等。
　　5. 塑料管安装适用于 UPVC、PVC、PP-C、PP-R、PE、PB 管等塑料管材。
　　6. 复合管安装适用于钢塑复合管、铝塑复合管、钢骨架复合管等复合型管道安装。
　　7. 直埋保温管包括直埋保温管件安装及接口保温。
　　8. 排水管道安装包括立管检查口、透气帽。
　　9. 室外管道碰头：
　　　　1）适用于新建或扩建工程热源、水源、气源管道与原（旧）有管道碰头；
　　　　2）室外管道碰头包括挖工作坑、土方回填或暖气沟局部拆除及修复；
　　　　3）带介质管道碰头包括开关闸、临时放水管线铺设等费用；
　　　　4）热源管道碰头每处包括供、回水两个接口；
　　　　5）碰头形式指带介质碰头、不带介质碰头。
　　10. 管道工程量计算不扣除阀门、管件（包括减压器、疏水器、水表、伸缩器等组成安装）及附属构筑物所占长度；方形补偿器以其所占长度列入管道安装工程量。
　　11. 压力试验按设计要求描述试验方法，如水压试验、气压试验、泄漏性试验、闭水试验、通球试验、真空试验等。
　　12. 吹、洗按设计要求描述吹扫、冲洗方法，如水冲洗、消毒冲洗、空气吹扫等。

2.4.2 支架及其他工程量计算规则

支架及其他工程的工程量计算规则见表 2-27。

支架及其他工程（编码：031002）　　　　　　　　　　　　　　　　表 2-27

项目编码	项目名称	项目特征	计量单位	工程量计算规则	工作内容
031002001	管道支架	1. 材质 2. 管架形式	1. kg 2. 套	1. 以千克计量，按设计图示质量计算 2. 以套计量，按设计图示数量计算	1. 制作 2. 安装
031002002	设备支架	1. 材质 2. 形式			
031002003	套管	1. 名称、类型 2. 材质 3. 规格 4. 填料材质	个	按设计图示数量计算	1. 制作 2. 安装 3. 除锈、刷油

注：1. 单件支架质量 100kg 以上的管道支吊架执行设备支吊架制作安装。
　　2. 成品支架安装执行相应管道支架或设备支架项目，不再计取制作费，支架本身价值含在综合单价中。
　　3. 套管制作安装，适用于穿基础、墙、楼板等部位的防水套管、填料套管、无填料套管及防水套管等，应分别列项。

2.4.3 管道附件工程量计算规则

给水排水、采暖、燃气管道附件工程的工程量计算规则见表 2-28。

管道附件工程（编码：031003）　　　　　　　　表 2-28

项目编码	项目名称	项目特征	计量单位	工程量计算规则	工作内容
031003001	螺纹阀门	1. 类型 2. 材质 3. 规格、压力等级 4. 连接形式 5. 焊接方法	个		1. 安装 2. 电气接线 3. 调试
031003002	螺纹法兰阀门				
031003003	焊接法兰阀门				
031003004	带短管甲乙阀门	1. 材质 2. 规格、压力等级 3. 连接形式 4. 接口方式及材质			
031003005	塑料阀门	1. 规格 2. 连接形式			1. 安装 2. 调试
031003006	减压器	1. 材质 2. 规格、压力等级 3. 连接形式 4. 附件配置	组		组装
031003007	疏水器				
031003008	除污器（过滤器）	1. 材质 2. 规格、压力等级 3. 连接形式		按设计图示数量计算	安装
031003009	补偿器	1. 类型 2. 材质 3. 规格、压力等级 4. 连接形式	个		
031003010	软接头（软管）	1. 材质 2. 规格 3. 连接形式	个（组）		安装
031003011	法兰	1. 材质 2. 规格、压力等级 3. 连接形式	副（片）		安装
031003012	倒流防止器	1. 材质 2. 型号、规格 3. 连接形式	套		
031003013	水表	1. 安装部位（室内外） 2. 型号、规格 3. 连接形式 4. 附件配置	组（个）		组装
031003014	热量表	1. 类型 2. 型号、规格 3. 连接形式	块		
031003015	塑料排水管消声器	1. 规格 2. 连接形式	个		安装
031003016	浮标液面计		组		
031003017	浮漂水位标尺	1. 用途 2. 规格	套		

注：1. 法兰阀门安装包括法兰安装，不得另计法兰安装。阀门安装如仅为一侧法兰连接时，应在项目特征中描述。
　　2. 塑料阀门连接形式需注明热熔连接、粘结、热风焊接等方式。
　　3. 减压器规格按高压侧管道规格描述。
　　4. 减压器、疏水器、倒流防止器等项目包括组成与安装工作内容，项目特征应根据设计要求描述附件配置情况，或根据××图集或××施工图做法描述。

2.4.4 卫生器具工程量计算规则

卫生器具工程量计算规则见表2-29。

卫生器具工程量（编码：031004）

表2-29

项目编码	项目名称	项目特征	计量单位	工程量计算规则	工作内容
031004001	浴缸	1. 材质 2. 规格、类型 3. 组装形式 4. 附件名称、数量	组	按设计图示数量计算	1. 器具安装 2. 附件安装
031004002	净身盆				
031004003	洗脸盆				
031004004	洗涤盆				
031004005	化验盆				
031004006	大便器				
031004007	小便器				
031004008	其他成品卫生器具				
031004009	烘手器	1. 材质 2. 型号、规格	个		安装
031004010	淋浴器	1. 材质、规格 2. 组装形式 3. 附件名称、数量	套		1. 器具安装 2. 附件安装
031004011	淋浴间				
031004012	桑拿浴房				
031004013	大、小便槽自动冲洗水箱	1. 材质、类型 2. 规格 3. 水箱配件 4. 支架形式及做法 5. 器具及支架除锈、刷油设计要求	套		1. 制作 2. 安装 3. 支架制作、安装 4. 除锈、刷油
031004014	给、排水附（配）件	1. 材质 2. 型号、规格 3. 安装方式	个（组）		安装
031004015	小便器冲洗管	1. 材质 2. 规格	m	按设计图示长度计算	1. 制作 2. 安装
031004016	蒸汽-水加热器	1. 类型 2. 型号、规格 3. 安装方式	套	按设计图示数量计算	
031004017	冷热水混合器				
031004018	饮水器				安装
031004019	隔油器	1. 类型 2. 型号、规格 3. 安装部位			

注：1. 成品卫生器具项目中的附件安装，主要指给水附件包括水嘴、阀门、喷头等，排水配件包括存水弯、排水栓、下水口等以及配备的连接管。
    2. 浴缸支座和浴缸周边的砌砖、瓷砖粘贴，应按现行国家标准《房屋建筑与装饰工程工程量计算规范》GB 50854—2013相关项目编码列项；功能性浴缸不含电机接线和调试，应按GB 50856—2013规范附录D电气设备安装工程相关项目编码列项。
    3. 洗脸盆适用于洗脸盆、洗发盆、洗手盆安装。
    4. 在器具安装中若采用混凝土或砖基础，应按现行国家标准《房屋建筑与装饰工程工程量计算规范》GB 50854—2013相关项目编码列项。
    5. 给、排水附（配）件是指独立安装的水嘴、地漏、地面扫出口等。

2.4.5 给水排水设备工程量计算规则

给水排水设备工程量计算规则见表2-30。

给水排水设备（编码：031006） 表2-30

项目编码	项目名称	项目特征	计量单位	工程量计算规则	工作内容
031006001	变频给水设备	1. 设备名称 2. 型号、规格 3. 水泵主要技术参数 4. 附件名称、规格、数量 5. 减震装置形式	套	按设计图示数量计算	1. 设备安装 2. 附件安装 3. 调试 4. 减震装置制作、安装
031006002	稳压给水设备				
031006003	无负压给水设备				
031006004	气压罐	1. 型号、规格 2. 安装方式	台		1. 安装 2. 调试
031006005	太阳能集热装置	1. 型号、规格 2. 安装方式 3. 附件名称、规格、数量	套		1. 安装 2. 附件安装
031006006	地源（水源、气源）热泵机组	1. 型号、规格 2. 安装方式 3. 减震装置形式	组		1. 安装 2. 减震装置制作、安装
031006007	除砂器	1. 型号、规格 2. 安装方式	台		安装
031006008	水处理器				
031006009	超声波灭藻设备	1. 类型 2. 型号、规格			
031006010	水质净化器				
031006011	紫外线杀菌设备	1. 名称 2. 规格			
031006012	热水器、开水炉	1. 能源种类 2. 型号、容积 3. 安装方式			1. 安装 2. 附件安装
031006013	消毒器、消毒锅	1. 类型 2. 型号、规格			安装
031006014	直饮水设备	1. 名称 2. 规格	套		安装
031006015	水箱	1. 材质、类型 2. 型号、规格	台		1. 制作 2. 安装

注：1. 变频给水设备、稳压给水设备、无负压给水设备安装，说明：
　　1）压力容器包括气压罐、稳压罐、无负压罐；
　　2）水泵包括主泵及备用泵，应注明数量；
　　3）附件包括给水装置中配备的阀门、仪表、软接头，应注明数量，含设备、附件之间管路连接；
　　4）泵组底座安装，不包括基础砌（浇）筑，应按现行国家标准《房屋建筑与装饰工程工程量计算规范》GB 50854 相关项目编码列项；
　　5）控制柜安装及电气接线、调试应按GB 50856—2013规范附录D电气设备安装工程相关项目编码列项。
　　2. 地源热泵机组，接管以及接管上的阀门、软接头、减震装置和基础另行计算，应按相关项目编码列项。

2.5 给水排水工程预算编制实例

【例1】图2-4、图2-5为某住宅楼给水排水设计图，该工程给水管道采用铝塑复合管，排水管道采用UPVC管，胶粘接口。阀门采用截止阀，型号为J11T-10。地漏为铸铁地漏，大便器为自闭式冲洗蹲式大便器，试进行：(1)工程量计算；(2)编制工程量清单。

【解】一、计算工程量

1. 管道延长米计算

(1) DN40铝塑复合管　丝接

1.5+(1.5-0.3)(JL立管室外标高差)+0.24(墙厚)+(1.5+2.1-0.24)(⑤-ⓒ轴线间距离)+1.0(水平横支管距地面高度)+0.3(JL立管正负零以下高度)=7.6m，两户共15.2m。

(2) DN25铝塑复合管　丝接

3(层高)×2(层数)=6m　　　　　　两户共计12m

(3) DN20铝塑复合管　丝接

① 立管　3(层高)×2(层数)=6m　　两户共计12m

② 横支管[2.1(②-③轴线间距离)+2.1(ⓒ-ⓓ轴线间距离)-0.6(蹲便器距ⓓ轴墙面距离)-0.24(墙厚)]×5(层)=16.8m

小计=(6+16.8)×2=45.6m

(4) DN150排水铸铁管　膨胀水泥接口

① PL_1系统　1.9(室外排水横干管标高)-0.4(室内一层排水横管标高)+3.3(PL_1至排水检查井水平距离)=4.8m

② WL_1系统　3(WL_1至排水检查井距离)+1.9(室外排水横干管标高)-0.4(室内一层排水横管标高)=4.5m

小计，DN150排水铸铁管2×(4.8+4.5)=18.6m

(5) DN100排水铸铁管　膨胀水泥接口

① PL_1系统

立管15.7(立管顶端标高)+0.4(一层排水横管标高)=16.1m

横管0.5(蹲便器存水弯下口距PL_1水平距离)×5(层数)=2.5m

② WL_1系统

立管15.7(WL_1立管顶端标高)+0.4(一层排水横管标高)=16.1m

小计，DN100排水铸铁管(16.1+2.5+16.1)×2=69.4m

(6) DN50排水铸铁管　膨胀水泥接口

WL_1系统[0.3(厕所地漏排水横支管长度)+0.3(地漏下口至排水横支管高度)×2(地漏数)+1.8(厨房水平横支管长度)+0.55(洗涤盆存水弯下口至排水横支管高度)]×5(层数)=16.25m

小计，DN50排水铸铁管16.25×2=32.5m

2. 卫生器具统计

(1) 自闭阀冲洗蹲便器　　　1×5×2=10套

(2) 洗涤盆　　　　$1×5×2＝10$ 组

(3) 淋浴器　　　　$1×5×2＝10$ 组

(4) 铸铁地漏　　　$2×5×2＝20$ 个

(5) 水表　　　　　$1×5×2＝10$ 个

3. 阀门统计

$DN40$ 截止阀　2 个

二、工程量清单编制

根据《通用安装工程工程量计算规范》GB 50856—2013 的规定，编制分部分项工程项目清单与计价表（见表 2-31）。

分部分项工程量清单与计价表　　　　　表 2-31

工程名称：某工程（给水排水工程）　　　　　标段：　　　　　第　页共　页

序号	项目编码	项目名称	项目特征描述	计量单位	工程量	金额（元）		
						综合单价	合价	其中
								暂估价
1	031001007001	复合管	1. 安装部位：室内 2. 介质：给水 3. 规格、压力等级：DN20 铝塑复合管，低压 4. 连接形式：卡套连接 5. 压力试验、水冲洗：按规范要求	m	45.60			
2	031001007002	复合管	1. 安装部位：室内 2. 介质：给水 3. 规格、压力等级：DN25 铝塑复合管，低压 4. 连接形式：卡套连接 5. 压力试验、水冲洗：按规范要求	m	12.00			
3	031001007003	复合管	1. 安装部位：室内 2. 介质：给水 3. 规格、压力等级：DN40 铝塑复合管，低压 4. 连接形式：卡套连接 5. 压力试验、水冲洗：按规范要求	m	15.20			
4	031001006001	塑料管	1. 安装部位：室内 2. 介质：排水 3. 材质、规格：UPVC，De50 4. 连接形式：胶粘连接 5. 压力试验、水冲洗：按规范要求	m	32.50			
5	031001006002	塑料管	1. 安装部位：室内 2. 介质：排水 3. 材质、规格：UPVC，De100 4. 连接形式：胶粘连接 5. 压力试验、水冲洗：按规范要求	m	69.40			

序号	项目编码	项目名称	项目特征描述	计量单位	工程量	金额（元）		
						综合单价	合价	其中 暂估价
6	031001006003	塑料管	1. 安装部位：室内 2. 介质：排水 3. 材质、规格：UPVC，De150 4. 连接形式：胶粘连接 5. 压力试验、水冲洗：按规范要求	m	18.60			
7	031002003001	套管	1. 类型：普通钢套管 2. 材质：焊接钢管 3. 规格：DN70 4. 填料材质：油麻及防水石棉水泥 5. 除锈、刷油材质及做法：人工除锈，刷防锈漆两道	个	2			
8	031002003002	套管	1. 类型：普通钢套管 2. 材质：焊接钢管 3. 规格：DN40 4. 填料材质：油麻及防水石棉水泥 5. 除锈、刷油材质及做法：人工除锈，刷防锈漆两道	个	4			
9	031002003003	套管	1. 类型：普通钢套管 2. 材质：焊接钢管 3. 规格：DN32 4. 填料材质：油麻及防水石棉水泥 5. 除锈、刷油材质及做法：人工除锈，刷防锈漆两道	个	14			
10	031003001001	螺纹阀门	1. 类型：J11T-10 截止阀 2. 材质：铜 3. 规格、压力等级：DN40，低压 4. 连接形式：丝接	个	2			
11	031003013001	水表	1. 安装部位：室内 2. 型号、规格：旋翼卧式 DN20 3. 连接形式：丝接 4. 附件名称、规格、数量：见91SB2-1（2005）P215 主要材料表	个	10			
12	031004004001	洗涤盆	1. 材质：不锈钢 2. 规格、类型：冷、热水水嘴 3. 组装形式：嵌入式 4. 附件名称、数量：见91SB2-1（2005）P38 主要材料表	组	10			

序号	项目编码	项目名称	项目特征描述	计量单位	工程量	综合单价	合价	其中暂估价
13	031004010001	淋浴器	1. 材质、规格：铜喷头与燃气热水器配合使用 2. 组装形式：单管家用双档 3. 附件名称、数量：见 91SB2－1（2005）P92 主要材料表	组	10			
14	031004014001	地漏	1. 材质：铸铁 2. 规格：DN50 3. 安装方式：见 91SB2－1（2005）	个	20			
15	031004006001	大便器	1. 材质：陶瓷 2. 规格、类型：蹲便器 3. 组装形式：自闭阀冲水 4. 附件：见 91SB2－1（2005）P149 主要材料表	套	10			

【例2】 图2-6、图2-7为某办公楼卫生间给水排水系统工程设计图，共三层，层高为3m，图中平面尺寸以 mm 计，标高均以 m 计，墙体厚度为240mm。该工程给水管道均为镀锌钢管，螺纹连接。给水管道与墙体的中心距离为200mm。

卫生器具全部为明装，安装要求均符合《全国统一安装工程预算定额》所指定标准图的要求，给水管道工程量计算至与大便器、小便器、洗面盆支管连接处止。其安装方式为：蹲式大便器为手压阀冲洗；挂式小便器为延时自闭式冲洗阀；洗脸盆为普通冷水嘴；混凝土拖布池为 500mm×600mm 落地式安装，普通水龙头，排水地漏带水封；立管检查口设在一、三层排水立管上，距地面0.5m处。

给水排水管道穿外墙均采用防水钢套管，穿内墙及楼板均采用普通钢套管。给水排水管道安装完毕，按规范进行消毒、冲洗、水压试验和试漏。

试进行：（1）所有给水管道工程量计算；

（2）编列出给水管道系统及卫生器具的分部分项工程量清单项目。（注：该题为2008年造价工程师考题）

【解】一、给水管道工程量的计算

1. 管道工程量计算

（1）DN50 镀锌钢管 螺纹连接

1.5（引入）+（3.6-0.2）=1.5+3.4=4.9m

（2）DN32 镀锌钢管 螺纹连接

（水平管：5-0.2-0.2）+（左立管：1+0.45）+（右立管：1+1.9+3）=11.95m

（3）DN25 镀锌钢管 螺纹连接

（左立管：6.45-0.45）+（右立管：7.9-1.9-3）+（右水平管：1.08+0.83+0.54+0.9+0.9）×3（层数）=6+3+12.75=21.75（m）

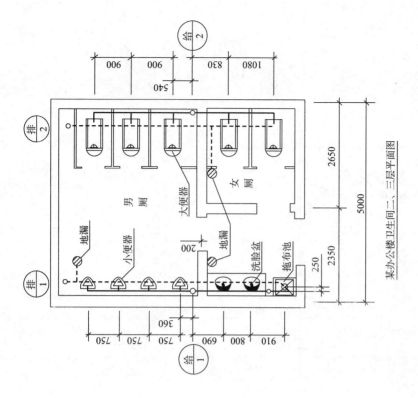

某办公楼卫生间二、三层平面图

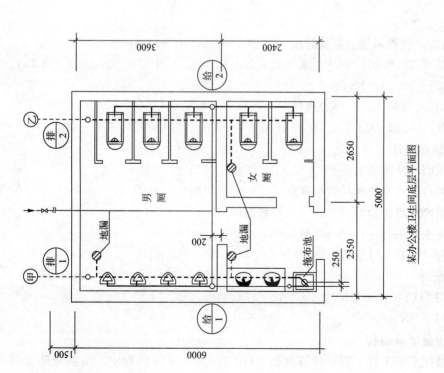

某办公楼卫生间底层平面图

图2-6 某办公楼卫生间底层及二、三层平面图

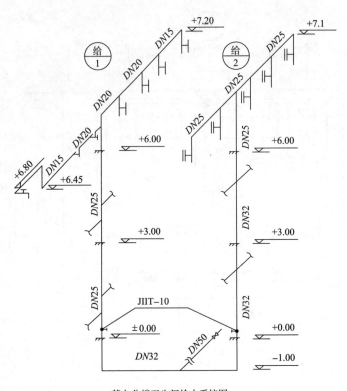

某办公楼卫生间给水系统图

（一、二层同三层）

图 2-7　某办公楼卫生间给水系统图

　　(4) DN20　镀锌钢管　螺纹连接

（左立管：7.2－6.45）＋［左水平管：（0.69＋0.8）＋（0.36＋0.75＋0.75）］×3（层数）＝0.75＋10.05＝10.8m

　　(5) DN15　镀锌钢管　螺纹连接

左水平管：［0.91＋0.25＋（6.8－6.45）＋0.75］×3＝2.26×3＝6.78m

　　2. 卫生器具统计

　　(1) 手压阀冲洗蹲式大便器　　5×3（层数）＝15 套

　　(2) 延时自闭式冲洗阀挂式小便器　　4×3（层数）＝12 套

　　(3) 普通冷水嘴洗脸盆　　2×3（层数）＝6 组

　　(4) 普通水龙头　　1×3（层数）＝3 个

　　(5) 地漏　　4×3（层数）＝12 个

　　3. 阀门统计

　　螺纹阀门 J11T-10　DN32　2 个

　　螺纹阀门　DN50　1 个

　　二、工程量清单编制

　　根据《通用安装工程工程量计算规范》GB 50856—2013 的规定，编制分部分项工程项目清单与计价表（见表 2-32）。

分部分项工程量清单与计价表

工程名称：某工程（给水工程）　　　　　　　　标段：　　　　　　　

表 2－32

第　页共　页

序号	项目编码	项目名称	项目特征描述	计量单位	工程量	综合单价	合价	其中 暂估价
1	031001001001	镀锌钢管	1. 安装部位：室内 2. 介质：给水 3. 规格、压力等级：DN15，低压 4. 连接形式：丝接 5. 压力试验、水冲洗：按规范要求	m	6.78			
2	031001001002	镀锌钢管	1. 安装部位：室内 2. 介质：给水 3. 规格、压力等级：DN20，低压 4. 连接形式：丝接 5. 压力试验、水冲洗：按规范要求	m	10.8			
3	031001001003	镀锌钢管	1. 安装部位：室内 2. 介质：给水 3. 规格、压力等级：DN25，低压 4. 连接形式：丝接 5. 压力试验、水冲洗：按规范要求	m	21.75			
4	031001001004	镀锌钢管	1. 安装部位：室内 2. 介质：给水 3. 规格、压力等级：DN32，低压 4. 连接形式：丝接 5. 压力试验、水冲洗：按规范要求	m	11.95			
5	031001001005	镀锌钢管	1. 安装部位：室内 2. 介质：给水 3. 规格、压力等级：DN50，低压 4. 连接形式：丝接 5. 压力试验、水冲洗：按规范要求	m	4.9			
6	031002003001	套管	1. 类型：普通钢套管 2. 材质：焊接钢管 3. 规格：DN80 4. 填料材质：油麻及防水石棉水泥 5. 除锈、刷油材质及做法：人工除锈，刷防锈漆两道	个	1			
7	031002003002	套管	1. 类型：普通钢套管 2. 材质：焊接钢管 3. 规格：DN50 4. 填料材质：油麻及防水石棉水泥 5. 除锈、刷油材质及做法：人工除锈，刷防锈漆两道	个	1			
8	031002003003	套管	1. 类型：普通钢套管 2. 材质：焊接钢管 3. 规格：DN40 4. 填料材质：油麻及防水石棉水泥 5. 除锈、刷油材质及做法：人工除锈，刷防锈漆两道	个	4			

序号	项目编码	项目名称	项目特征描述	计量单位	工程量	金额（元）		
						综合单价	合价	其中暂估价
9	031002003004	套管	1. 类型：普通钢套管 2. 材质：焊接钢管 3. 规格：DN32 4. 填料材质：油麻及防水石棉水泥 5. 除锈、刷油材质及做法：人工除锈，刷防锈漆两道	个	1			
10	031003001001	螺纹阀门	1. 类型：J11T-10 截止阀 2. 材质：铜 3. 规格、压力等级：DN50，低压 4. 连接形式：丝接	个	1			
11	031003001002	螺纹阀门	1. 类型：J11T-10 截止阀 2. 材质：铜 3. 规格、压力等级：DN32，低压 4. 连接形式：丝接	个	2			
12	031004003001	洗脸盆	1. 材质：陶瓷 2. 规格、类型：单孔、立柱式洗脸盆 3. 组装形式：感应水嘴 4. 附件：见 91SB2-1（2005）P22 主要材料表	组	6			
13	031004006001	大便器	1. 材质：陶瓷 2. 规格、类型：蹲便器 3. 组装形式：脚踏阀冲水 4. 附件：见 91SB2-1（2005）P151 主要材料表	套	15			
14	031004007001	小便器	1. 材质：陶瓷 2. 规格、类型：立式小便器 3. 组装形式：自闭阀冲洗、落地安装 4. 附件：见 91SB2-1（2005）P128 主要材料表	套	12			
15	031004014001	水龙头	1. 材质：全铜 2. 型号、规格：陶瓷片密封水嘴 DN15	个	3			
16	031004014002	带存水弯排水栓	1. 材质：尼龙排水栓、PVC-U存水弯 2. 规格：DN50 3. 安装方式：见 91SB2-1（2005）P57	个	3			
17	031004014003	地漏	1. 材质：铸铁 2. 规格：DN50 3. 安装方式：见 91SB2-1（2005）P222	个	12			

习　题

1. 如图 2-8 所示，试计算该工程的工程量并编制工程量清单。

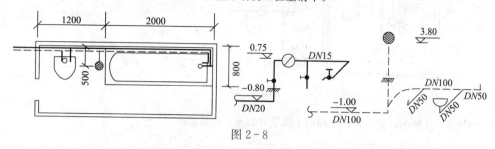

图 2-8

2. 如图 2-9 所示，试计算该工程的工程量并编制工程量清单。

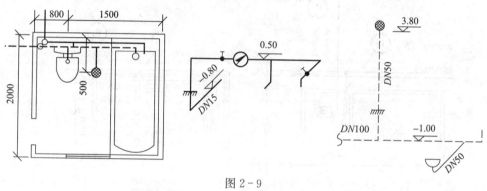

图 2-9

3. 如图 2-10 所示，试计算该工程的工程量并编制工程量清单。

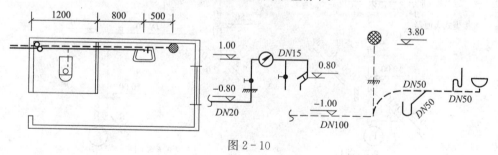

图 2-10

4. 如图 2-11 所示，试计算该工程的工程量并编制工程量清单。

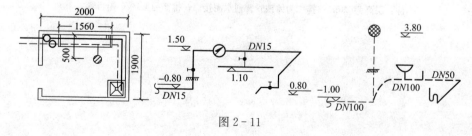

图 2-11

69

5. 如图 2 - 12 所示，试计算该工程的工程量并编制工程量清单。

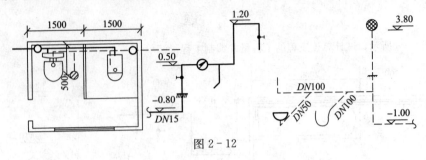

图 2 - 12

6. 如图 2 - 13 所示，试计算该工程的工程量并编制工程量清单。

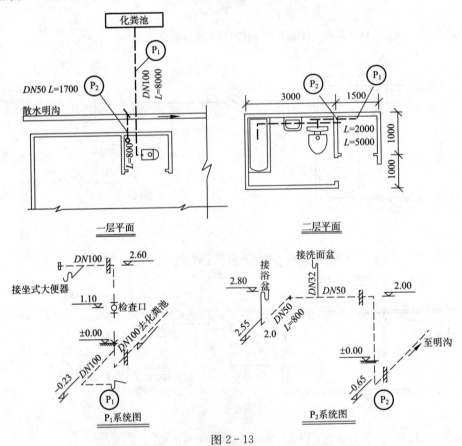

图 2 - 13

注：层高为 2.8m；排 1 为铸铁管普通水泥接口；排 2 为 UPVC 塑料管。

第3章 消防工程预算编制方法与原理

3.1 消防工程施工规定

3.1.1 火灾自动报警系统

（1）管路接线盒。当管子长度每超过45m无弯曲，当管子长度每超过30m有一个弯曲，当管子长度每超过20m有两个弯曲，当管子长度每超过12m有三个弯曲时，应在便于接线处装设接线盒。

（2）火灾自动报警系统的传输线路应采用穿金属管、经阻燃处理的硬质塑料管或封闭式线槽保护方式布线。消防控制、通信和警报线路应采取金属管或经阻燃处理的硬质塑料管保护，并应敷设在不燃烧体的结构层内，且保护层厚度不宜小于30mm；当必须明敷时，应在金属管或金属线槽上采取防火保护措施；当采用阻燃电缆时，可直接设在电缆竖井或吊井内有防火保护措施的封闭式线槽内。

（3）点型火灾探测器宜水平安装，当必须倾斜安装时，倾斜角不应大于45°。在宽度小于3m的内走道顶棚上设置探测器时，宜居中布置，感温探测器的安装间距不应超过10m，感烟探测器的安装间距不应超过15m，探测器距端墙距离不应大于探测器安装距离的一半。探测器周围0.5m内不应有遮挡物，至墙壁、梁边的水平距离不应小于0.5m，至空调送风口边的水平距离不应小于1.5m；至多孔送风顶棚孔口的水平距离不应小于0.5m。

（4）线型火灾探测器

①红外光束感烟探测器的光束轴线至顶棚的垂直距离宜为0.3~1.0m，距地高度不宜超过20m。

②相邻两组红外光束感烟探测器的水平距离不应大于14m。探测器至侧墙水平距离不应大于7m，且不应小于0.5m。探测器的发射器和接收器间的距离不宜超过100m。

③设置在顶棚下方的空气管式线型差温探测器，至顶棚的距离宜为0.1m。相邻管路之间的水平距离不宜大于5m；管路至墙壁的距离宜为1~1.5m。

（5）手动火灾报警按钮宜安装在距地面高度1.3~1.5m处。

（6）从一个防火分区的任何位置到最邻近的一个手动报警按钮的步行距离不应大于30m，手动按钮宜设置在公共场所的出入口。

（7）集中报警控制器单列布置时正面操作距离不应小于1.5m；双列布置时不应小于2m。

（8）区域报警控制器、楼层显示器、复示器安装在墙上时，其操作面中心距地面的高度不应小于1.5m，不宜大于1.65m。靠近门轴的侧面距墙不应小于0.5m。正面操作距离不应小于 1.2m。

（9）接线端子的接线根数不应超过两根。

（10）火灾应急广播从一个防火分区的任何部位到最近的一个扬声器的距离不大于 25m，走道内最后一个扬声器至走道末端的距离不应大于 12.5m。

（11）消防控制柜盘前操作距离，单列布置时不应小于 1.5m；双列布置时不应小于 2m。盘后维修距离不应小于 1m。落地安装时，其底部宜高出地面 0.1～0.2m。

（12）外接导线应采用镀锌管保护，当外接导线采用金属软管时，长度应小于 2m。

（13）消防控制室的送、回风管，在其穿墙处应设防火阀，室内严禁与其无关的电气线路及管道穿过。

3.1.2　水灭火系统

3.1.2.1　消防给水

（1）供消防车取水的消防水池应设取水口，其水深应保证消防车的吸水高度不超过 6m，取水口与被保护高层建筑的外墙距离不宜小于 5m，并不宜大于 100m。

（2）消防水箱间的主要通道宽度不应小于 1.0m，水箱顶至建筑结构最低点的净距不应小于 0.6m。发生火灾时，由消防水泵供给的消防用水不应进入消防水箱。

（3）气压给水装置的进出水管、充气管上应安装止回阀和闸阀，充气管上还应装安全阀和气压表。设备的四周应设检修通道，其宽度不应小于 0.7m，罐体上任何部件距离地面都不应小于 0.5m，罐顶至建筑物结构最低点的距离不应小于 1.0m。气压水罐与其供水泵应配套，罐上安装安全阀、压力表、泄水管，宜装水位指示器。

（4）消防水泵应采用自灌式吸水，或采用其他迅速、可靠的充水设备，吸水阀离水池底的距离不应小于吸水管管径的两倍。

一组消防水泵吸水管应单独设置且不应少于两条，当其中一条损坏或检修时，其余吸水管应能通过需要供水量。吸水管上必须装设控制阀门（不应采用蝶阀），其直径不应小于泵吸水口直径。

水泵出水管上应按设计安装阀门、止回阀和压力表，并且应安装实验和检查用的放水阀门。

（5）水泵接合器的组装应按接扣、本体及连接管、止回阀、安全阀、放空管、控制阀的顺序进行。止回阀的方向应保证消防水能从水泵接合器进入系统。地下式水泵接合器接口至井盖的距离不宜大于 0.45m，接口应正对井口。墙壁式水泵接合器上方不宜设置门窗洞口；与门窗洞口的左右距离不宜小于 1.2m；接口至地面的距离宜为 0.7m。

3.1.2.2　自动喷水灭火系统

（1）湿式报警阀应安装在明显且便于操作的地点，报警阀处的地面应有相应的排水措施，距地面高度宜为 1.2m，两侧距墙不小于 0.5m，正面距墙宜为 1.2m，前后应安装压力表，且应便于观测。

水力警铃宜装在报警阀附近，其与报警阀的连接管道应采用镀锌钢管，管径为 15mm 时，其长度不大于 6m；管径为 20mm 时，其长度不大于 20m。

（2）自动喷水灭火系统宜设水流指示器，水流指示器应垂直安装在分区水平配水干管上，其布线应有穿管保护。

（3）管道螺纹连接，管道变径时，丝扣连接应采用异径管零件，避免采用补芯；如需补芯时，不得用在弯头上，三通零件上只允许用一个，四通零件上不超过两个。螺纹连接的密封填料应均匀附在管道的螺纹部分，拧紧螺纹时，不得将密封的材料挤入管内，连接后应将外部清理干净。

管道焊接连接，焊接时，异径管道的管径相差不应大于 50mm，如大于 50mm 时，应采用大小头焊接；表面不允许有裂缝、气孔、夹渣及熔合性飞溅、咬边、凹陷、接头坡口错位等。

管套技术要求：管道穿过建筑物的变形缝时，应设柔性短管；穿墙、楼板应加设套管，管道焊缝不应置于套管内；穿墙套管长度不得小于墙厚，穿楼板套管应高出楼板或地面 50mm；套管与管道的间隙应采用不燃烧材料填塞密实。

管道固定采用管道吊架和防晃支架，并宜满足以下要求：

① 管道支架、吊架的安装位置不应妨碍喷头的喷水效果，管道支架、吊架与喷头之间的距离不宜小于 300mm，与末端喷头之间的距离不宜大于 750mm。

② 相邻两喷头间的管段上至少应设一个吊架，当喷头间距小于 1.8m 时可隔段设置，但吊架间距不宜大于 3.6m。

③ 在公称直径等于或大于 50mm 的配水干管或配水管上应至少设置一个防晃支架，管道过长或改变方向时必须增设防晃支架。

④ 竖直安装的配水干管应在其始端和终端设防晃支架或采用管卡固定，其安装位置距地面或楼面的距离宜为 1.5～1.8m。

⑤ 吊架、防晃支架宜直接固定于建筑物结构上。

（4）喷头溅水盘与吊顶（天花板）、楼板、屋面板的距离不宜小于 75mm，并且不宜大于 150mm。喷头距门、窗洞口上表面的距离不应小于 150mm；距墙面的距离不宜小于 75mm，且不宜大于 150mm。

仓库的喷头溅水盘与其下方被保护物品的垂直距离应满足：

① 距可燃物品的堆垛不应小于 900mm。

② 距难燃物品的堆垛不应小于 450mm。

③ 堆垛间设置喷头时堆垛边与喷头垂线水平距离不应小于 300mm。

④ 高架仓库喷头布置除符合本条件①、②外，设置在屋面板下的喷头，间距不应大于 2m。

⑤ 货架内应分层布置喷头，分层布置喷头的垂直高度，当储存可燃物品时，不应大于 4m；当储存难燃物品时，不应大于 6m。

3.1.2.3 室内消火栓系统

（1）消火栓栓口距箱底边宜为 120～140mm，距最近箱侧边不宜小于 140mm，栓接扣爪端面距箱门内面不宜小于 10mm，距地面高度宜为 1.1m；消火栓应设在过道、楼梯附近等明显易于取用的地点，消火栓的间距应符合规范要求；栓口出水方向宜向下或栓口与消火栓的墙面成 90°。

（2）消防水带应采用同一型号规格，水带直径应与消火栓规格相匹配，长度根据保护半径配置，应选用 25m 或 20m，水带接扣和水枪相匹配。

3.1.3 水喷雾灭火系统

（1）雨淋阀前的管道应设置过滤器，当水雾喷头无滤网时，雨淋阀后的管道应设过滤器。过滤器应用耐腐蚀金属材料，滤网的孔径应为 $4.0\sim4.7$ 目/cm^2。

（2）管道应设排水阀、排污口；过滤器后的管道应采用内外镀锌，且宜采用丝扣连接；雨淋阀的管道上不应设置其他用水设施。

3.1.4 泡沫灭火系统

（1）泡沫液储罐设置在消防泵房内时，泡沫液储罐四周应留有宽度不小于 0.7m 的通道，泡沫液储罐顶部至楼板或梁底的距离不小于 1.0m，消防泵房主要通道的宽度必须大于泡沫液储罐的宽度。

（2）带压力储罐的压力泡沫比例混合器应整体安装，并应与基础牢固固定；压力式泡沫比例混合器应安装在压力水的水平管道上，泡沫液的进口管道应与压力水的水平管道垂直，其长度不宜小于 1.0m。

（3）压力表与压力式泡沫比例混合器的进口处的距离不宜大于 0.3m；平衡压力式泡沫比例混合器应整体垂直安装在压力水的水平管道上；压力表应分别安装在水和泡沫液进口的水平管道上，与平衡压力式泡沫比例混合器进口处的距离不宜大于 0.3m。

（4）管线式、负压式泡沫比例混合器应安装在压力水的水平管道上；吸液口与泡沫液储罐或泡沫桶最低液面的距离不得大于 1.0m。

（5）水溶性流体储罐内泡沫溜槽的安装应沿罐壁内侧螺旋下降到距罐底 $1.0\sim1.5$m 处，溜槽与罐底平面夹角宜为 $30°$，泡沫降落槽应垂直安装。

（6）弹射式泡沫喷头应安装在被保护物的下方，并应在地面以下，在未喷射泡沫时，其顶部应低于地面 $10\sim15$mm。

（7）消火栓应垂直安装，当采用地上式消火栓时，其大口径出水口应面向道路；当采用地下式消火栓时，应有明显的标志，其顶部出口与井盖底面的距离不得大于 400mm。

（8）当采用室内消火栓或消火栓箱时，栓门应朝外或面向通道，其坐标及标高的允许偏差为 ±20mm。

3.1.5 气体灭火系统

3.1.5.1 卤代烷自动灭火系统

（1）灭火剂贮存容器

① 同一系统中贮存容器上的压力表的安装高度差应小于 5mm，相差较大时，允许使用垫片调整。

② 贮存容器的安装位置应符合设计要求，其与操作面的距离或操作面之间的距离不宜小于 1.0m，并不得增加灭火剂输送管道的管件。

（2）气动驱动装置

① 管道应用护口式或卡套式连接，平行或垂直布置，整齐且交叉少，平行或交叉管路之间的间距不小于 10mm。

② 平行管路应用管夹固定，管夹之间的距离不应大于 0.6m，转弯处或有接头处应增设一个管夹。

③ 沿建筑构件、设备或固定支架布置和固定，间距为 0.6m。

（3）灭火剂输送管道

① 管道穿过墙壁、楼板处应安装套管，穿过墙壁的套管长度应大于墙厚 20～25mm，穿过楼板的套管应高出地面 50mm，管道与套管间的空隙应采用柔性不燃材料填塞密实。

② 管道末端喷嘴处应采用支架固定，喷嘴距支架的距离应不大于 500mm。

（4）喷嘴安装间距应符合设计要求，并保证防护区平面上的任何部位都在喷嘴的覆盖面积之内，距墙面的距离不宜小于喷头间距的 1/3，且不大于 2/3。喷嘴与连接管之间应采用密封材料密封。

3.1.5.2 固定式 EBM 气溶胶自动灭火系统

固定式 EBM 气溶胶自动灭火系统的安装应符合设计要求，其与贵重物品、精密仪器、供配电设备的距离应不小于 0.5m。

3.2 消防工程施工图

3.2.1 消防工程施工图的组成

消防工程施工图一般由设计说明、消防工程平面图（底层、标准层）、消防系统图和喷淋系统图组成。

各种图纸表达的内容同给水排水工程。

3.2.2 消防工程施工图常用图例符号

消防工程施工图常用图例符号见表 3-1。

消防工程施工图常用图例符号　　　　　　　　　　　　　　　　　　表 3-1

序号	名称	图例	序号	名称	图例
1	消火栓给水管	——XH——	6	室外消火栓	
2	自动喷水灭火给水管	——ZP——	7	室内消火栓（单口）	平面　系统
3	雨淋灭火给水管	——YL——	8	室内消火栓（双口）	平面　系统
4	水幕灭火给水管	——SM——	9	水泵接合器	
5	水炮灭火给水管	——SP——	10	自动喷洒头（开式）	平面　系统

序号	名称	图 例		序号	名称	图 例
11	自动喷洒头（闭式下喷）	平面	系统	21	水流指示器	
12	自动喷洒头（闭式上喷）	平面	系统	22	水力警铃	
13	自动喷洒头（闭式上下喷）	平面	系统	23	雨淋阀	平面　系统
14	侧墙式自动喷洒头	平面	系统	24	信号闸阀	
15	水喷雾喷头	平面	系统	25	信号蝶阀	
16	直立型水幕喷头	平面	系统	26	消防炮	平面　系统
17	下垂型水幕喷头	平面	系统	27	末端测试器	平面　系统
18	干式报警阀	平面	系统	28	手提式灭火器	
19	湿式报警阀	平面	系统	29	推车式灭火器	
20	预作用报警阀	平面	系统			

注：分区管道用加注角标方式表示，如 HX_1、HX_2、ZP_1、ZP_2……

3.2.3 消防工程施工图的识读

【例1】图 3-1 为某消防喷淋系统图，试用所学知识阅读该图所表达的内容。

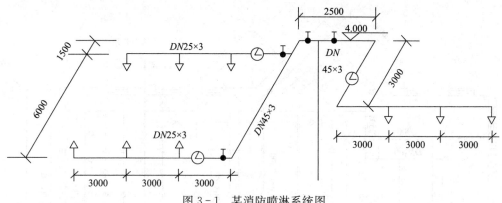

图 3-1 某消防喷淋系统图

【解】从图中可以看到，该喷淋系统有三个分支，每个分支上各安装 3 个自动喷头、1 个水流指示器和 1 个截止阀。

【例2】图 3-2～图 3-5 为某大厦的综合娱乐室消防工程图。该建筑物共有两层。消防管材为镀锌钢管，消火栓为单出口成套消火栓，水龙带口径为 DN65。试用所学知识识读图纸所表达的内容。

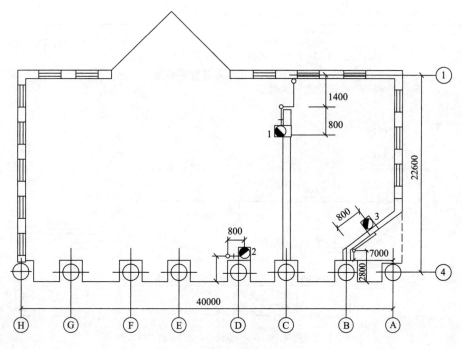

1、2、3——室内消火栓（单出口65）

图 3-2 底层消火栓安装平面图

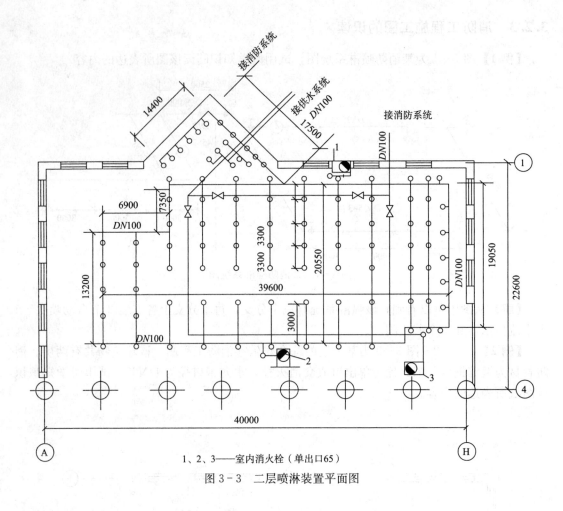

1、2、3——室内消火栓（单出口65）

图3-3 二层喷淋装置平面图

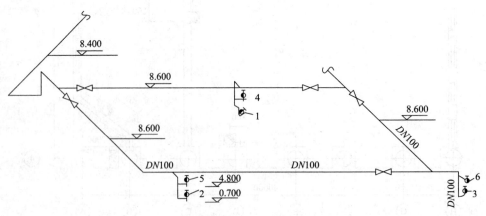

1、2、3、4、5、6——室内消火栓（单出口65）

图3-4 消火栓系统图

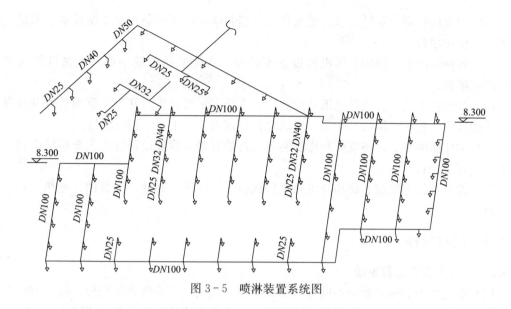

图 3-5　喷淋装置系统图

【解】从图 3-2 可看到，该建筑物一层采用室内消火栓系统，一层共安装 3 套消火栓，各消火栓的供水管从二层引来。

从图 3-3 可看到，该建筑物二层采用室内消火栓系统和喷淋系统。室内消火栓系统有两个引入口，在二层安装了 3 套消火栓和 5 个 DN100 的阀门。喷淋系统只有 1 个入口，在建筑物二层布置了许多回路，每个回路上安装了一些喷头，图中给出了各喷头安装的位置图。

从图 3-4 可看到，室内消火栓系统的配管管径均为 DN100，左侧引入口管道标高为 8.400m，右侧引入口管道标高为 8.600m。

从图 3-5 可看到，该喷淋系统管道标高为 8.300m，配管管径为 DN100、DN50、DN40、DN32、DN25 五种管径。

3.3　消防工程预算定额

3.3.1　定额的适用范围

根据全国统一安装工程定额第七册《消防及安全防范设备安装工程》的规定，该定额适用于工业与民用建筑中的新建、扩建和整体更新改造工程。

3.3.2　该册定额与其他册定额的界限划分

（1）电缆敷设、桥架安装、配管配线、接线盒、动力、应急照明控制设备、应急照明器具、电动机检查接线、防雷接地装置的安装，均执行第二册《电气设备安装工程》相应定额。

（2）阀门、法兰安装，各种套管制作安装，不锈钢管和管件，铜管和管件及泵间管道安装，管道系统强度试验、严密性试验和冲洗等执行第六册《工业管道工程》相应定额。

（3）消火栓管道、室外给水管道安装及水箱制作安装执行第八册《给排水、采暖、燃气工程》相应项目。

（4）各种消防泵、稳压泵等机械设备安装及二次灌浆执行第一册《机械设备安装工程》相应项目。

（5）各种仪表的安装及带电讯号的阀门、水流指示器、压力开关、驱动装置及泄漏报警开关的接线、校线等执行第十册《自动化控制仪表安装工程》相应项目。

（6）泡沫储液罐、设备支架制作安装等执行第五册《静置设备与工艺金属结构制作安装工程》相应项目。

（7）设备及管道除锈、刷油及绝热工程执行第十一册《刷油、防腐蚀、绝热工程》相应项目。

3.3.3 定额内容

3.3.3.1 火灾自动报警系统

（1）点型探测器按线制的不同分为多线制与总线制，不分规格、型号、安装方式与位置，以"只"为计量单位。探测器安装包括了探头和底座的安装及本体调试。

（2）红外线探测器以"只"为计量单位。红外线探测器是成对使用的，在计算时一对为两只。定额中包括了探头支架安装和探测器的调试、对中。

（3）火焰探测器、可燃气体探测器按线制的不同分为多线制与总线制两种，计算时不分规格、型号、安装方式与位置，以"只"为计量单位。探测器安装包括了探头和底座的安装及本体调试。

（4）线形探测器的安装方式按环绕、正弦及直线综合考虑，不分线制及保护形式，以"m"为计量单位。定额中未包括探测器连接的一只模块和终端，其工程量应按相应定额另行计算。

（5）按钮包括消火栓按钮、手动报警按钮、气体灭火启/停按钮，以"只"为计量单位，按照在轻质墙体和硬质墙体上安装两种方式综合考虑，执行时不得因安装方式不同而调整。

（6）控制模块（接口）是指仅能起控制作用的模块（接口），亦称为中继器，依据其给出控制信号的数量，分为单输出和多输出两种形式。执行时不分安装方式，按照输出数量以"只"为计量单位。

（7）报警模块（接口）不起控制作用，只能起监视、报警作用，执行时不分安装方式，以"只"为计量单位。

（8）报警控制器按线制的不同分为多线制与总线制两种，其中又按其安装方式不同分为壁挂式和落地式。在不同线制、不同安装方式中按照"点"数的不同划分定额项目，以"台"为计量单位。

多线制"点"是指报警控制器所携带的报警器件（探测器、报警按钮等）的数量。

总线制"点"是指报警控制器所携带的所有地址编码的报警器件（探测器、报警按钮、模块等）的数量。如果一个模块带数个探测器，则只能记为一点。

（9）联动控制器按线制的不同分为多线制与总线制两种，其中又按其安装方式不同分为壁挂式和落地式。在不同线制、不同安装方式中按照"点"数的不同划分定额项目，以

"台"为计量单位。

多线制"点"是指联动控制器所携带的联动设备的状态控制与状态显示的数量。

总线制"点"是指联动控制器所携带的有控制模块（接口）的数量。

（10）报警联动一体机按线制的不同分为多线制与总线制两种，其中又按其安装方式不同分为壁挂式和落地式。在不同线制、不同安装方式中按照"点"数的不同划分定额项目，以"台"为计量单位。

多线制"点"是指报警联动一机体所携带的报警器件与联动设备的状态控制与状态显示的数量。

总线制"点"是指报警联动一机体所携带的有地址编码与控制模块（接口）的数量。

（11）重复显示器（楼层显示器）不分规格、型号、安装方式，按总线制与多线制划分，以"台"为计量单位。

（12）警报装置分为声光报警和警铃报警两种形式，均以"台"为计量单位。

（13）远程控制器按其控制回路数以"台"为计量单位。

（14）火灾事故广播中的功放机、录音机的安装按柜内及台上两种方式综合考虑，均以"台"为计量单位。

（15）消防广播控制柜是指安装成套消防广播设备的成品柜机，不分规格、型号以"台"为计量单位。

（16）火灾事故广播中的扬声器不分规格、型号，按照吸顶式与壁挂式以"只"为计量单位。

（17）广播分配器是指单独安装的消防广播用分配器（操纵盘），以"台"为计量单位。

（18）消防通信系统中的电话交换机按"门"数不同以"台"为计量单位；通信分机、插孔是指消防专用电话分机与电话插机，不分安装方式，分别以"部"、"个"为计量单位。

（19）报警备用电源综合考虑了规格、型号，以"台"为计量单位。

3.3.3.2 水灭火系统

（1）管道安装按设计管道中心长度，以"m"为计量单位，不扣除阀门、管件及各种组件所占长度。主材数量应按定额用量计算，管件含量见表 3-2。

镀锌钢管（螺纹连接）管件含量 表 3-2

项目	名称	公称直径（mm 以内）						
		25	32	40	50	70	80	100
管件含量	四通	0.02	1.20	0.53	0.69	0.73	0.95	0.47
	三通	2.29	3.24	4.02	4.13	3.04	2.95	2.12
	弯头	4.92	0.98	1.69	1.78	1.87	1.47	1.16
	管箍		2.65	5.99	2.73	3.27	2.89	1.44
	小计	7.23	8.07	12.23	9.33	8.91	8.26	5.19

注：表中各管件的含量为每 10m 长度的含量。

（2）镀锌钢管安装定额也适用于镀锌无缝钢管，其对应关系见表3-3。

对应关系 表3-3

公称直径（mm）	15	20	25	32	40	50	70	80	100	150	200
无缝钢管外径（mm）	20	25	32	38	45	57	76	89	108	159	219

（3）镀锌钢管法兰连接定额，管件是按成品、弯头两端是按接短管焊法兰考虑，定额中包括直管、管件、法兰等全部安装工作内容，但管件、法兰及螺栓的主材数量应按设计计算。

（4）喷头安装按有吊顶、无吊顶分别以"个"为计量单位。

（5）报警装置安装按成套产品以"组"为计量单位。其他报警装置适用于雨淋、干湿两用及预作用报警装置，其安装执行湿式报警装置安装定额，其人工乘以系数1.2，其余不变，成套产品包括的内容详见表3-4。

成套产品包括的内容 表3-4

序号	项目名称	型号	包括内容
1	湿式报警装置	ZSS	湿式阀、蝶阀、装配管、供水压力表、装置压力表、试验阀、泄放试验阀、泄放试验管、试验管流量计、过滤器、延时器、水力警铃、报警截止阀、漏斗、压力开关等
2	干湿两用报警装置	ZSL	两用阀、蝶阀、装置截止阀、装配管、加速器、加速器压力表、供水压力表、试验阀、泄放试验阀（湿式）、泄放试验阀（干式）、挠性接头、泄放试验管、试验管流量计、排气阀、截止阀、漏斗、过滤器、延时器、水力警铃、压力开关等
3	电动雨淋报警装置	ZSYI	雨淋阀、蝶阀（2个）、装配管、压力表、泄放试验阀、流量表、截止阀、注水阀、止回阀、电磁阀、排水阀、手动应急球阀、报警试验阀、漏斗、压力开关、过滤器、水力警铃等
4	预作用报警装置	ZSU	干式报警阀、控制蝶阀（2个）、压力表（2块）、流量表、截止阀、排放阀、注水阀、止回阀、泄放阀、报警试验阀、液压切断阀、装配管、供水试验管、气压开关（2个）、试压电磁阀、空压机、应急手动试压器、漏斗、过滤器、水力警铃等
5	室内消火栓	SN	消火栓箱、消火栓、水枪、水龙带、水龙带接扣、自救卷盘、挂架、消防按钮
6	室外消火栓	地上式 SS 地下式 SX	地上式消火栓、法兰接管、弯管底座 地下式消火栓、法兰接管、弯管底座或消火栓三通
7	消防水泵接合器	地上式 SQ 地下式 SQX 墙壁式 SQB	消防接口本体、止回阀、安全阀、闸阀、弯管底座、放水阀；消防接口本体、止回阀、安全阀、闸阀、弯管底座、放水阀；消防接口本体、止回阀、安全阀、闸阀、弯管底座、放水阀、标牌
8	室内消火栓组合卷盘	SN	消火栓箱、消火栓、水枪、水龙带、水龙带接扣、挂架、消防按钮、消防软管卷盘

（6）湿感式水幕装置安装，按不同型号和规格以"组"为计量单位。但给水三通至喷头，阀门间管道的主材数量按设计管道中心长度另加损耗计算，喷头数量按设计数量另加损耗计算。

（7）水流指示器、减压孔板安装，按不同规格均以"个"为计量单位。

（8）末端试水装置按不同规格均以"组"为计量单位。

（9）集热板制作安装均以"个"为单位。

（10）室内消火栓安装，区分单栓和双栓，以"套"为计量单位，所带消防按钮的安装另行计算，成套产品包括的内容详见表3-4。

（11）室内消火栓组合卷盘安装，执行室内消火栓安装定额乘以系数1.2，成套产品包括的内容详见表3-4。

（12）室内消火栓安装，区分不同规格、工作压力和覆土深度以"套"为计量单位。

（13）消防水泵接合器安装，区分不同安装方式和规格以"套"为计量单位。如设计要求用短管时，其本身价值可另行计算，其余不变。成套产品包括的内容详见表3-4。

（14）隔膜式气压水罐安装，区分不同规格以"台"为计量单位。出入口法兰和螺栓按设计规定另行计算。地脚螺栓是按设备自带考虑的，定额中包括指导二次灌浆用工，但二次灌浆费用应按相应定额另行计算。

（15）管道支吊架已综合支架、吊架及防晃支架的制作方案，均以"kg"为计量单位。

（16）自动喷水灭火系统管网水冲洗，区分不同规格以"m"为计量单位。

（17）阀门、法兰安装，各种套管的制作安装，泵房间管道安装及管道系统强度试验、严密性试验执行第六册《工业管道工程》相应定额。

（18）消火栓管道、室外给水管道安装及水箱制作安装，执行第八册《给排水、采暖、燃气工程》相应规定。

（19）各种消防泵、稳压泵等的安装及二次灌浆，执行第一册《机械设备安装工程》相应规定。

（20）各种仪表的安装，带电信号的阀门、水流指示器、压力开关的接线、校线，执行第十册《自动化控制装置及仪表安装工程》相应规定。

（21）各种设备支架的制作安装等，执行第五册《静置设备与工艺金属结构制作安装工程》相应规定。

（22）管道、设备、支架、法兰焊口除锈刷油，执行第十一册《刷油、防腐蚀、绝热工程》相应定额。

（23）系统调试执行本册第五章相应定额。

3.3.3.3 气体灭火系统

（1）管道安装包括无缝钢管的螺纹连接、法兰连接，气动驱动装置管道安装及钢管管件的螺纹连接。

（2）各种管道安装按设计管道中心长度，以"m"为计量单位，不扣除阀门、管件及各种组件所占长度，主材数量应按定额用量计算。

（3）钢制管件螺纹连接均按不同规格以"个"为计量单位。

（4）无缝钢管螺纹连接不包括钢制管件连接内容，其工程量应按设计用量执行钢制管件连接定额。

（5）无缝钢管法兰连接定额，管件是按成品、弯头两端是按接短管焊法兰考虑的，包括了直管、管件、法兰等预装和安装的全部工作内容，但管件、法兰及螺栓的主材数量应按设计规定另行计算。

（6）螺纹连接的不锈钢管、钢管及管件安装时，按无缝钢管和钢制管件安装相应定额乘以1.20。

（7）无缝钢管和钢制管件内外镀锌及场外运输费用另行计算。

（8）气动驱动装置管道安装定额包括卡套连接件的安装，其本身价值按设计用量另行计算。

（9）喷头安装均按不同规格以"个"为计量单位。

（10）选择阀安装按不同规格和连接方式分别以"个"为计量单位。

（11）贮存装置安装中包括灭火剂贮存容器和驱动气瓶的安装固定和支框架、系统组件（集流管、容器阀、单向阀、高压软管）、安全阀等贮存装置和阀驱动装置的安装及氮气增压。

贮存装置安装按贮存容器和驱动气瓶的规格（L），以"套"为计量单位。

（12）二氧化碳贮存装置安装时，如不需增压，应扣除高纯氮气，其余不变。

（13）二氧化碳称重检漏装置包括泄漏报警开关、配重、支架等，以"套"为计量单位。

（14）系统组件包括选择阀、单向阀（含气、液）及高压软管。试验包括水压强度试验和气压严密性试验，分别以"个"为计量单位。

（15）无缝钢管、钢制管件、选择阀安装及系统组件试验均适用于卤代烷1211和1301灭火系统。二氧化碳灭火系统，按卤代烷灭火系统相应安装定额乘以系数1.2。

（16）管道支吊架的制作安装执行本册第二章相应定额。

（17）不锈钢管、铜管及管件的焊接或法兰连接，各种套管的制作安装，管道系统强度试验、严密性试验和吹扫等均执行第六册《工业管道工程》相应定额。

（18）管道及支吊架的防腐、刷油等执行第十一册《刷油、防腐蚀、绝热工程》相应定额。

（19）电磁驱动器与泄漏报警开关的电气接线等执行第十册《自动化控制装置及仪表安装工程》相应定额。

3.3.3.4 泡沫灭火系统

（1）泡沫发生器及泡沫比例混合器安装中已包括整体安装、焊法兰、单体调试及配合管道试压时隔离本体所消耗的人工和材料，不包括支架的制作安装和二次灌浆的工作内容，其工程量应按相应的定额另行计算。地脚螺栓按设备自带考虑。

（2）泡沫发生器安装均按不同型号以"台"为计量单位，法兰和螺栓按设计规定另行计算。

（3）泡沫比例混合器安装均按不同型号以"台"为计量单位，法兰和螺栓按设计规定另行计算。

（4）泡沫灭火系统的管道、管件、法兰、阀门、管道支架等的安装及管道系统水冲洗、强度试验、严密性试验等执行第六册《工业管道工程》相应定额。

（5）消防泵等机械设备安装及二次灌浆执行第一册《机械设备安装工程》相应定额。

（6）除锈、刷油、保温等执行第十一册《刷油、防腐蚀、绝热工程》相应定额。

（7）泡沫液储罐、设备支架制作安装执行第五册《静置设备与工艺金属结构制作安装工程》相应定额。

（8）泡沫喷淋系统的管道组件、气压水罐、管道支吊架等安装应执行本册第二章相应定额及有关规定。

（9）泡沫液充装是按生产厂在施工现场充装考虑的，若由施工单位充装时，可另行计算。

（10）油罐上安装的泡沫发生器及化学泡沫室执行第五册《静置设备与工艺金属结构制作安装工程》相应定额。

（11）泡沫灭火器系统调试应按批准的施工方案另行计算。

3.3.3.5 消防系统调试

（1）消防系统调试包括：自动报警系统、水灭火系统、水灾事故广播、消防通信系统、消防电梯系统、电动防火门、防火卷帘门、正压送风阀、排烟阀、防火阀控制装置、气体灭火系统装置。

（2）自动报警系统包括各种探测器、报警按钮、报警控制器组成的报警系统，分别按不同点数以"系统"为计量单位，其点数按多线制与总线制报警器的点数计算。

（3）水灭火系统控制装置按照不同点数以"系统"为计量单位，其点数按多线制与总线制联动控制器的点数计算。

（4）火灾事故广播、消防通信系统中的消防广播喇叭、音响和消防通信的电话分机、电话插孔，按其数量以"个"为计量单位。

（5）消防用电梯与控制中心间的控制调试以"部"为计量单位。

（6）电动防火门、防火卷帘门指可由消防控制中心显示与控制的电动防火门、防火卷帘门，以"处"为计量单位，每樘为一处。

（7）正压送风阀、排烟阀、防火阀以"处"为计量单位，一个阀为一处。

（8）气体灭火系统装置调试包括模拟喷漆试验、备用灭火器贮存容器切换操作试验，按试验容器的规格（L），分别以"个"为计量单位。试验容器的数量包括系统调试、检测和验收所消耗的试验容器的总数，试验介质不同时可以换算。

3.3.3.6 安全防范设备安装

（1）设备、部件按设计成品以"台"或"套"为计量单位。

（2）模拟盘以"m²"为计量单位。

（3）入侵报警系统调试以"系统"为计量单位，其点数按实际调试点数计算。

（4）电视监控系统调试以"系统"为计量单位，其头尾数包括摄像机、监视器数量之和。

（5）其他联动设备的调试已考虑在单机调试中，其工程量不得另行计算。

3.3.4 定额费用的规定

（1）脚手架搭拆费

脚手架搭拆费按人工费的 5% 计算，其中人工工资占 25%。

（2）高层建筑增加费

高层建筑的定义同第一章，高层建筑增加费的计算是以消防工程人工费为基数乘以表3-5规定的系数，且全部计入人工费。

层数	9层以下(30m)	12层以下(40m)	15层以下(50m)	18层以下(60m)	21层以下(70m)	24层以下(80m)	27层以下(90m)	30层以下(100m)	33层以下(110m)
按人工费%	1	2	4	5	7	9	11	14	17
层数	36层以下(120m)	39层以下(130m)	42层以下(140m)	45层以下(150m)	48层以下(160m)	51层以下(170m)	54层以下(180m)	57层以下(190m)	60层以下(200m)
按人工费%	20	23	26	29	32	35	38	41	44

（3）安装与生产同时进行增加的费用，按人工费的10%计算，计算方法为安装与生产交叉部分工程的人工费乘以相应的系数，全部计入人工费。

（4）超高增加费

该费用的含义与计算方法同第一章第三节。本册定额超高费系数，见表3-6。

超高费系数　　　　　　　　　　　　　表3-6

标高（m以内）	8	12	16	20
超高系数	1.10	1.15	1.20	1.25

3.3.5 套用各章定额应注意的问题

3.3.5.1 第一章 火灾自动报警系统安装

（1）该章定额中均包括了校核、接线和本体调试。

（2）该章不包括以下工作内容：

① 设备支架、底座、基础的制作安装；

② 构件加工、制作；

③ 电机检查、接线及调试；

④ 事故照明及疏散指示控制装置安装；

⑤ CRT色彩显示装置安装。

3.3.5.2 第二章 水灭火系统安装

（1）该章定额适用于工业与民用建筑物设置的自动喷水灭火系统的管道、各种组件、消火栓、气压水罐的安装及管道支吊架的制作，安装。

（2）界限划分

① 室内外界线：以建筑物外墙皮1.5m为界，入口处设阀门者以阀门为界。

② 设在高层建筑内的消防泵间管道与本章界线：以泵间外墙皮为界。

（3）管道安装定额中，镀锌钢管法兰连接定额，管件是按成品、弯头两端是按接短管焊法兰考虑的，定额中包括了直管、管件、法兰等全部安装工序内容，但管件、法兰及螺栓的主材数量应按设计规定另行计算。

（4）喷头、报警装置及水流指示器安装定额均按管网系统试压、冲洗合格后安装考虑的，定额中已包括丝堵、临时短管的安装、拆除及其摊销。

（5）其他报警装置适用于雨淋、干湿两用及预作用报警装置。

（6）管道支吊架制作安装定额中包括了支架、吊架及防晃支架。

（7）本定额不包括以下内容：

① 阀门、法兰安装，各种套管的制作安装，泵房间管道安装及管道系统强度试验、严密性试验。

② 消火栓管道、室外给水管道安装及水箱制作安装。

③ 各种设备支架的制作安装。

④ 系统调试。

（8）其他规定

①设于管道间、管廊内的管道，其定额人工乘以系数1.3。

②主体结构为现浇采用钢模施工的工程：内外浇筑的定额人工乘以系数1.05，内浇外砌的定额人工乘以系数1.03。

3.3.5.3 第三章 气体灭火系统安装

（1）该章定额适用于工业与民用建筑中设置的二氧化碳灭火系统、卤代烷1211灭火系统和卤代烷1301灭火系统中的管道、管件、系统组件等的安装。

（2）二氧化碳灭火系统按卤代烷灭火系统相应定额乘以1.20。

（3）螺纹连接的不锈钢管、铜管及管件安装时，按无缝钢管和钢制管件安装相应定额乘以系数1.20。

（4）无缝钢管法兰连接定额，管件是按成品、弯头两端是按接短管焊法兰考虑的，定额中包括了直管、管件、法兰等全部安装工序内容，但管件、法兰及螺栓的主材数量应按设计规定另行计算。

（5）喷头安装定额中包括管件安装及配合水压试验安装拆除丝堵的工作内容。

（6）二氧化碳称重检漏装置包括泄漏装置报警开关、配重及装置。

3.3.5.4 第四章 泡沫灭火系统安装

（1）该章定额适用于高、中、低倍数固定式或半固定式泡沫灭火系统的发生器及泡沫比例混合器的安装。

（2）泡沫灭火系统的管道、管件、法兰、阀门、管道支架等的安装及管道系统水冲洗、强度试验、严密性试验等内容不包括在本章定额内。

3.3.5.5 第五章 消防系统的调试

（1）该章包括自动报警系统装置调试，水灭火系统控制装置调试，火灾事故广播、消防通信、消防电梯系统装置调试，电动防火门、防火卷帘门、正压送风阀、排烟阀、防火阀控制系统装置调试，气体灭火系统装置调试等项目。

（2）系统调试是指消防报警和灭火系统安装完毕且连通，并达到国家有关消防施工验收规范、标准所进行的全面系统检测、调整和试验。

（3）自动报警系统装置包括各种探测器、手动报警按钮和报警控制器，灭火系统控制装置包括消火栓、自动喷水、卤代烷、二氧化碳等固定灭火系统的控制装置。

3.3.5.6 第六章 安全防范设备安装

（1）该章包括入侵探测设备、出入口控制设备、安全检查设备、电视监控设备、终端显示设备及安全防范系统调试等项目。

（2）在执行电视监控设备安装定额时，其综合工日应根据系统中摄像机台数和距离（摄像机与控制器之间电缆实际长度）远近分别乘以表3-7和表3-8中的系数。

黑白摄像机折算系数　　　　　　　　　　　表3-7

台数 距离（cm）	1～8	9～16	17～32	33～64	65～128
71～200	1.3	1.6	1.8	2.0	2.2
200～400	1.6	1.9	2.1	2.3	2.5

彩色摄像机折算系数　　　　　　　　　　　表3-8

台数 距离（cm）	1～8	9～16	17～32	33～64	65～128
71～200	1.6	1.9	2.1	2.3	2.5
200～400	1.9	2.1	2.3	2.5	2.7

3.4 消防工程的工程量清单计算规则

3.4.1 水灭火系统

水灭火系统工程量清单项目设置、项目特征描述的内容、计量单位及工程量计算规则，应按表3-9的规定执行。

水灭火系统（编码：030901）　　　　　　　　　　　表3-9

项目编码	项目名称	项目特征	计量单位	工程量计算规则	工作内容
030901001	水喷淋钢管	1. 安装部位 2. 材质、规格 3. 连接形式 4. 钢管镀锌设计要求 5. 压力试验及冲洗设计要求 6. 管道标识设计要求	m	按设计图示管道中心线以长度计算	1. 管道及管件安装 2. 钢管镀锌 3. 压力试验 4. 冲洗 5. 管道标识
030901002	消火栓钢管				
030901003	水喷淋（雾）喷头	1. 安装部位 2. 材质、型号、规格 3. 连接形式 4. 装饰盘设计要求	个	按设计图示数量计算	1. 安装 2. 装饰盘安装 3. 严密性试验
030901004	报警装置	1. 名称 2. 型号、规格	组		1. 安装 2. 电气接线 3. 调试
030901005	温感式水幕装置	1. 型号、规格 2. 连接形式			
030901006	水流指示器	1. 规格、型号 2. 连接形式	个		
030901007	减压孔板	1. 材质、规格 2. 连接形式			
030901008	末端试水装置	1. 规格 2. 组装形式	组		

项目编码	项目名称	项目特征	计量单位	工程量计算规则	工作内容
030901009	集热板制作安装	1. 材质 2. 支架形式	个	按设计图示数量计算	1. 制作、安装 2. 支架制作、安装
030901010	室内消火栓	1. 安装方式 2. 型号、规格 3. 附件材质、规格	套		1. 箱体及消火栓安装 2. 配件安装
030901011	室外消火栓				1. 安装 2. 配件安装
030901012	消防水泵接合器	1. 安装部位 2. 型号、规格 3. 附件材质、规格	套		1. 安装 2. 附件安装
030901013	灭火器	1. 形式 2. 规格、型号	具（组）		设置
030901014	消防水炮	1. 水炮类型 2. 压力等级 3. 保护半径	台		1. 本体安装 2. 调试

注：1. 水灭火管道工程量计算，不扣除阀门、管件及各种组件所占长度以延长米计算。

2. 水喷淋（雾）喷头安装部位应区分有吊顶、无吊顶。

3. 报警装置适用于湿式报警装置、干湿两用报警装置、电动雨淋报警装置、预作用报警装置等报警装置安装。报警装置安装包括配管（除水力警铃进水管）的安装，水力警铃进水管并入消防管道工程量。其中：

　（1）湿式报警装置包括内容：湿式阀、蝶阀、装配管、供水压力表、装置压力表、试验阀、泄放试验阀、泄放试验管、试验管流量计、过滤器、延时器、水力警铃、报警截止阀、漏斗、压力开关等。

　（2）干湿两用报警装置包括内容：两用阀、蝶阀、装配管、加速器、加速器压力表、供水压力表、试验阀、泄放试验阀（湿式、干式）、挠性接头、泄放试验管、试验管流量计、排气阀、截止阀、漏斗、过滤器、延时器、水力警铃、压力开关等。

　（3）电动雨淋报警装置包括内容：雨淋阀、蝶阀、装配管、压力表、泄放试验阀、流量表、截止阀、注水阀、止回阀、电磁阀、排水阀、手动应急球阀、报警试验阀、漏斗、压力开关、过滤器、水力警铃等。

　（4）预作用报警装置包括内容：报警阀、控制蝶阀、压力表、流量表、截止阀、排放阀、注水阀、止回阀、泄放阀、报警试验阀、液压切断阀、装配管、供水检验管、气压开关、试压电磁阀、空压机、应急手动试压器、漏斗、过滤器、水力警铃等。

4. 温感式水幕装置，包括给水三通至喷头、阀门间的管道、管件、阀门、喷头等全部内容的安装。

5. 末端试水装置，包括压力表、控制阀等附件安装。末端试水装置安装中不含连接管及排水管安装，其工程量并入消防管道。

6. 室内消火栓，包括消火栓箱、消火栓、水枪、水龙头、水龙带接扣、自救卷盘、挂架、消防按钮；落地消火栓箱包括箱内手提灭火器。

7. 室外消火栓，安装方式分地上式、地下式；地上式消火栓安装包括地上式消火栓、法兰接管、弯管底座；地下式消火栓安装包括地下式消火栓、法兰接管、弯管底座或消火栓三通。

8. 消防水泵接合器，包括法兰接管及弯头安装，接合器井内阀门、弯管底座、标牌等附件安装。

9. 减压孔板若在法兰盘内安装，其法兰计入组价中。

10. 消防水炮：分普通手动水炮、智能控制水炮。

3.4.2　气体灭火系统

气体灭火系统工程量清单项目设置、项目特征描述的内容、计量单位及工程量计算规则，应按表 3-10 的规定执行。

项目编码	项目名称	项目特征	计量单位	工程量计算规则	工作内容
030902001	无缝钢管	1. 介质 2. 材质、压力等级 3. 规格 4. 焊接方法 5. 钢管镀锌设计要求 6. 压力试验及吹扫设计要求 7. 管道标识设计要求	m	按设计图示管道中心线以长度计算	1. 管道安装 2. 管件安装 3. 钢管镀锌 4. 压力试验 5. 吹扫 6. 管道标识
030902002	不锈钢管	1. 材质、压力等级 2. 规格 3. 焊接方法 4. 充氩保护方式、部位 5. 压力试验及吹扫设计要求 6. 管道标识设计要求			1. 管道安装 2. 焊口充氩保护 3. 压力试验 4. 吹扫 5. 管道标识
030902003	不锈钢管管件	1. 材质、压力等级 2. 规格 3. 焊接方法 4. 充氩保护方式、部位	个	按设计图示数量计算	1. 管件安装 2. 管件焊口充氩保护
030902004	气体驱动装置管道	1. 材质、压力等级 2. 规格 3. 焊接方法 4. 压力试验及吹扫设计要求 5. 管道标识设计要求	m	按设计图示管道中心线以长度计算	1. 管道安装 2. 压力试验 3. 吹扫 4. 管道标识
030902005	选择阀	1. 材质 2. 型号、规格 3. 连接方式	个	按设计图示数量计算	1. 安装 2. 压力试验
030902006	气体喷头				喷头安装
030902007	贮存装置	1. 介质、类型 2. 型号、规格 3. 气体增压设计要求			1. 贮存装置安装 2. 系统组件安装 3. 气体增压
030902008	称重检漏装置	1. 型号 2. 规格	套		
030902009	无管网气体灭火装置	1. 类型 2. 型号、规格 3. 安装部位 4. 调试要求			1. 安装 2. 调试

注：1. 气体灭火管道工程量计算，不扣除阀门、管件及各种组件所占长度以延长米计算。
　　2. 气体灭火介质，包括七氟丙烷灭火系统、IG541 灭火系统、二氧化碳灭火系统等。
　　3. 气体驱动装置管道安装，包括卡、套连接件。
　　4. 贮存装置安装，包括灭火剂存储器、驱动气瓶、支框架、集流阀、容器阀、单向阀、高压软管和安全阀等贮存装置和阀驱动装置、减压装置、压力指示仪等。
　　5. 无管网气体灭火系统由柜式预制灭火装置、火灾探测器、火灾自动报警灭火控制器等组成，具有自动控制和手动控制两种启动方式。无管网气体灭火装置安装，包括气瓶柜装置（内设气瓶、电磁阀、喷头）和自动报警控制装置（包括控制器，烟、温感，声光报警器，手动报警器，手/自动控制按钮）等。

3.4.3 泡沫灭火系统

泡沫灭火系统工程量清单项目设置、项目特征描述的内容、计量单位及工程量计算规则，应按表 3-11 的规定执行。

泡沫灭火系统（编码：030903）   表 3-11

项目编码	项目名称	项目特征	计量单位	工程量计算规则	工作内容
030903001	碳钢管	1. 材质、压力等级 2. 规格 3. 焊接方法 4. 无缝钢管镀锌设计要求 5. 压力试验及吹扫设计要求 6. 管道标识设计要求	m	按设计图示管道中心线以长度计算	1. 管道安装 2. 管件安装 3. 无缝钢管镀锌 4. 压力试验 5. 吹扫 6. 管道标识
030903002	不锈钢管	1. 材质、压力等级 2. 规格 3. 焊接方法 4. 充氩保护方式、部位 5. 压力试验及吹扫设计要求 6. 管道标识设计要求			1. 管道安装 2. 焊口充氩保护 3. 压力试验 4. 吹扫 5. 管道标识
030903003	铜管	1. 材质、压力等级 2. 规格 3. 焊接方法 4. 压力试验及吹扫设计要求 5. 管道标识设计要求			1. 管道安装 2. 压力试验 3. 吹扫 4. 管道标识
030903004	不锈钢管管件	1. 材质、压力等级 2. 规格 3. 焊接方法 4. 充氩保护方式、部位	个	按设计图示数量计算	1. 管件安装 2. 管件焊口充氩保护
030903005	铜管管件	1. 材质、压力等级 2. 规格 3. 焊接方法			管件安装
030903006	泡沫发生器	1. 类型 2. 型号、规格 3. 二次灌浆材料	台		1. 安装 2. 调试 3. 二次灌浆
030903007	泡沫比例混合器				
030903008	泡沫液贮罐	1. 质量/容量 2. 型号、规格 3. 二次灌浆材料			

注：1. 泡沫灭火管道工程量计算，不扣除阀门、管件及各种组件所占长度以延长米计算。
　　2. 泡沫发生器、泡沫比例混合器安装，包括整体安装、焊法兰、单体调试及配合管道试压时隔离本体所消耗的工料。
　　3. 泡沫液贮罐内如需充装泡沫液，应明确描述泡沫灭火剂品种、规格。

3.4.4 火灾自动报警系统

火灾自动报警系统工程量清单项目设置、项目特征描述的内容、计量单位及工程量计算规则，应按表 3-12 的规定执行。

项目编码	项目名称	项目特征	计量单位	工程量计算规则	工作内容
030904001	点型探测器	1. 名称 2. 规格 3. 线制 4. 类型	个	按设计图示数量计算	1. 底座安装 2. 探头安装 3. 校接线 4. 编码 5. 探测器调试
030904002	线型探测器	1. 名称 2. 规格 3. 安装方式	m	按设计图示长度计算	1. 探测器安装 2. 接口模块安装 3. 报警终端安装 4. 校接线
030904003	按钮	1. 名称 2. 规格	个	按设计图示数量计算	1. 安装 2. 校接线 3. 编码 4. 调试
030904004	消防警铃				
030904005	声光报警器				
030904006	消防报警电话插孔（电话）	1. 名称 2. 规格 3. 安装方式	个（部）		
030904007	消防广播（扬声器）	1. 名称 2. 功率 3. 安装方式	个		
030904008	模块（模块箱）	1. 名称 2. 规格 3. 类型 4. 输出形式	个（台）		
030904009	区域报警控制箱	1. 多线制 2. 总线制 3. 安装方式 4. 控制点数量 5. 显示器类型	台		1. 本体安装 2. 校接线、遥测绝缘电阻 3. 排线、绑扎、导线标识 4. 显示器安装 5. 调试
030904010	联动控制箱				
030904011	远程控制箱（柜）	1. 规格 2. 控制回路			
030904012	火灾报警系统控制主机	1. 规格、线制 2. 控制回路 3. 安装方式			1. 安装 2. 校接线 3. 调试
030904013	联动控制主机				
030904014	消防广播及对讲电话主机（柜）				
030904015	火灾报警控制微机（CRT）	1. 规格 2. 安装方式			1. 安装 2. 调试
030904016	备用电源及电池主机（柜）	1. 名称 2. 容量 3. 安装方式	套		1. 安装 2. 调试
030904017	报警联动一体机	1. 规格、线制 2. 控制回路 3. 安装方式	台		1. 安装 2. 校接线 3. 调试

注：1. 消防报警系统配管、配线、接线盒均按 GB 50856 规范附录 D 和电气设备安装工程相关项目编码列项。
　　2. 消防广播及对讲电话主机包括功放、录音机、分配器、控制柜等设备。
　　3. 点型探测器包括火焰、烟感、温感、红外光束、可燃气体探测器等。

3.4.5 消防系统调试

消防系统调试工程量清单项目设置、项目特征描述的内容、计量单位及工程量计算规则，应按表 3-13 的规定执行。

消防系统调试（编码：030905） 表 3-13

项目编码	项目名称	项目特征	计量单位	工程量计算规则	工作内容
030905001	自动报警系统调试	1. 点数 2. 线制	系统	按系统计算	系统调试
030905002	水灭火控制装置调试	系统形式	点	按控制装置的点数计算	调试
030905003	防火控制装置调试	1. 名称 2. 类型	个（部）	按设计图示数量计算	
030905004	气体灭火系统装置调试	1. 试验容器规格 2. 气体试喷	点	按调试、检验和验收所消耗的试验容器总数计算	1. 模拟喷气试验 2. 备用灭火器贮存容器切换操作试验 3. 气体试喷

注：1. 自动报警系统包括各种探测器、报警器、报警按钮、报警控制器、消防广播、消防电话等组成的报警系统；按不同点数以系统计算。
2. 水灭火控制装置，自动喷洒系统按水流指示器数量以点（支路）计算；消火栓系统按消火栓启泵按钮数量以点计算；消防水炮系统按水炮数量以点计算。
3. 防火控制装置，包括电动防火门、防火卷帘门、正压送风阀、排烟阀、防火控制阀、消防电梯等防火控制装置；电动防火门、防火卷帘门、正压送风阀、排烟阀、防火控制阀等调试以个计算，消防电梯以部计算。
4. 气体灭火系统调试，是由七氟丙烷、IG541、二氧化碳等组成的灭火系统；按气体灭火系统装置的瓶头阀以点计算。

3.4.6 相关问题及说明

（1）管道界限的划分：

① 喷淋系统水灭火管道：室内外界限应以建筑物外墙皮 1.5m 为界，入口处设阀门者应以阀门为界；设在高层建筑物内的消防泵间管道应以泵间外墙皮为界。

② 消火栓管道：给水管道室内外界限划分应以墙皮 1.5m 为界，入口处设阀门者应以阀门为界。

③ 与市政给水管道的界限：以与市政给水管道碰头点（井）为界。

（2）消防管道如需进行探伤，应按工业管道工程相关项目编码列项。

（3）消防管道上的阀门、管道及设备支架、套管制作安装，应按 GB 50856 规范给排水、采暖、燃气工程相关项目编码列项。

（4）管道及设备除锈、刷油、保温除注明外，应按刷油、防腐蚀、绝热工程相关项目编码列项。

（5）消防工程措施项目，按措施项目相关项目编码列项。

3.5 消防工程预算编制实例

【例3】图3-1为某消防喷淋系统，所用管材为镀锌无缝钢管，阀门型号为J11T-16，试进行：（1）计算工程量；（2）编制工程量清单。

【解】**一、工程量计算**

1. 统计阀门、喷头、水流指示器数量

（1）阀门 $DN20$，2个；$DN40$，2个。

（2）自动喷头9个。

（3）水流指示器3个。

2. 管道延长米计算

（1）$DN45 \times 3$ 镀锌无缝钢管 丝接

2.5（如图中所示）＋1.5（如图中所示）＋6.0（如图中所示）＋3.0（如图中所示）＝13m

（2）$DN25 \times 3$ 镀锌无缝钢管 丝接

$3.0 \times 3 \times 3$（三个支管）＝27m

3. 管支架工程量

（1）$DN45 \times 3$ 管支架工程量

支架数量：$\frac{13}{4.5} \approx 3$，$3+1=4$ 个

支架质量：4×0.634（查标准图或查表）＝2.54kg

（2）$DN25 \times 3$ 管支架工程量

支架数量：$\frac{27}{3}=9$，$9+1=10$ 个

支架质量：10×0.416（查标准图或查表）＝4.16kg

小计：管支架工程量 $(2.54+4.16)=6.7$kg

二、工程量清单编制

按照工程量清单计价规范的规定，编制该工程的工程量清单，详见表3-14。

分部分项工程量清单

表3-14

序号	项目编码	项目名称	项目特征描述	计量单位	工程量
1	030901001001	水喷淋钢管	1. 安装部位：室内 2. 材质：镀锌钢管 3. 规格：$DN25 \times 3$ 4. 连接形式：丝接	m	13.00
2	030901001002	水喷淋钢管	1. 安装部位：室内 2. 材质：镀锌钢管 3. 规格：$DN45 \times 3$ 4. 连接形式：丝接	m	27.00
3	031003001001	螺纹阀门	1. 类型：J11T-16型内螺纹截止阀 2. 材质：不锈钢 3. 规格、压力等级：$DN20$、低压 4. 连接形式：丝接	个	2

序号	项目编码	项目名称	项目特征描述	计量单位	工程量
4	031003001002	螺纹阀门	1. 类型：J11T-16 型内螺纹截止阀 2. 材质：不锈钢 3. 规格、压力等级：DN40、低压 4. 连接形式：丝接	个	2
5	030901003001	水喷淋（雾）喷头 DN15	1. 安装部位：室内顶板下 2. 型号：ZSTX-15A 3. 连接形式：无吊顶	个	9
6	030901006001	水流指示器 DN20	1. 规格、型号：ZSJZ 型水流指示器 2. 连接形式：丝接	个	3
7	031002001001	管道支架	1. 材质：型钢 2. 管架形式：一般管架	kg	6.70
8	031202003001	一般钢结构防腐蚀	1. 除锈级别：轻锈 2. 涂刷品种、遍数：防锈漆一遍、银粉漆两遍	kg	6.70

习　　题

1. 某消防喷淋管道系统图如图 3-6 所示，试计算工程量并编制工程量清单。

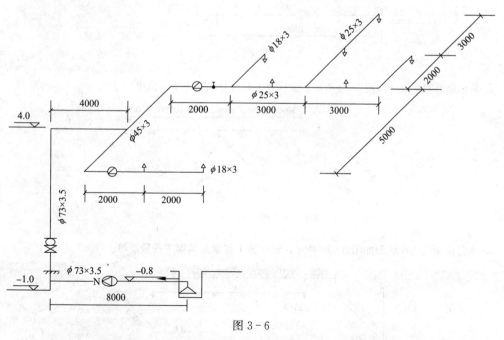

图 3-6

2. 某消防喷淋管道系统图如图 3-7 所示，试计算工程量并编制工程量清单。

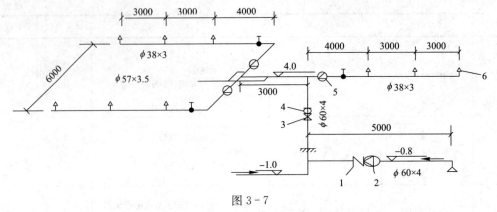

图 3-7

1—逆止阀；2—离心清水泵；3—闸阀；4—湿式自动喷水报警阀；5—马鞍形水流指示器；6—喷头（DN15）

3. 某水幕消防系统图如图 3-8 所示，试计算工程量并编制工程量清单。

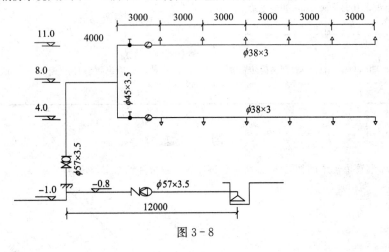

图 3-8

4. 某水幕消防系统图如图 3-9 所示，试计算工程量并编制工程量清单。

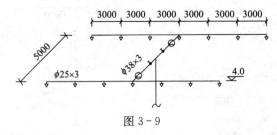

图 3-9

5. 某会议室消防系统图如图 3-10 所示，试计算工程量并编制工程量清单。

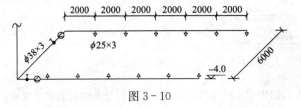

图 3-10

第4章 采暖工程预算编制方法与原理

4.1 采暖工程施工规定

4.1.1 散热器的安装

（1）散热器支架、托架数量，应符合设计或产品说明书要求。如设计未注明，应符合表4-1的规定。

散热器支架、托架数量 表4-1

项次	散热器形式	安装方式	每组片数	上部托架或卡架数	下部托钩或卡架数	合计
1	长翼型	挂墙	2~4	1	2	3
			5	2	2	4
			6	2	3	5
			7	2	4	6
2	柱型、柱翼型	挂墙	3~8	1	2	3
			9~12	1	3	4
			13~16	2	4	6
			17~20	2	5	7
			21~25	2	6	8
3	柱型、柱翼型	带足落地	3~8	1	—	1
			8~12	1	—	1
			13~16	2	—	2
			17~20	2	—	2
			21~25	2	—	2

（2）散热器背面与装饰后的墙内表面安装距离，应符合设计或产品说明书要求。如设计未注明，应为30mm。

4.1.2 室内热水供应系统安装

（1）由集热器上、下集管接往热水箱的循环管道，应有不小于5‰的坡度。

（2）自然循环的热水箱底部与集热器上集管之间的距离为0.3~1.0m。

（3）凡以水作介质的太阳能热水器，在0℃以下地区使用，应采取防冻措施。

4.1.3 室外供热管网安装

（1）供热管网的管材应按设计要求。当设计未注明时，应符合下列规定：

① 管径小于或等于 40mm 时，应使用焊接钢管。

② 管径为 50～200mm 时，应使用焊接钢管或无缝钢管。

③ 管径大于 200mm 时，应使用螺旋焊接钢管。

（2）架空敷设的供热管道安装高度，如设计无规定时，应符合下列规定（以保温层外表计算）：

① 人行地区，不小于 2.5m。

② 通行车辆地区，不小于 4.5m。

③ 跨越铁路，距轨顶不小于 6m。

（3）直埋管道的保温应符合设计要求，接口在现场发泡时，接头处厚度应一致，接头处保护层必须与管道保护层成一体，符合防潮、防水要求。

（4）地沟内的管道安装位置，其净距（保温层外表面）应符合下列规定：

与沟壁　　　　　　　　　　　100～150mm

与沟底　　　　　　　　　　　100～200mm

与沟顶（不通行地沟）　　　　50～100mm

　　　（半通行和通行地沟）　200～300mm

4.1.4　供热锅炉及辅助设备安装

（1）保温的设备和容器，应采用粘结保温钉固定保温层，其间距一般为 200mm。当需采用焊接勾钉固定保温层时，其间距一般为 250mm。

（2）两台或两台以上燃油锅炉共用一个烟囱时，每一台锅炉烟道上均应配备风阀或挡板装置，并应具有操作调节和闭锁功能。

4.2　采暖工程施工图

采暖工程施工图与给水排水工程一样，一般常用图例、符号、文字标注表达设计意图。要正确地编制采暖工程施工图预算，必须熟悉这些通用表达设计意图的方法。

4.2.1　采暖工程常用图例符号

采暖工程常用图例符号见表 4-2。

采暖工程常用图例符号　　　　　　　　　　　　　　　　　表 4-2

序号	名称	图例符号	附注
1	散热器及手动放气阀		左为平面图画法，中为剖面图画法，右为系统图，Y 轴测图画法
2	散热器及控制阀		左为平面图画法，右为剖面图画法
3	疏水阀		在不致引起误解时，也可表示为：

序号	名称	图例符号	附注
4	集气罐、排气装置	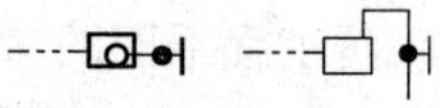	左图为平面图
5	自动排气阀		
6	除污器（过滤器）	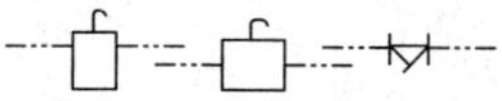	左为立式除污器，中为卧式除污器，右为 Y 形过滤器
7	节流孔板、减压孔板	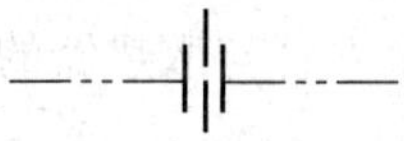	在不致引起误解时，也可表示为： 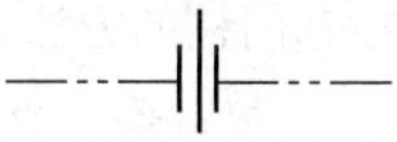
8	补偿器（通用）		也称"伸缩器"
9	矩形补偿器	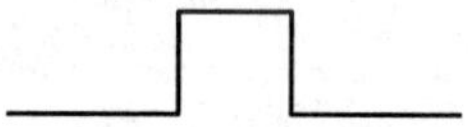	
10	套管补偿器		
11	波纹管补偿器	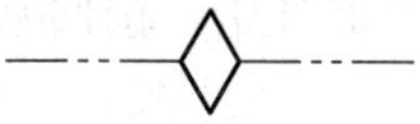	
12	弧形补偿器		
13	球形补偿器	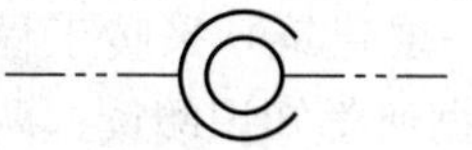	
14	绝热管	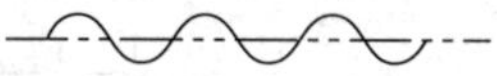	
15	保护套管	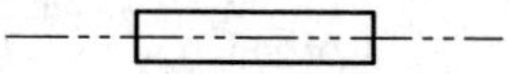	
16	伴热管	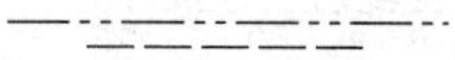	
17	固定支架	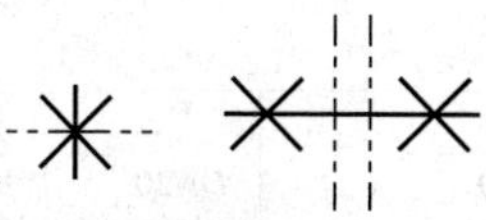	
18	介质流向	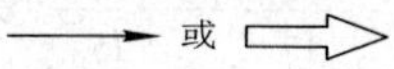 $\longrightarrow$ 或	在管道断开处，流向符号宜标注在管道中心线上，其余可同管径标注位置
19	坡度及坡向	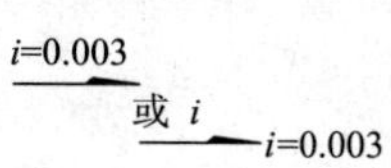 $i=0.003$ 或 i ——$i=0.003$	坡度数值不宜与管道起、止点标高同时标注。标注位置同管径标注位置

4.2.2 工程施工图组成

采暖工程施工图由采暖工程设计说明、采暖工程平面图、采暖工程系统图、节点大样图等几部分组成。

1. 平面图

表示建筑物各层采暖供回水管道与散热器的平面布置。一般采暖平面图包括首层、标准层和顶层平面图。

2. 系统图

表示采暖系统的空间以及各层间、前后左右之间的关系。在系统图上要标明管道标高、管段直径、坡度、穿越门柱的方法，以及立管与散热器的连接方法等。

3. 详图

表示散热器安装的具体尺寸。如采用标准图时，可不必出详图，只需注明采用的标准图的图号。

4.2.3 识图方法

（1）阅读设计总说明，明确设计标准、设计内容及有关施工要求。

（2）将采暖工程施工图的平面图和系统图对照起来读，从供水入口，沿水流方向按干管、立管、支管的顺序读到散热器；再从散热器开始，按回水支管、立管、干管的顺序读到回水出口止。

4.2.4 识图练习

【例1】图4-1和图4-2为某房间（一层建筑）采暖工程图，图4-2为该房间的采暖平面图，图4-1为其采暖系统图，请根据所学知识阅读这两幅图所表达的内容。

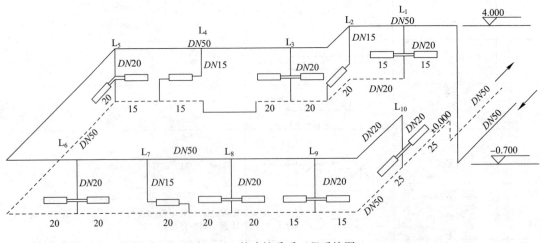

图4-1 某建筑采暖工程系统图

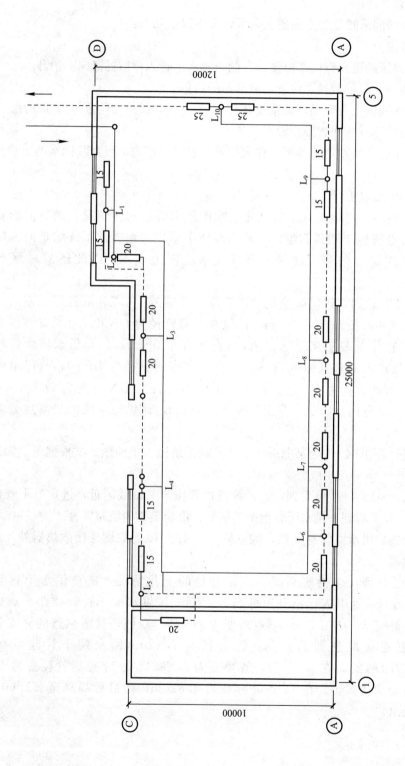

图4-2 某建筑一层采暖工程平面图

（1）采暖工程平面图

从图 4-2 该房间采暖工程平面图上，可以看出以下几点：

① 采暖管道进户点

该房间采暖系统的进户点位于①轴线左侧，供水干管入户后标高向上抬升。

② 该供暖系统立管的数量、位置、散热器的数量

从采暖系统平面图上可看到，该系统共有 10 根立管，散热器的数量为 320 片。

③ 采暖系统回水管的布置及出户点

采暖系统回水管布置在散热器下，在大门处设置过门地沟，该系统回水的出户点位置与进户位置相同。

（2）采暖工程系统图

通过阅读平面图，可以大致了解该建筑物供回水管道布置情况、散热器的安装位置和数量，但若进行施工图预算编制，还需具体了解供回水管道系统的走向、标高变化情况、管道的规格等内容，这些内容只在系统图上表示，因此还需对照系统图阅读。

从图 4-1 可以看到，该供暖系统的供水干管从室外 -0.700m 处进入室内，入户后其标高从 -0.700m 抬升至 4.000m，该供水干管管径为 $DN50$。然后，该供水管沿着建筑物敷设，管径由 $DN50$ 变至 $DN20$（在第九个立管后）。与供水横干管相连接的立管共有 10 根，若其连接双侧散热器，立、支管的管径为 $DN20$；若仅单侧连接散热器，立、支管的管径为 $DN15$。回水横干管的管径由 $DN20$ 变为 $DN50$（连接 5 个立管后），标高由室内 ±0.000 变至室外 -0.700m，该供暖系统的最高点处安装集气罐一个。

【例 2】图 4-3～图 4-5 为某七层住宅楼采暖系统图、平面图，试根据所学知识进行读图练习。

采暖平面图：从图 4-4 可看到，该系统进户管位于⑧轴线附近，进户后干管标高向上抬升。从图 4-5 可看到，供水干管抬至顶层后，沿建筑物内墙布置。

与横干管相连的供水立管有 9 根，除立管 L_4、L_5、L_6 为双侧连接散热器外，其余均为单侧连接散热器。

从图 4-3 可看到，该供暖系统标高、管径的变化情况。进户供水干管管径为 $DN50$，从 -1.600m 处引入，抬升至标高 20.700m。供水横干管管径在 6 点处变为 $DN40$，在 8 点处变为 $DN32$，在 10 点后变为 $DN25$。双侧连接散热器的立支管管径为 $DN25$，单侧连接散热器的立、支管管径为 $DN20$。回水横干管起点标高为 2.700m，管径为 $DN25$，在 23 点后，管径变为 $DN32$，在 21 点后管径变为 $DN40$，在 19 点后管径变为 $DN50$。在 15 点处标高为 2.820m，然后标高降至 -1.60m，回水管从 13 点处出户。

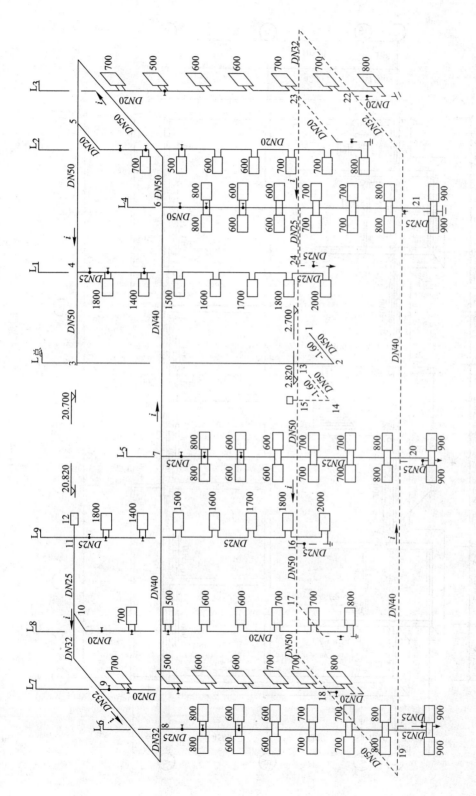

图4-3　某建筑采暖系统图

103

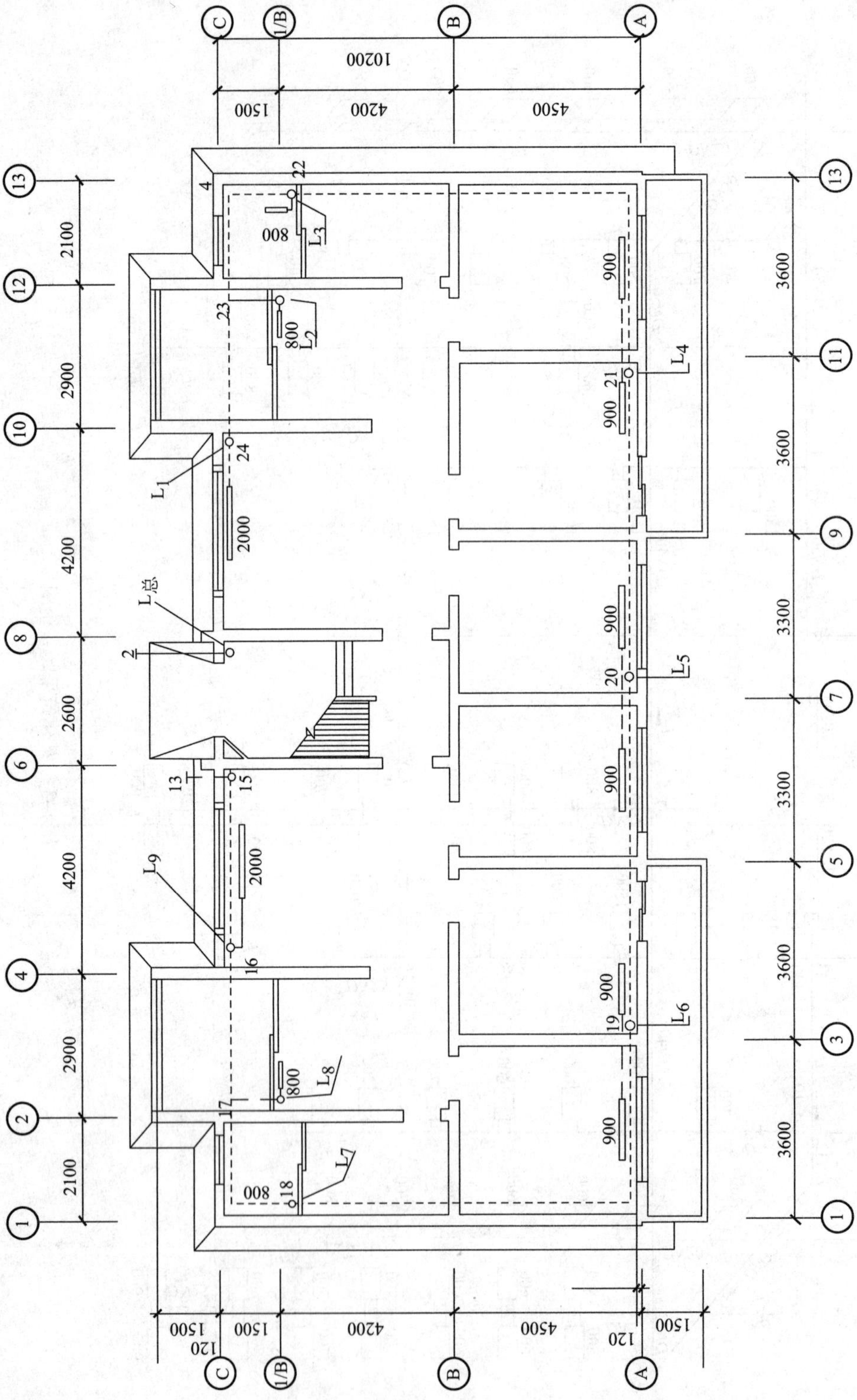

图4-4 某建筑底层平面布置图

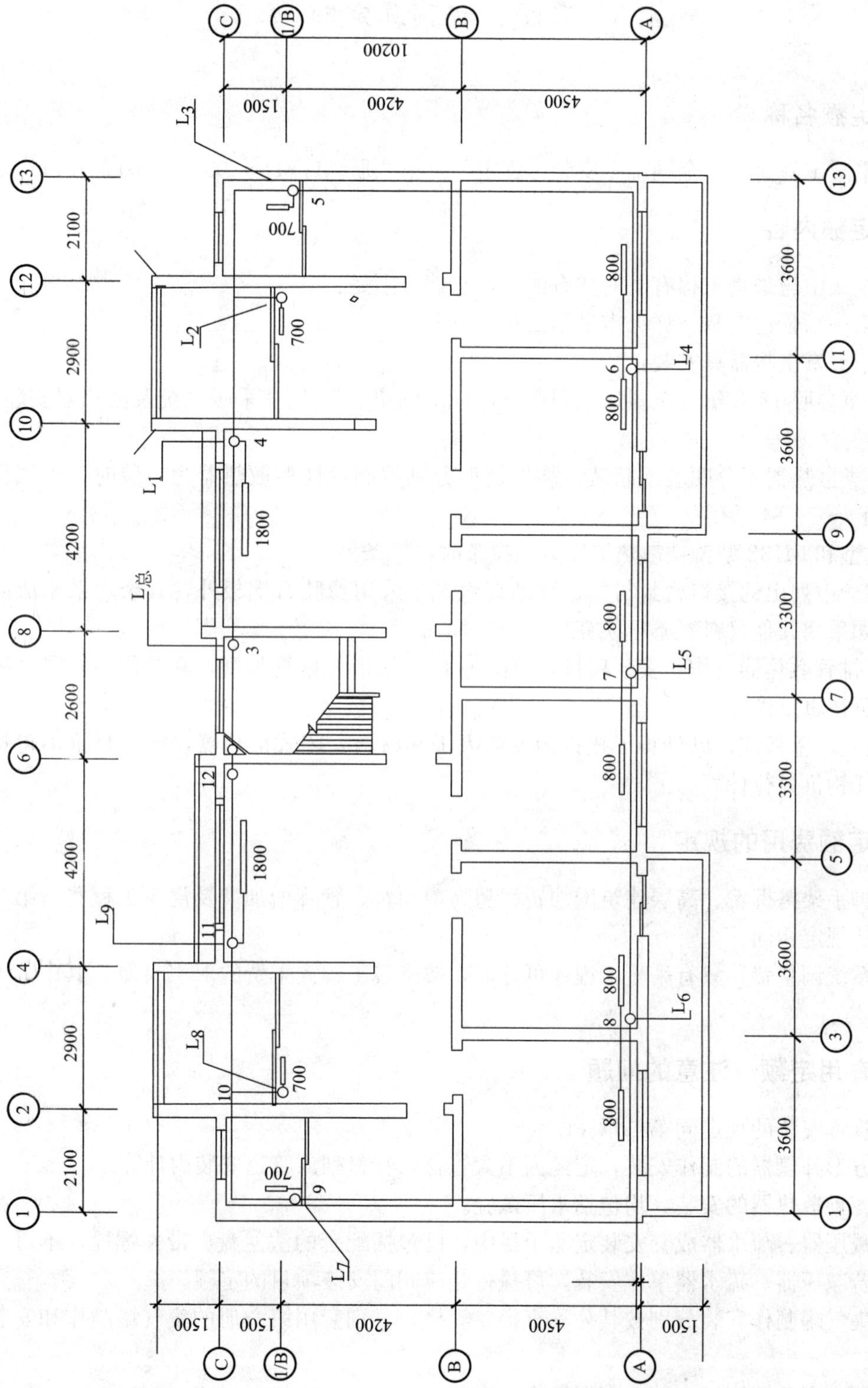

图4-5　某建筑顶层平面布置图

4.3 采暖工程预算定额

4.3.1 定额名称

室内采暖工程套用《全国统一安装工程定额》第八册（GYD—208—2000）。

4.3.2 定额内容

该册定额中与采暖工程有关的共有两章，它们分别是：

（1）第一章管道安装，详见本书第二章第三节。

（2）第五章供暖器具安装：

① 本章参照 1993 年《全国通用暖通空调标准图集》T112"采暖系统及散热器安装"编制。

② 各类散热器不分明装或暗装，均按类型分别编制，柱型散热器为挂装时，可执行 M132 项目。

③ 柱型和 M132 型铸铁散热器安装用拉条时，拉条另计。

④ 定额中列出的接口密封材料，除圆翼汽包垫采用橡胶石棉板外，其余均采用成品汽包垫，如采用其他材料，不得换算。

⑤ 光排管散热器制作、安装项目，单位每 10m 系指光排管长度，联管作为材料已列入定额，不得重复计算。

⑥ 板式、壁板式，已计算了托钩的安装人工和材料，闭式散热器，如主材价不包括托钩者，托钩价另行计算。

4.3.3 定额费用的规定

（1）脚手架搭拆费、高层建筑增加费、超高增加费、管廊增加费及浇筑工程费与第二章第三节的规定相同。

（2）系统调整费：只有采暖工程才可计取，按采暖工程人工费的 15％计算，其中人工工资占 20％。

4.3.4 套用定额应注意的问题

（1）管道安装的规定同第二章。

（2）方形补偿器的制作安装，定额内不含管材，管材列入管道安装内计算。

（3）各种散热器的安装，均包括水压试验。

（4）减压器、疏水器成套安装定额子目中，已包括配套的法兰盘、带帽螺栓，不可重复套价。若减压器、疏水器单体安装，可执行相应阀门安装项目的定额。

（5）集气罐制作安装分别按其公称直径、规格，分别套用第六册的集气罐制作和安装项目。

（6）压力表和温度计安装，套用第十册定额。

（7）安全阀安装，可按阀门安装相应定额项目基价乘以系数 2.0 计算。

4.4 采暖工程的工程量清单计算规则

4.4.1 供暖器具工程量清单计算规则

供暖器具工程量清单计算规则见表4-3和表4-4。

供暖器具（编码：031005）

表4-3

项目编码	项目名称	项目特征	计量单位	工程量计算规则	工作内容
031005001	铸铁散热器	1. 型号、规格 2. 安装方式 3. 托架形式 4. 器具、托架除锈、刷油设计要求	片（组）	按设计图示数量计算	1. 组对、安装 2. 水压试验 3. 托架制作、安装 4. 除锈、刷油
031005002	钢制散热器	1. 结构形式 2. 型号、规格 3. 安装方式 4. 托架刷油设计要求	组（片）		1. 安装 2. 托架安装 3. 托架刷油
031005003	其他成品散热器	1. 材质、类型 2. 型号、规格 3. 托架刷油设计要求	组（片）		
031005004	光排管散热器制作安装	1. 材质、类型 2. 型号、规格 3. 托架形式及做法 4. 器具、托架除锈、刷油设计要求	m	按设计图示排管长度计算	1. 制作、安装 2. 水压试验 3. 除锈、刷油
031005005	暖风机	1. 质量 2. 型号、规格 3. 安装方式	台	按设计图示数量计算	安装
031005006	地板辐射采暖	1. 保温层及钢丝网设计要求 2. 管道材质 3. 型号、规格 4. 管道固定方式 5. 压力试验及吹扫设计要求	1. m^2 2. m	1. 以 m^2 计量，按设计图示采暖房间净面积计算 2. 以 m 计量，按设计图示管道长度计算	1. 保温层及钢丝网铺设 2. 管道排布、绑扎、固定 3. 与分水器连接 4. 水压试验、冲洗 5. 配合地面浇注
031005007	热媒集配装置制作、安装	1. 材质 2. 规格 3. 附件名称、规格、数量	台	按设计图示数量计算	1. 制作 2. 安装 3. 附件安装
031005008	集气罐制作安装	1. 材质 2. 规格	个		1. 制作 2. 安装

注：1. 铸铁散热器，包括拉条制作安装。
　　2. 钢制散热器结构形式，包括钢制闭式、板式、壁板式、扁管式及柱式散热器等，应分别列项计算。
　　3. 光排管散热器，包括联管制作安装。
　　4. 地板辐射采暖，管道固定方式包括固定卡、绑扎等方式；包括与分集水器连接和配合地面浇注用工。

项目编码	项目名称	项目特征	计量单位	工程量计算规则	工程内容
031009001	采暖工程系统调试	系统形式	系统	按采暖工程系统计算	系统调试

4.4.2 采暖工程量计算的补充说明

4.4.2.1 计算程序

一般室内采暖工程的工程量计算可按下列顺序进行：

散热器组成安装──→管道安装──→管道铁皮套管或钢套管制作安装──→管支架制作安装──→阀门安装──→集气罐制作安装──→管道、支架及设备除锈、刷油与保温──→温度计、压力表安装。

4.4.2.2 管道延长米计算方法

室内采暖管道按其系统构成分为干管、立管和支管三部分，各部分的计算可按下列方法进行。

（1）干管延长米的计算

供水管从建筑物外墙皮 1.5m 处沿着管道走向，由大管径到小管径逐段分别计算，直至干管的末端。回水干管计算顺序则相反，从系统末端装置，沿着管道走向，由小管径到大管径逐段分别计算，直至建筑物外墙皮 1.5m 处。

（2）立管延长米计算

当立、支管管径相同时，立管延长米的计算式为：

① 单管跨越式系统和双管系统

单根立管延长米＝立管上、下端平均标高差＋管道各种煨弯增加长度＋横支管长度

$$立管上、下端平均标高 = \frac{供（回）水横干管起点标高 + 供（回）水横干管终点标高}{2}$$

管道各种煨弯增加长度见表 4-5。

管道各种煨弯增加长度　　　　　　　　表 4-5

增加长度（mm）　　　煨弯　　　　　管道	乙字弯	括弯
立管	60	60
支管	35	50

② 单管顺流式系统

单根立管延长米＝立管上、下端平均标高差＋管道各种煨弯增加长度＋横短管长度－散热器上下口中心距×该立管所带散热器数量

（3）支管延长米的计算

由于各房间散热器数量不同，立管的安装位置各异，支管长度按平面图尺寸丈量其数值很不准确，应结合建筑物轴线尺寸、散热器及立管安装位置分别计算，现举两例说明不同情况支管延长米的计算：

① 立管位于墙角，暖气片在窗中，单立管单面连接暖气片，见图4-6。

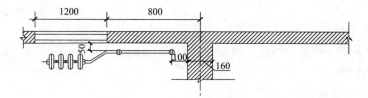

图4-6 暖气片窗中单侧安装图

760型 一层10片；二层9片；三层8片；四层8片；五层9片

支管安装计算式：

支管长度＝［轴线距窗尺寸＋半窗宽尺寸－（内半墙厚＋墙皮距立管中心尺寸）＋乙字弯增加长度］×2×层数－散热器片总长

按图示尺寸代入上式：

$$[0.8+0.6-(0.08+0.1)+0.035]\times 2\times 5-(0.06\times 44)=9.95m$$

② 立管位于墙角，一根立管两侧均安装散热器，散热器在窗中安装，见图4-7。其支管安装计算式：

支管长度＝（两窗间墙尺寸＋1个窗宽尺寸＋2×乙字弯增加长度）×2×层数－散热器片总长

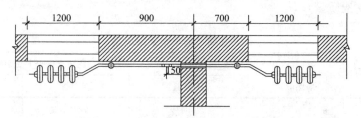

图4-7 暖气片窗中双侧安装图

760型 一层20片；二层19片；三层16片；四层16片；五层18片

按图示尺寸代入上式：

$$(1.6+1.2+2\times 0.035)\times 2\times 5-(0.06\times 88)=23.43m$$

4.4.2.3 管支架工程量的计算

（1）室内管支架的设置原则

① 散热器支管长度大于1.5m时，应在中间安装管卡。

② 采暖立管管卡的设置，当层高≤5m时，每层设一个；当层高＞5m时，不得少于两个。

③ 水平钢管支架间距不得大于表4-6中的间距。

水平钢管支架最大间距 表4-6

管径（mm）		15	20	25	32	40	50	70	80	100	125	150
支架最大间距（m）	保温管	1.5	2	2	2.5	3	3	4	4	4.5	5	6
	非保温管	2.5	3	3.5	4	4.5	5	6	6	6.5	7	8

④ 几根水平管共用一个支架且几根管道规格差距不大时，其支架间距取其中较细管的支架间距。

（2）管支架个数的计算

① 立管的支架个数按上述原则设置并计算其个数。

② 水平管支架个数一般可按下述方法计算：

a. 固定支架个数按设计图规定个数统计；

b. 单管滑动支架个数 $=\dfrac{某规格管道的长度}{该规格管道的最大支架间距}-$该管段固定支架个数$+1$

若计算结果有小数就进 1 取整。

c. 多管滑动支架个数 $=\dfrac{共架管段长度}{其中较细管的最大支架间距}-$该管段固定支架个数$+1$

若计算结果有小数就进 1 取整。

（3）每个支架的质量计算

① 安装在墙上每个单管支架的规格及质量见表 4-7。

② 可查《采暖通风国家标准图集》N112 上支架构造图及其单重。

（4）管支架的总质量

管支架的总质量＝管道固定支架质量＋管道滑动支架质量＝Σ（某规格的管道支架个数×该规格管支架质量）。

安装在墙上的单管支架质量　　　　　　　　　　表 4-7

管径（mm）	滑动支座每个支架质量（kg）		固定支座每个支架质量（kg）	
	保温管	不保温管	保温管	不保温管
15	0.574	0.416	0.489	0.416
20	0.574	0.416	0.598	0.509
25	0.719	0.527	0.923	0.509
32	1.086	0.634	1.005	0.634
40	1.194	0.634	1.565	0.769
50	1.291	0.705	1.715	1.331
70	2.092	1.078	2.885	1.905
80	2.624	1.128	3.487	2.603
100	3.073	2.300	5.678	4.719
125	4.709	3.037	7.662	6.085
150	7.638	4.523	8.900	7.170

4.5　采暖工程预算编制实例

【例 3】某室内热水采暖系统中部分工程如图 4-8～图 4-11 所示，管道采用焊接钢管。安装完毕管外壁刷油防腐，竖井及地沟内的主干管设保温层 50mm 厚。管道支架按每米管道 0.5kg 另计。底层采用铸铁四柱（M813）散热器，每片长度 57mm；二层采用钢制板式散热器；三层采用钢制光排管散热器，用无缝钢管现场制安。每组散热器均设一手动放风阀。散热器进出水支管间距均按 0.5m 计，各种散热器均布置在房间正中窗下。管道除标注 DN50（外径为 60mm）的外，其余均为 DN20（外径为 25mm）。图中所示尺寸除立管标高单位为米外，其余均为毫米。（2001 年造价工程师案例真题）

问题：计算该采暖工程量计算表。

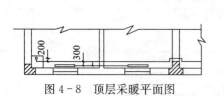

图 4-8　顶层采暖平面图

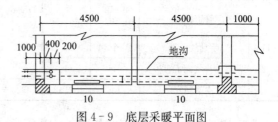

图 4-9　底层采暖平面图

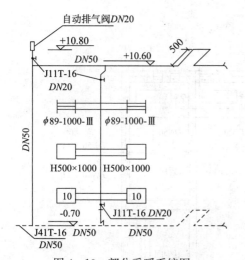

图 4-10　部分采暖系统图

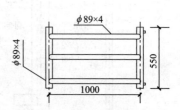

图 4-11　光排管散热器详图

【解】根据图 4-8～图 4-11 及工程量计算规则，该采暖工程的工程量见表 4-8。

某采暖工程的工程量　　　　　　　　　　　表 4-8

序号	分项工程名称	单位	工程量	计算过程
1	焊接钢管 DN50	m	33.3	水平管：(1+4.5+4.5+1.0)×2＝22 立管：0.7+10.6＝11.3 合计：22+11.3＝33.3
2	焊接钢管 DN20	m	31.66	主管：(10.6+0.7)−(3×0.5)＝9.8 水平管：〔(4.5−1.0)+(4.5−1)+(4.5−0.057×10)〕×2＝21.86　合计：31.66
3	法兰阀门 DN50	个	2	1+1
4	法兰 DN50	副	2	1+1
5	螺纹阀门 DN20	个	2	1+1
6	铸铁四柱散热器	组	2	1+1

序号	分项工程名称	单位	工程量	计算过程
7	钢制板式散热器	组	2	1+1
8	光排管散热器	组	2	1+1
9	采暖管道防腐	m²	7.22	$DN50$：$33.3×\pi×0.05=5.23$ $DN20$：$31.66×\pi×0.02=1.99$ 合计：7.22
10	管道保温	m²	0.43	$DN50$：$33.3-4.5-4.5-1+0.4=23.7$ $V=[(0.66+0.05×2)^2-0.05^2]×1/4×\pi×23.7=0.43$
11	手动放风阀	个	6	
12	自动排气阀 $DN20$	个	1	
13	支架制安	kg	32.48	$(33.3+31.66)×0.5=32.48$

【例4】某住宅采暖平面图如图4-12所示（造价工程师模拟试题）。表4-9为该工程的工料机单价：

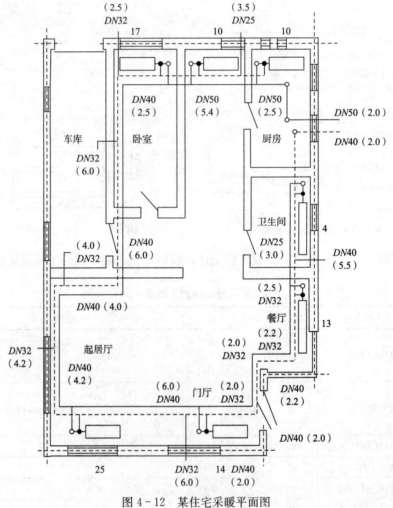

图4-12 某住宅采暖平面图

某住宅采暖工料机单价　　　　　　　　　　　　　　　表 4－9

某住宅采暖工料机单价　　　　　　　　　　　　　　表 4－9

序号	工程名称	计量单位	安装（元）			主材	
			人工费	材料费	机械费	单价（元）	损耗率（%）
1	焊接钢管暗配 DN40	m	8.83	3.28	0.1	19.4	2
2	管道沥青防腐一布两油	m²	5.59	11.50	0		
3	管道沥青防腐每增加一布一油	m²	4.65	8.54	0		

注：1. 材料：供水、回水管道为焊接钢管，散热器为铸铁散热器。

2. 安装：供水水平干管中心线距离顶部 0.3m，供水、回水水平干管入口处标高为 -1.200m，室内回水水平钢管埋深为 0.8m；散热器的供水管距离 ±0.000 为 0.8m，散热器的回水管距离 ±0.000 为 0.2m，散热器供水管和回水管之间不连通；供水、回水立管管径均为 DN25；净高为 3.0m。

3. 供水、回水水平管径及长度如图 4-12 所示，单位为 m；暖气片数量如图 4-12 所示。

4. 防腐：埋地管道采用沥青玻璃布，即三布四油。

问题：

1. 依据《建设工程工程量清单计价规范》GB 50500—2013，计算该工程的供水、回水干管及散热器的工程量。将计算过程及结果填入表 4-10 "分部分项工程量计算表"。

2. 依据《建设工程工程量清单计价规范》GB 50500—2013，编制该工程的供水、回水干管及散热器的分部分项工程量清单，填入表 4-11 "分部分项工程量清单表"。管道系统各部分项工程量清单项目的统一编码如下：钢管的项目编码为 031001002、铸铁散热器的项目编码为 031005001。

3. 参考以上计算结果，假设供水、回水干管 DN40 的清单工程量为 35m；根据分部分项工程量清单的工料机单价表，按《建设工程工程量清单计价规范》GB 50500—2013 中综合单价的内容要求，编制 "分部分项工程量清单综合单价分析表"（见表 4-12）。管理费按人工费的 85%，利润按人工费的 60% 计算，焊接钢管 DN40 的表面积按 0.141m²/m 计算。（计算结果均保留两位小数）

分部分项工程量计算表　　　　　　　　　　　　　表 4-10

序号	分项工程名称	计量单位	工程数量	计算过程

分部分项工程量清单表　　　　　　　　　　　　　表 4-11

序号	项目编号	项目名称	项目特征描述	计量单位	工程数量

分部分项工程量清单综合单价分析表　　　　　　表 4 - 12

工程名称：某住宅采暖工程

项目编码		项目名称			计量单位	

清单综合单价组成明细

定额编号	定额名称	定额单位	数量	单价			管理费和利润（费率）	合价			
				人工费	材料费	机械费		人工费	材料费	机械费	管理费和利润
未计价材料费							—				
人工费调整											
材料费价差											
机械费调整											
小计											
清单项目综合单价											

材料费明细	主要材料名称、规格、型号	单位	数量	单价（元）	合价（元）	暂估价（元）	暂估价（元）
	其他材料费			—		—	
	材料费小计			—		—	

解：问题 1

分部分项工程量计算表　　　　　　表 4 - 13

序号	分项工程名称	计量单位	工程数量	计算过程
1	焊接钢管 $DN50$	m	13.8	$(2.0+2.5+5.4) + (1.2+3.0-0.3)$
2	焊接钢管 $DN40$	m	36.8	$(2.5+6.0+4.0+4.2+6.0) + (2.0+5.5+2.2+2.0+2.0) + (1.2-0.8)$
3	焊接钢管 $DN32$	m	31.4	$(2.0+2.0+2.2+2.5) + (6.0+4.2+4.0+6.0+2.5)$
4	焊接钢管 $DN25$	m	26.8	$3.0+3.5+ (3.0-0.3-0.8) \times 7+ (0.2+0.8) \times 7$
5	铸铁散热器	片	103	$10+10+17+25+14+13+14$

问题 2

分部分项工程量清单表

表 4-14

序号	项目编号	项目名称	项目特征描述	计量单位	工程数量
1	031001002001	焊接钢管	1. 安装部位：室内 2. 介质：热媒体 3. 规格：DN50 4. 连接形式：丝接 5. 压力试验、水冲洗：按规范要求	m	13.8
2	031001002002	焊接钢管	1. 安装部位：室内 2. 介质：热媒体 3. 规格：DN40 4. 连接形式：丝接 5. 压力试验、水冲洗：按规范要求	m	36.8
3	031001002003	焊接钢管	1. 安装部位：室内 2. 介质：热媒体 3. 规格：DN32 4. 连接形式：丝接 5. 压力试验、水冲洗：按规范要求	m	31.4
4	031001002004	焊接钢管	1. 安装部位：室内 2. 介质：热媒体 3. 规格：DN25 4. 连接形式：丝接 5. 压力试验、水冲洗：按规范要求	m	26.8
5	031005001001	铸铁散热器	1. 型号、规格：四柱760铸铁散热器 2. 安装方式：落地安装 3. 托架：厂配丝接	片	103

问题 3

分部分项工程量清单综合单价分析表

表 4-15

工程名称：某住宅采暖工程

项目编码	031001002002			项目名称	焊接钢管 DN40；埋地管道 14.1m，采用沥青玻璃布，即三布四油			计量单位	m

清单综合单价组成明细

定额编号	定额名称	定额单位	数量	单价			管理费和利润（费率）	合价			
				人工费	材料费	机械费		人工费	材料费	机械费	管理费和利润
	焊接钢管 DN40	m	1	8.83	3.28	0.1	145%	8.83	3.28	0.1	12.80
	管道沥青防腐一布二油	m²	0.0568	5.59	11.50	0	145%	0.32	0.65	0	0.46
	管道沥青防腐每增加一布一油	m²	0.0568	4.65	8.54	0	145%	0.26	0.49	0	0.38

工程名称：某住宅采暖工程

项目编码	031001002002	项目名称	焊接钢管 *DN*40；埋地管道 14.1m，采用沥青玻璃布，即三布四油	计量单位	m

清单综合单价组成明细

定额编号	定额名称	定额单位	数量	单价			管理费和利润（费率）	合价			
				人工费	材料费	机械费		人工费	材料费	机械费	管理费和利润
未计价材料费								—	19.79	—	—
人工费调整								—	—	—	—
材料费价差								—	—	—	—
机械费调整								—	—	—	—
小计								9.41	24.21	0.1	13.64
清单项目综合单价								47.36			

	主要材料名称、规格、型号	单位	数量	单价（元）	合价（元）	暂估价（元）	暂估价（元）
材料费明细	焊接钢管 *DN*40 主材	m	1.02	19.4	19.79		
	其他材料费			—	—		
	材料费小计			—	19.79		

习　题

1. 计算图 4-13 的工程量。已知管材为焊接钢管，散热器为四柱 760 型，供水管入口标高为 -0.900m，回水横干管标高为 -1.000m。

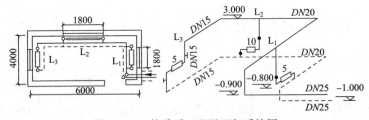

图 4-13　某采暖工程平面与系统图

2. 某房间（一层建筑）采暖工程安装图，如本章图 4-1、图 4-2 所示，已知该工程所用散热器型号为四柱 760，散热器上下管口中心距为 0.618m，供回水管材为焊接钢管，使用阀门为截止阀，型号为 J11T-16，试进行：（1）计算工程量（2）套用全国统一安装工程预算定额及地区基价；（3）编制项目工程量清单及综合单价。

3. 如本章图 4-3～图 4-5 所示，为某住宅楼采暖工程设计图，设计说明如下：

（1）供水干管末端设自动排气阀。

（2）散热器采用钢制闭式散热器（双排）240×90，每组散热器下装手动放风阀。

（3）供回水管道，管径≤DN32 时，为丝接钢管，管径＞DN32 时，为焊接钢管，管道穿墙、楼板处设镀锌铁皮套管。

（4）阀门为截止阀，型号为 J11T－16，公称直称≤32 的阀门丝接，公称直径＞32 的阀门法兰连接。

（5）散热器上下口中心距为 0.46m。

试根据以上条件：（1）计算工程量；（2）套全国统一安装工程预算定额；（3）编制工程量清单。

第5章 通风与空调工程预算编制方法与原理

5.1 通风与空调工程施工规定

5.1.1 风管制作

（1）规定风管的规格尺寸以外径或外边长为准；建筑风道以内径或内边长为准。风管板材的厚度较薄，以外径或外边长为准对风管的截面积影响很小，且与风管法兰以内径或内边长为准可相匹配。建筑风道的壁厚较厚，以内径或内边长为准可以正确控制风道的内截面面积。

（2）镀锌钢板及含有各类复合保护层的钢板，优良的抗腐蚀性能主要依靠这层保护薄膜。如果采用电焊或气焊熔焊焊接的连接方法，由于高温不仅使焊缝处的镀锌层被烧蚀，而且会造成大于数倍以上焊缝范围板面的保护层遭到破坏。被破坏了保护层后的复合钢板，可能由于发生电化学的作用，使其焊缝范围处腐蚀的速度成倍增长。因此，规定镀锌钢板及含有各类复合保护层的钢板，在正常情况下不得采用破坏保护层的熔焊焊接连接方法。

（3）圆形风管与矩形风管必须采取加固措施的范围：当圆形风管直径大于等于800mm，且管段长度大于1250mm，或管段长度不大于1250mm但总表面积已大于$4m^2$时，均应采取加固措施。矩形风管当边长大于等于630mm或保温风管边长大于等于800mm，且管段长度大于1250mm，或管段长度不大于1250mm但单边表面积大于$1.2m^2$（中、高压风管为$1.0m^2$）时，也均应采取加固措施。

（4）为了降低风管系统的局部阻力，对不采用曲率半径为一个平面边长的内外同心弧形弯管，其平面边长大于500mm的，做出了必须加设弯管导流片的规定。其主要依据为《全国通用通风管道配件图表》矩形弯管局部阻力系数的结论数据。

（5）空气净化空调系统风管的制作，首先应去除风管内壁的油污及积尘，为了预防二次污染和对施工人员的保护，规定了清洗剂应为对人和板材无危害的材料；二是对镀锌钢板的质量做出了明确的规定，即表面镀锌层发生严重损坏的板材（如观察到板材表层镀锌层有大面积白花、用手一抹有粉末掉落现象）不得使用；三是对风管加工的一些工序要求做出了硬性的规定，如1~5级净化空调系统风管不得采用按扣式咬口，不得采用制芯铆钉等。

5.1.2 风管部件与消声器制作

（1）当消声弯管的平面边长大于800mm时，其消声效果呈加速下降，而阻力却呈上升趋势。因此，条文做出规定，应加设吸声导流片，以改善气流组织，提高消声性能。阻性消声弯管和消声器内表面的覆面材料，大都为玻璃纤维织布材料，在管内气流长时间的冲击下，易使织面松动、纤维断裂而造成布面破损、吸声材料飞散。因此，规定消声器内直接迎风面的布质覆面层应有保护措施。

净化空调系统对风管内的洁净程度要求很高，连接在系统中的消声器不应该是个发尘源，因此规定消声器内的覆面材料应为不产尘或不易产尘的材料。

（2）当火灾发生排烟系统应用时，其管内或管外的空气温度都比较高，如应用普通可燃材料制作的柔性短管，在高温烘烤下极易造成破损或被引燃，会使系统功能失效。因此规定，防排烟系统的柔性短管必须用不燃材料制成。

5.1.3 通风空调与设备安装

（1）为防止风机对人造成意外伤害，规定对风机转动件的外露部分和敞口采取强制的保护性措施。

（2）对于风机过滤器单元，规定了系统试运行时，必须加装中效过滤器作为保护。

（3）强制规定了静电空气处理设备安装必须可靠接地的要求。

（4）强制规定了电加热器安装必须可靠接地和防止燃烧的要求。

（5）高效过滤器采用机械密封时，密封垫料的厚度及安装的接缝处理非常重要，厚度应按条文的规定执行，接缝不应为直线连接。

当高效过滤器采用液槽密封时，密封液深度以 2/3 槽深为宜，过少会使插入端口处不易密封，过多会造成密封液外溢。

5.1.4 空调制冷系统安装

（1）规定管路系统吹扫排污，应采用压力为 0.6MPa 的干燥压缩空气或氮气。

（2）燃油与燃气系统的设备安装，消防安全是第一位的要求，故特别强调位置和连接方法应符合设计和消防的要求，并按设计规定可靠接地。

（3）模块式制冷机组是按一定结构尺寸和形式，将制冷机、蒸发器、冷凝器、水泵及控制机构组成一个完整的制冷系统单元（即模块）。它既可以单独使用，又可以多个并联组成大容量冷水机组组合使用。模块与模块之间的管道，常采用 V 形夹固定连接。

5.2 通风与空调工程施工图

通风空调工程施工图是设计意图的体现，是进行安装工程施工的依据，也是编制施工图预算的重要依据。

5.2.1 通风与空调工程常用文字符号及图例

5.2.1.1 水、汽管道

水、汽管道代号见表 5-1；水、汽管道阀门和附件图例见表 5-2。

序号	代号	管道名称	备注	序号	代号	管道名称	备注
1	R	（供暖、生活、工艺用）热水管	1. 用粗实线、粗虚线区分供水、回水时，可省略代号 2. 可附加阿拉伯数字1、2区分供水、回水 3. 可附加阿拉伯数字1、2、3……表示一个代号、不同参数的多种管道	10	LR	空调冷/热水管	
2	Z	蒸汽管	需要区分饱和、过热、自用蒸汽时，可在代号前分别附加 B、G、Z	11	LQ	空调冷却水管	
3	N	凝结水管		12	n	空调冷凝水管	
4	P	膨胀水管、排污管、排气管、旁通管	需要区分时，可在代号后附加小写字母，即 P_z、P_w、P_q、P_t	13	RH	软化水管	
5	G	补给水管		14	CY	除氧水管	
6	X	泄水管		15	YS	盐液管	
7	XH	循环管、信号管	循环管为粗实线，信号管为细虚线。不致引起误解时，循环管也可以"X"表示	16	FQ	氟气管	
8	Y	溢流管		17	FY	氟液管	
9	L	空调冷却管					

序号	名称	图例	附注
1	阀门（通用）截止阀		1. 没有说明时，表示螺纹连接 法兰连接时 焊接时 2. 轴测图画法 阀杆为垂直 阀杆为水平
2	闸阀		
3	手动调节阀		
4	球阀、转心阀		
5	蝶阀		
6	角阀		
7	平衡阀		

序号	名称	图例	附注
8	三通阀	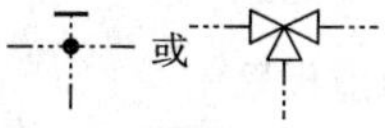 或	
9	四通阀	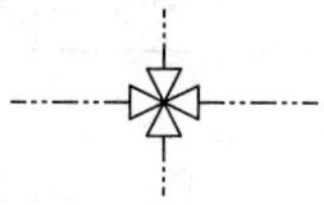	
10	节流阀		
11	膨胀阀	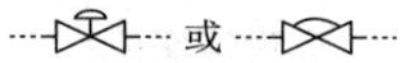 或	也称"隔膜阀"
12	旋塞	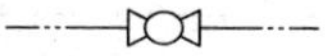	
13	快放阀		也称快速排污阀
14	止回阀	 或 或	左、中为通用画法，流向是箭头指向，或由空白三角形至非空白三角形；中也代表升降式止回阀；右代表旋启式止回阀
15	减压阀	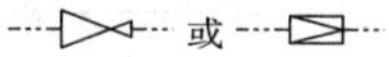 或	左图小三角形为高压端，右图右侧为高压端。其余同阀门类推
16	安全阀		左图为通用安全阀，中图为弹簧安全阀，右图为重锤安全阀
17	浮球阀	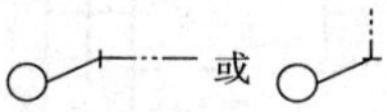 或	
18	异径管		左图为同心异径管，右图为偏心异径管
19	活接头	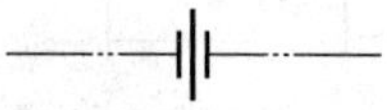	
20	法兰	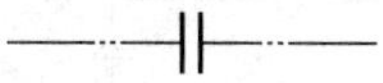	
21	法兰盖	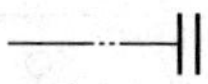	
22	丝堵		也可表示为： 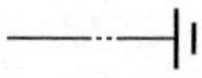
23	可屈挠接头		
24	金属软管		也可表示为： 

5.2.1.2 风道

风道代号见表5-3；风道、阀门及附件图例见表5-4。

风道代号 表5-3

代号	风道名称	代号	风道名称
K	空调风管	H	回风管（一、二次回风可附加1、2区别）
S	送风管	P	排风管
X	新风管	PY	排烟管或排风、排烟共用管道

注：自定义风道代号应避免与表中相矛盾，并应在相应图面说明。

风道、阀门及附件图例 表5-4

序号	名称	图例	附注
1	砌筑风道		其余均为：
2	带导流片弯头		
3	消声器消声弯头		也可表示为：
4	插板阀		
5	天圆地方		左接矩形风管，右接圆形风管
6	蝶阀		
7	对开多叶调节阀		左为手动，右为电动
8	风管止回阀		

122

序号	名称	图例	附注
9	三通调节阀		
10	防火阀	70℃	
11	排烟阀	280℃ 　 280℃	左为280℃动作的常闭阀，右为常开阀。若因图面小，表示方法同上
12	软接头		
13	软管	或光滑曲线（中粗）	
14	风口（通用）	或	
15	气流方向		左为通用表示方法，中表示送风，右表示回风
16	百叶窗		
17	散流器		左为矩形散流器，右为圆形散流器。散流器为可见时，虚线改为实线
18	检查孔、测量孔		

5.2.1.3 空调设备

空调设备图例见表5-5。

空调设备图例   表5-5

序号	名称	图例	附注
1	轴流风机		
2	离心风机		左为左式风机，右为右式风机
3	水泵		左侧为进水，右侧为出水
4	空气加热、冷却器		左、中分别为单加热、单冷却，右为双功能换热装置
5	板式换热器		
6	空气过滤器		左为低效，中为中效，右为高效
7	电加热器		
8	加湿器		
9	挡水板		
10	窗式空调器		
11	分体空调器		
12	风机盘管		
13	减振器		左为平面图画法，右为剖面图画法

5.2.1.4　调控装置及仪表

调控装置及仪表图例见表 5-6。

调控装置及仪表图例　　　　　　　　　　　　　表 5-6

序号	名称	图例	附注
1	温度传感器	--- T --- 或 --- 温度 ---	
2	湿度传感器	--- H ---- 或 --- 湿度 ---	
3	压力传感器	--- P ---- 或 --- 压力 ---	
4	压差传感器	--- ΔP ---- 或 --- 压差 ---	
5	弹簧执行机构		
6	重力执行机构		
7	浮力执行机构		
8	活塞执行机构		
9	膜片执行机构		
10	电动执行机构	或	
11	电磁（双位）执行机构	M 或	
12	记录仪		
13	温度计	T 或	左为圆盘式温度计，右为管式温度计
14	压力表	或	
15	流量计	E.M. 或	
16	能量计	E.M. 或 T_1 T_2	
17	水流开关	F	

125

5.2.2　通风空调工程施工图组成

通风空调工程施工图由平面图、系统图、剖面图、详图及设计说明等组成。

5.2.2.1　平面图

在通风空调工程平面图上主要表明风机、通风管道、风口、阀门等设备和部件在平面上的布置，主要尺寸及它们与建筑尺寸的关系等。

5.2.2.2　系统图

通风空调工程系统图表明整个通风系统所有管路和设备的布置和连接关系；设备及管路的安装高度、规格、型号及数量等情况。

5.2.2.3　剖面图

通风空调工程剖面图表明通风管路及设备在建筑物中的垂直位置、相互之间的关系、标高及尺寸。

5.2.2.4　详图

又称大样图，包括制作加工详图和安装详图。若选用国家标准，只需注明图号，不必再画图。若为非标准产品，则必须画出大样图，以便加工制作和安装。

5.2.3　通风空调工程施工图阅读方法

（1）阅读设计说明，了解该工程设计意图、通风管及设备的选型情况及有关施工要求。

（2）阅读通风空调工程平面图，送风系统可顺着气流流动方向逐段阅读；排风系统可以从吸风口看起，沿着管路直到室外排风口。

（3）阅读通风空调工程系统图，了解管道、部件及设备的布置情况，管道及部件的规格、型号。

5.2.4　通风空调工程阅读实例

如图 5-1~图 5-5 所示，为某建筑物内安装恒温恒湿通风系统两组，每组有一台恒温恒湿机，配 DAC26 冷凝器，通风系统采用玻璃钢风管。部件有防火阀 520mm×400mm 4 个，密闭对开式调节阀 1200mm×400mm 4 个，直片式散流器 250mm×250mm 48 个，密闭对开多叶调节阀 250mm×250mm 48 个，根据所学知识读图，说明该图所表达的工程内容。

5.2.4.1　平面图

从平面图 5-1 中可看到该建筑物有两个送风系统，分别为 K-1 和 K-2。K-1 系统有两条主送风管，风管为矩形，尺寸为 200mm×400mm。在送风主管上各安装一个密闭对开式调节阀，共安装 4 个。

5.2.4.2　系统图

从 K-1 系统图上可看到，该系统送风由两根截面为 520mm×400mm 的风管接至主送风管，再由截面为 1200mm×400mm 的主送风管分两路供给各散流器。每根风管上安装12 个散流器，每个散流器前安装多叶调节阀 1 个。在风管（截面为 520mm×400mm）上各安装防火阀 1 个。与散流器相连的风管截面为 250mm×250mm，该系统还安装恒温恒湿机一台。K-2 系统布置与 K-1 系统相同。

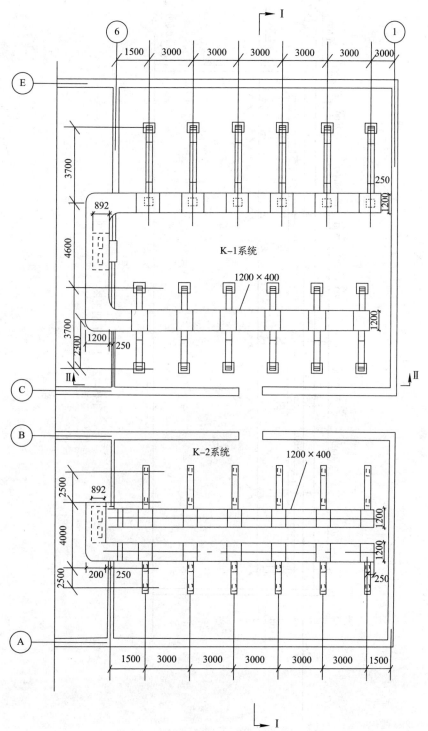

图 5-1　某建筑通风平面布置图

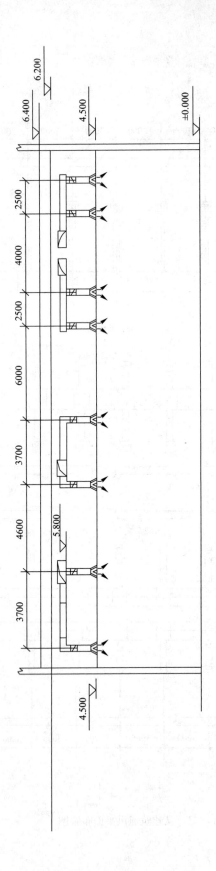

图5-2　Ⅰ-Ⅰ剖视图

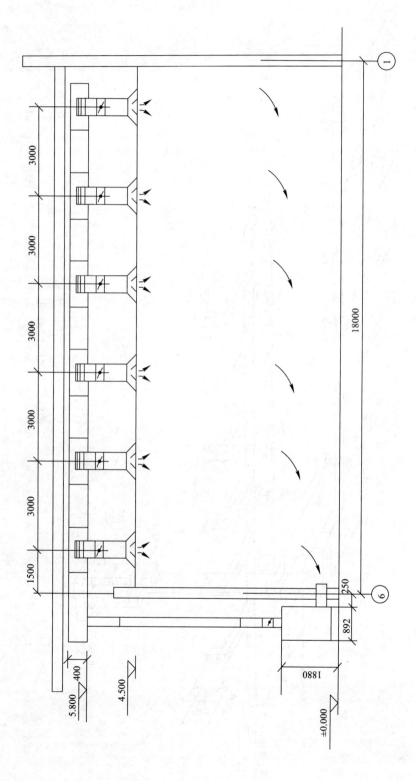

图5-3　Ⅱ－Ⅱ剖视图

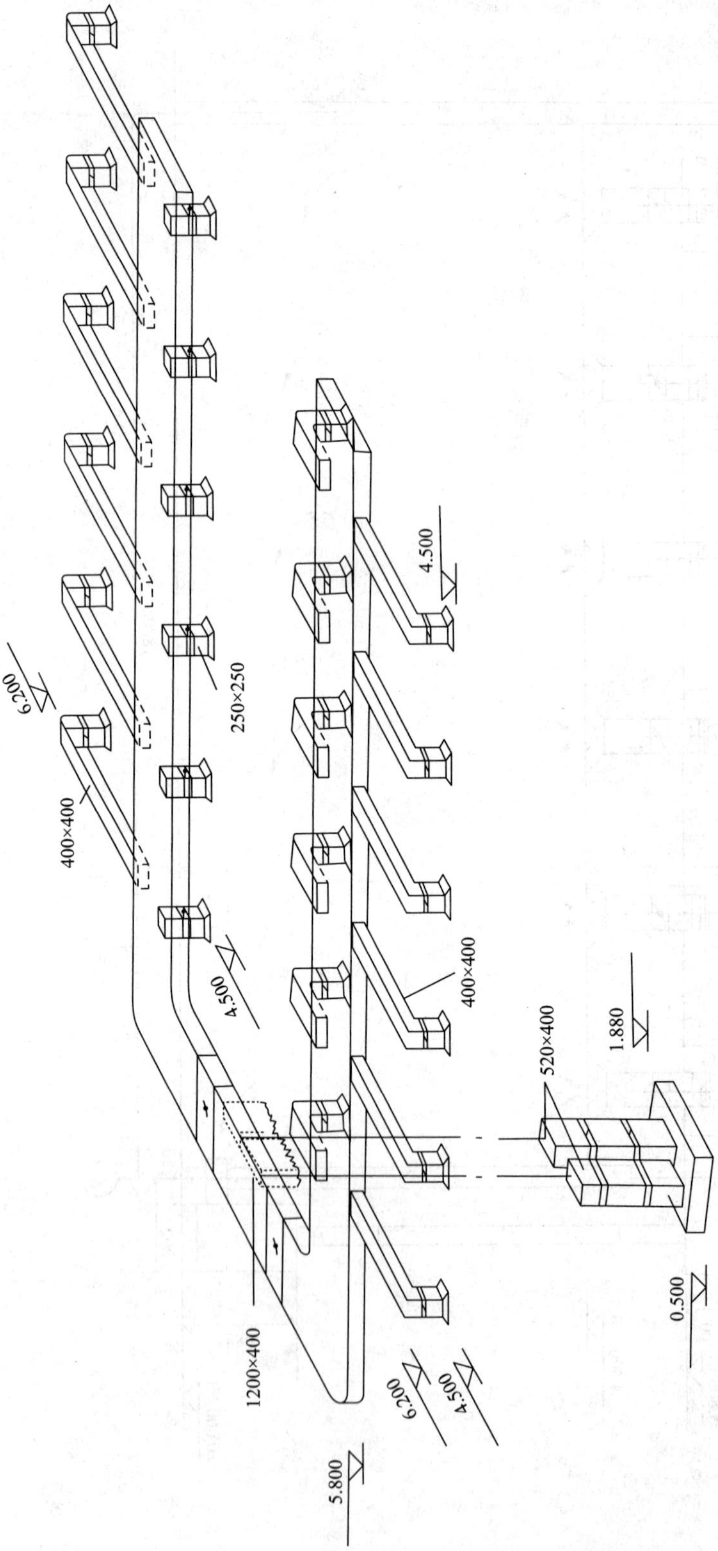

图5-4 通风K-1系统图

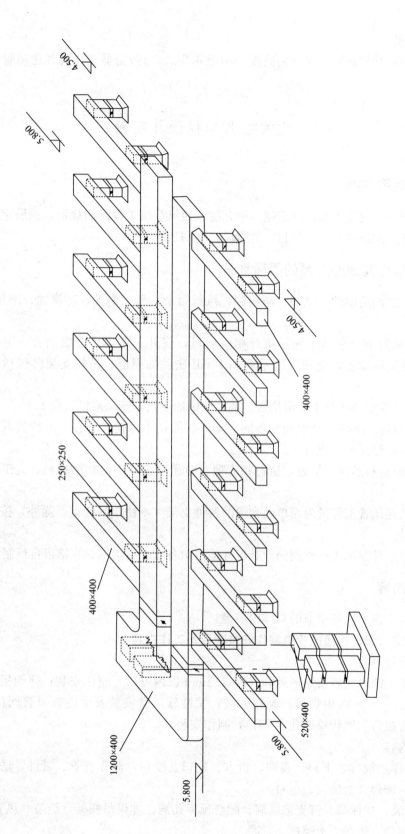

图5-5 通风K-2系统图

5.2.4.3 剖面图

从剖面图中可看到各散流器安装高度为距地 4.5m，与散流器相连的各送风管管底标高为 5.800m。

5.3 通风空调工程预算定额

5.3.1 定额适用范围

根据《全国统一安装工程预算定额》第九册《通风空调工程》的规定，该册定额适用于工业与民用建筑的新建、扩建项目中的通风、空调工程。

5.3.2 该定额与其他册定额的界限划分

（1）通风、空调的刷油、绝热、防腐蚀，执行第十一册《刷油、防腐蚀、绝热工程》相应定额：

① 薄钢板风管刷油按其工程量执行相应项目，仅外（或内）面刷油者，定额乘以系数 1.2，内外均刷油者，定额乘以系数 1.1（其法兰加固框、吊托支架已包括在此系数内）。

② 薄钢板部件刷油按其工程量执行金属结构刷油项目，定额乘以系数 1.15。

③ 薄钢板风管、部件以及单独列项的支架，其除锈不分锈蚀程度，一律按其第一遍刷油的工程量执行轻锈相应项目。

④ 绝热保温材料不需粘结者，执行相应项目时需减去其中的粘结材料，人工乘以系数 0.5。

（2）不包括在风管工程量内而单独列项的各种支架（不锈钢吊托支架除外）按其工程量执行相应项目。

（3）风管及部件在加工厂预制的，其场外运费由各省、自治区、直辖市自行制定。

5.3.3 定额内容

该定额共有十四章，各章节的具体内容是：

5.3.3.1 第一章 薄钢板通风管道制作安装项目及工作内容

（1）该章项目内容

镀锌薄钢板、圆形风管及矩形风管（$\delta=1.2mm$ 以内咬口）制作安装；薄钢板圆形及矩形风管（$\delta=2\sim3mm$ 以内焊接）制作安装；柔性软风管安装及柔性软风管阀门安装；软管接口、风管接口、风管检查孔（T614）制作安装。

（2）工作内容

① 风管制作：放样、下料、卷圆、折方、轧口、咬口，制作直管、管件、法兰、吊托支架，钻孔、铆焊、上法兰、组对。

② 风管安装：找标高、打支架墙洞、配合预留孔洞、埋设吊托架，组装、风管就位、找平、找正，制垫、垫垫、上螺栓、紧固。

③ 整个通风系统设计采用渐缩管均匀送风者，圆形风管按平均直径，矩形风管按平均周长执行相应规格项目，其人工乘以系数 2.5。

④ 镀锌薄钢板风管项目中的板材是按镀锌薄钢板编制的，如设计要求不用镀锌薄钢板者板材可以换算，其他不变。

⑤ 风管导流叶片不分单叶片和香蕉形双叶片，均执行同一项目。

⑥ 如制作空气幕送风管时，按矩形风管平均周长执行相应风管规格项目，其人工乘以系数 3，其余不变。

⑦ 薄钢板通风管道制作安装项目中，包括弯头、三通、变径管、天圆地方等管件及法兰、加固框和吊托支架的制作用工，但不包括跨风管落地支架，落地支架执行设备支架项目。

⑧ 薄钢板风管项目中的板材，如设计要求厚度不同者可以换算，但人工、机械不变。

5.3.3.2 第二章 调节阀制作安装项目及工作内容

（1）该章项目内容

调节阀制作，包括空气加热器上旁通阀、圆形瓣式启动阀、圆形保温蝶阀、方形和矩形保温蝶阀、圆形蝶阀、止回阀、插板阀、风管防火阀等；调节阀安装包括空气加热器上旁通阀、风管蝶阀、止回阀、多叶调节阀、风管防火阀等。

（2）工作内容

① 调节阀制作：放样、下料，制作短管、阀板、法兰、零件，钻孔、铆焊、组合成型。

② 调节阀安装：号孔、钻孔、对口、校正、制垫、垫垫、上螺栓、紧固、试动。

5.3.3.3 第三章 风口制作安装项目及工作内容

（1）该章项目内容

风口制作包括带调节板活动百叶风口、单层百叶风口、双层百叶风口、三层百叶风口、矩形风口、旋转吹风口、圆形直片散流器、方形直片散流器、单面双面送吸风口、网式吹风口等。风口安装包括百叶风口、矩形送风口、旋转吹风口、方形散流器、网式风口、钢百叶窗等。

（2）工作内容

① 风口制作：放样、下料、开孔，制作零件、阀板、外框、叶片、网框、调节板、拉杆、导风板、弯管、天圆地方、扩散管、法兰，钻孔、铆焊、组合成型。

② 风口安装：对口、上螺栓、制垫、垫垫、找正、找平、试动、调整。

5.3.3.4 第四章 风帽制作安装项目及工作内容

（1）该章项目内容

包括：圆伞形风帽、锥形风帽、筒形风帽、风帽筝绳、风帽泛水等。

（2）工作内容

① 风帽制作：放样、下料、咬口，制作法兰、零件，钻孔、铆焊、组装。

② 风帽安装：安装、找正、找平、制垫、垫垫、上螺栓、固定。

5.3.3.5 第五章 罩类制作安装项目及工作内容

（1）该章项目内容

包括：皮带防护罩，电机防雨罩，中、小型零件焊接台排气罩，吹、吸式槽边通风罩，各型风罩调节阀，升降式排气罩，手锻炉排气罩等。

（2）工作内容

① 罩类制作：放样、下料、卷圆，制作罩体、来回弯、零件、法兰，钻孔、铆焊、组合成型。

② 罩类安装：埋设支架、吊装、对口找正、制垫、垫垫、上螺栓、固定配重环及钢丝绳、试动、调整。

5.3.3.6 第六章 消声器制作安装项目及工作内容

（1）该章项目内容

包括：片式消声器、矿棉管式消声器、聚氨酯泡沫管式消声器、弧形声流式消声器等。

（2）工作内容

① 制作：放样、下料、钻孔，制作内外套管、木框架、法兰，铆焊、粘贴、填充消声材料、组合。

② 安装：组对、安装、找正、找平、制垫、垫垫、上螺栓、固定。

5.3.3.7 第七章 空调部件及设备支架制作安装项目及工作内容

（1）该章项目内容

包括：钢板密闭门、挡水板、滤水器、溢水盘、金属空调器壳体、设备支架等。

（2）工作内容

1）金属空调器壳体

① 制作：放样、下料、调直、钻孔，制作箱体、水槽，焊接、组合、试装。

② 安装：就位、找平、找正、连接、固定、表面清理。

2）挡水板

① 制作：放样、下料，制作曲板、框架、底座、零件，钻孔、焊接、成型。

② 安装：找平、找正、上螺栓、固定。

3）滤水器、溢水盘

① 制作：放样、下料、制配零件、钻孔、焊接、上网、组合成型。

② 安装：找平、找正、焊接管道、固定。

4）密闭门

① 制作：放样、下料，制作门框、零件、开视门，填料、铆焊、组装。

② 安装：找正、固定。

5）设备支架

① 制作：放样、下料、调直、钻孔、焊接、成型。

② 安装：测位、上螺栓、固定、打洞、埋支架。

6）清洗槽、浸油槽、晾干架、LWP 滤尘器制作安装执行设备支架项目。

7）风机减振台座执行设备支架项目，定额中不包括减振器用量，应依设计图纸按实计算。

8）玻璃挡水板执行钢板挡水板相应项目，其材料、机械均乘以系数 0.45，人工不变。

9）保温钢板密闭门执行钢板密闭门项目，其材料乘以系数 0.5，机械乘以系数 0.45，人工不变。

5.3.3.8 第八章 通风空调设备安装项目及工作内容

（1）该章项目内容

包括：空气加热器（冷却器）安装、离心式通风机安装、轴流式通风机安装、屋顶式通风机安装、除尘设备安装、空调器安装、风机盘管安装、分段组装式空调器安装。

（2）工作内容

① 开箱检查设备、附件、底座螺栓。

② 吊装、找平、找正、垫垫、灌浆、螺栓固定、装梯子。

③ 通风机安装项目内包括电动机安装，其安装形式包括 A、B、C 和 D 型，也适用不锈钢和塑料风机安装。

④ 设备安装项目的基价中不包括设备费和相应配备的地脚螺栓价值。

⑤ 诱导器安装执行风机盘管安装项目。

⑥ 风机盘管的配管执行第八册相应项目。

5.3.3.9 第九章 净化通风管道及部件制作安装项目及工作内容

（1）该章项目内容

包括：矩形净化风管（咬口）制作安装，静压箱、过滤器框架、高效过滤器安装，净化工作台安装，风淋室安装等。

（2）工作内容

① 风管制作：放样、下料、折方、轧口、咬口，制作直管、管件、法兰、吊托支架，钻孔、铆焊、上法兰、组对、口缝外表面涂密封胶、风管内表面清洗、风管两端封口。

② 风管安装：找标高、找平、找正、配合预留孔洞、打支架墙洞、埋设吊托架，风管就位、组装、制垫、垫垫、上螺栓、紧固，风管内表面清洗、管口封闭、法兰口涂密封胶。

③ 部件制作：放样、下料，零件、法兰预留预埋，钻孔、铆焊、制作、组装、擦洗。

④ 部件安装：测位、找平、找正、制垫、垫垫、上螺栓、清洗。

⑤ 高、中、低效过滤器，净化工作台，风淋室安装：开箱、检查、配合钻孔、垫垫、口缝涂密封胶、试压、正式安装。

⑥ 净化通风管道制作安装项目中包括弯头、三通、变径管、天圆地方等管件及法兰、加固框和吊托支架，不包括跨风管落地支架。落地支架执行设备支架项目。

⑦ 净化风管项目中的板材，如设计厚度不同者可以换算，人工、机械不变。

⑧ 圆形风管执行本章矩形风管相应项目。

⑨ 风管涂密封胶是按全部口缝外表面抹涂考虑的，如设计要求口缝不涂抹而只在法兰处涂抹者，每 10m² 风管应减去密封胶 1.5kg 和人工 0.37 工日。

⑩ 过滤器安装项目中包括试装，如设计不要求试装者，其人工、材料、机械不变。

⑪ 风管及部件项目中，型钢未包括镀锌费。如设计要求镀锌时，另加镀锌费。

⑫ 铝制孔板风口如需电化处理时，另加电化费。

⑬ 低效过滤器指：M-A 型、WL 型、LWP 型等系列。

中效过滤器指：ZKL 型、YB 型、M 型、ZX-1 型。

高效过滤器指：GB 型、GS 型、JX-2 型。

净化工作台指：XHK 型、BZK 型、SXP 型、SZP 型、SZX 型、SW 型、SZ 型、SXZ

型、TJ 型、CJ 型等系列。

⑭ 洁净室安装以质量计算，执行第八章"分段组装式空调安装"项目。

⑮ 本章定额是按空气洁净度 100000 级编制的。

5.3.3.10 第十章 不锈钢通风管道及部件制作安装项目及工作内容

（1）该章项目内容

包括：不锈钢板圆形风管、风口、吊托支架等制作安装。

（2）工作内容

① 不锈钢风管制作：放样、下料、卷圆、折方、制作管件、组对焊接、试漏、清洗焊口。

② 不锈钢风管安装：找标高、清理墙洞、风管就位、组对焊接、试漏、清洗焊口、固定。

③ 部件制作：下料、平料、开孔、钻孔、组对、铆焊、攻丝、清洗焊口、组装固定、试动、短管、零件、试漏。

④ 部件安装：制垫、垫垫、找平、找正、组对、固定、试动。

⑤ 矩形风管执行本章圆形风管相应项目。

⑥ 不锈钢吊托支架执行本章相应项目。

⑦ 风管凡以电焊考虑的项目，如需使用手工氩弧焊者，其人工乘以系数 1.328，材料乘以系数 1.163，机械乘以系数 1.673。

⑧ 风管制作安装项目中包括管件，但不包括法兰和吊托支架；法兰和吊托支架应单独列项计算执行相应项目。

⑨ 风管项目中的板材如设计要求厚度不同者可以换算，人工、机械不变。

5.3.3.11 第十一章 铝板通风管道及部件制作安装项目及工作内容

（1）该章项目内容

包括：铝板圆形风管（气焊）、铝板矩形风管（气焊）、圆形伞风帽、圆形法兰（气焊、手工氩弧焊）、矩形法兰风口（气焊、手工氩弧焊）等。

（2）工作内容

① 风管凡以电焊考虑的项目，如需使用手工氩弧焊者，其人工乘以系数 1.154，材料乘以系数 0.852，机械乘以系数 9.242。

② 风管制作安装项目中包括管件，但不包括法兰和吊托支架；法兰和吊托支架应单独列项计算执行相应项目。

5.3.3.12 第十二章 塑料通风管道及部件制作安装项目及工作内容

（1）该章项目内容

包括：塑料圆形及矩形风管，楔形、圆形、矩形空气分布器，直片式散流器、蝶阀、各种罩及风帽、伸缩节等。

（2）工作内容及有关规定

① 风管制作安装项目中包括管件、法兰、加固框，但不包括吊托支架，吊托支架执行相应定额。

② 风管制作安装项目中的主体，板材（指每 $10m^2$ 定额用量为 $11.6m^2$ 者），如设计要求厚度不同者可以换算，人工、机械不变。

③ 风管工程量在 30m² 以上的，每 10m² 风管的胎具摊销木材为 0.06m³，按地区预算价格计算胎具材料摊销费。

④ 风管工程量在 30m² 以下的，每 10m² 风管的胎具摊销木材为 0.09m³，按地区预算价格计算胎具材料摊销费。

5.3.3.13 第十三章 玻璃钢通风管道及部件制作安装项目及工作内容

（1）该章项目内容

包括：玻璃通风管道安装，分厚度 4mm 以内和 4mm 以外的各种圆形、矩形风管安装，还包括玻璃钢通风管道部件安装。

（2）工作内容

① 风管：找标高、打支架墙洞、配合预留孔洞、吊托支架制作及埋设、风管配合修补、粘结、组装就位、找平、找正、制垫、垫垫、上螺栓、紧固。

② 部件：组对、组装、就位、找正、制垫、垫垫、上螺栓、紧固。

③ 玻璃钢通风管道安装项目中，包括弯头、三通、变径管、天圆地方等管件的安装及法兰、加固框和吊托支架的制作安装，不包括跨风管落地支架。落地支架执行设备支架项目。

④ 该定额玻璃钢风管及管件按计算工程量加损耗外加工订做，其价值按实际价格；风管修补应由加工单位负责，其费用按实际价格发生，计算在主材费内。

⑤ 定额内未考虑预留铁件的制作和埋设，如果设计要求用膨胀螺栓安装吊托支架者，膨胀螺栓可按实际调整，其余不变。

5.3.3.14 第十四章 复合型风管制作安装项目及工作内容

（1）该章项目内容

包括：复合型圆形及矩形风管的制作安装。

（2）工作内容

① 制作：放样、切割、开槽、成型、粘合、钻孔、组合。

② 安装：就位、制垫、垫垫、连接、找平、找正、固定。

5.3.4 定额费用的规定

（1）脚手架搭拆费按人工费的 3% 计算，其中人工工资占 25%。

（2）高层建筑增加费（指高度在 6 层或 20m 以上的工业与民用建筑）按表 5-7 计算（其中全部为人工工资）。

高层建筑增加费系数 表 5-7

层数	9 层以下 （30m）	12 层以下 （40m）	15 层以下 （50m）	18 层以下 （60m）	21 层以下 （70m）	24 层以下 （80m）	27 层以下 （90m）	30 层以下 （100m）	33 层以下 （110m）
按人工费的 %	1	2	3	4	5	6	8	10	13
层数	36 层以下 （120m）	39 层以下 （130m）	42 层以下 （140m）	45 层以下 （150m）	48 层以下 （160m）	51 层以下 （170m）	54 层以下 （180m）	57 层以下 （190m）	60 层以下 （200m）
按人工费的 %	16	19	22	25	28	31	34	37	40

（3）超高增加费（指操作物高度距离地面 6m 以上的工程）按人工费的 15％计算。

（4）系统调整费按系统工程人工费的 13％计算，其中人工工资占 25％。

（5）安装与生产同时进行增加的费用，按人工费的 10％计算。

（6）在有害身体健康的环境中施工增加的费用，按人工费的 10％计算。

5.3.5 套用定额应注意的问题

（1）各种材质、各种形状的风管均按图不同规格以展开面积计算。检查孔、测定孔、送风口、吸风口等所占面积不扣除。

（2）计算各种风管长度时，一律以图注中心线长度为准，包括弯头、三通、变径管、天圆地方等管件的长度，但不包括部件所在位置的长度。因此在计算风管长度时，应减去部件所占位置的长度。

部分通风部件的长度如下所述：

① 蝶阀：$L=150$mm。

② 止回阀：$L=300$mm。

③ 密闭式对开多叶调节阀：$L=210$mm。

④ 圆形风管防火阀：$L=D+240$mm。

⑤ 矩形风管防火阀：$L=B+240$mm；B 为风管高度。

⑥ 密闭式斜插板阀长度，见表 5-8。

密闭式斜插板阀长度（单位：mm） 表 5-8

型号	1	2	3	4	5	6	7	8	9	10	11	12	13	14	15	16
D	80	85	90	95	100	105	110	115	120	125	130	135	140	145	150	155
L	280	285	290	300	305	310	315	320	325	330	335	340	345	350	355	360
型号	17	18	19	20	21	22	23	24	25	26	27	28	29	30	31	32
D	160	165	170	175	180	185	190	195	200	205	210	215	220	225	230	235
L	360	365	370	375	380	385	390	395	400	405	410	415	420	425	430	435
型号	33	34	35	36	37	38	39	40	41	42	43	44	45	46	47	48
D	240	245	250	255	260	270	275	280	285	290	300	310	320	330	340	350
L	440	445	450	455	460	465	470	475	480	485	490	500	510	520	530	540

注：D 为风管直径。

⑦ 塑料手柄式蝶阀长度，见表 5-9。

塑料手柄式蝶阀长度（单位：mm） 表 5-9

型号		1	2	3	4	5	6	7	8	9	10	11	12	13	14
圆形	D	100	120	140	160	180	200	220	250	280	320	360	400	450	500
	L	160	160	160	180	200	220	240	270	300	340	380	420	470	520
方形	A	120	160	200	250	320	400	500							
	L	160	180	220	270	340	420	520							

注：D 为风管外径，A 为方形风管外边宽。

⑧ 塑料拉链式蝶阀长度，见表 5-10。

塑料拉链式蝶阀长度（单位：mm）　　　　　　表 5-10

型号		1	2	3	4	5	6	7	8	9	10	11
圆形	D	200	220	250	280	320	360	400	450	500	560	630
	L	240	240	270	300	340	380	420	470	520	580	650
方形	A	200	250	320	400	500	630					
	L	240	270	340	420	520	650					

注：D 为风管外径，A 为方形风管外边宽。

⑨ 塑料圆形插板阀长度，见表 5-11。

塑料圆形插板阀长度（单位：mm）　　　　　　表 5-11

型号	1	2	3	4	5	6	7	8	9	10	11
D	200	220	250	280	320	360	400	450	500	560	630
L	200	200	200	200	300	300	300	300	300	300	300

注：D 为风管外径。

⑩ 塑料方形插板阀长度，见表 5-12。

塑料方形插板阀长度（单位：mm）　　　　　　表 5-12

型号	1	2	3	4	5	6
A	200	250	320	400	500	630
L	200	200	200	200	300	300

注：A 为方形风管外边宽。

（3）在进行展开面积计算时，风管直径和周长按图注尺寸展开，咬口重叠部分不计。

（4）通风管主管与支管从其中心交点处划分，以确定中心线长度。如图 5-6～图 5-8 所示。

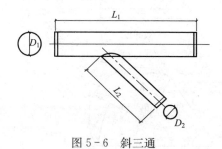

图 5-6　斜三通　　　　　　　　　　　　图 5-7　正三通

在图 5-6 中，主管展开面积为　　　　　　$S_1 = \pi D_1 L_1$

支管展开面积为　　　　　　$S_2 = \pi D_2 L_2$

139

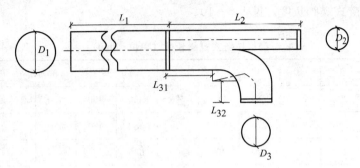

图 5-8　裤衩三通

在图 5-7 中，主管展开面积为　　　　　　$S_1 = \pi D_1 L_1$

　　　　　　支管展开面积为　　　　　　$S_2 = \pi D_2 L_2$

在图 5-8 中，主管展开面积为　　　　　　$S_1 = \pi D_1 L_1$

　　　　　　支管 1 展开面积为　　　　　　$S_2 = \pi D_2 L_2$

　　　　　　支管 2 展开面积为　　　　　　$S_3 = \pi D_3 (L_{31} + L_{32} + 2\pi r\theta)$

式中　　θ——弧度，$\theta = $ 角度$\times 0.01745$；

　　　　角度——中心线夹角；

　　　　r——弯曲半径。

以上各展开面积的单位均为 mm²。

（5）风管导流片均按叶片面积计算。

单叶片计算公式为：　　　$F = 2\pi r\theta b$

双叶片计算公式为：　　　$F = 2\pi (r_1\theta_1 + r_2\theta_2) b$

式中　　b——导流叶片宽度；

　　　　θ——弧度，$\theta = $ 角度$\times 0.01745$；

　　　　r——弯曲半径，r_1 为外叶片半径，r_2 为内叶片半径。详见示意图 5-9。

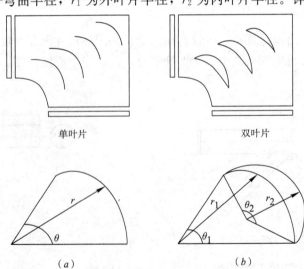

单叶片　　　　　　　　　双叶片

（a）　　　　　　　　　　（b）

图 5-9　风管导流叶片

5.3.6 制作费与安装费比例划分

定额中人工、材料、机械凡未按制作和安装分别列出的，其制作费与安装费的比例可按表 5-13 划分。

制作费与安装费比例划分   表 5-13

章号	项目	制作费比例（%）			安装费比例（%）		
		人工	材料	机械	人工	材料	机械
第一章	薄钢板通风管道制作安装	60	95	95	40	5	5
第二章	调节阀制作安装	—	—	—	—	—	—
第三章	风口制作安装	—	—	—	—	—	—
第四章	风帽制作安装	75	80	99	25	20	1
第五章	罩类制作安装	78	98	95	22	2	5
第六章	消声器制作安装	91	98	99	9	2	1
第七章	空调部件及设备支架制作安装	86	98	95	14	2	5
第八章	通风空调设备安装	—	—	—	100	100	100
第九章	净化通风管道及部件制作安装	60	85	95	40	15	5
第十章	不锈钢通风管道及部件制作安装	72	95	95	28	5	5
第十一章	铝板通风管道及部件制作安装	68	95	95	32	5	5
第十二章	塑料通风管道及部件制作安装	85	95	95	15	5	5
第十三章	玻璃钢通风管道及部件制作安装	—	—	—	100	100	100
第十四章	复合型风管制作安装	60	—	99	40	100	1

5.4 通风空调工程的工程量清单计算规则

5.4.1 通风空调设备及部件制作安装

通风空调设备及部件制作安装工程量清单计算规则如表 5-14 所示。

通风空调设备及部件制作安装（编码：030701）　　　表5-14

项目编码	项目名称	项目特征	计量单位	工程量计算规则	工程内容
030701001	空气加热器（冷却器）	1. 名称 2. 型号 3. 规格 4. 质量 5. 安装形式 6. 支架形式、材质	台	按设计图示数量计算	1. 本体安装、调试 2. 设备支架制作、安装
030701002	除尘设备				
030701003	空调器	1. 名称 2. 型号 3. 规格 4. 安装形式 5. 质量 6. 隔震垫（器）、支架形式、材质	台（组）		1. 本体安装或组装、调试 2. 设备支架制作、安装
030701004	风机盘管	1. 名称 2. 型号 3. 规格 4. 安装形式 5. 减振器、支架形式、材质 6. 试压要求	台		1. 本体安装、调试 2. 支架制作、安装 3. 试压
030701005	表冷器	1. 名称 2. 型号 3. 规格			1. 本体安装 2. 型钢制作安装 3. 过滤器安装 4. 挡水板安装 5. 调试及运转
030701006	密闭门	1. 名称 2. 型号 3. 规格 4. 形式 5. 支架形式、材质	个	按设计图示数量计算	1. 本体制作 2. 本体安装 3. 支架制作、安装
030701007	挡水板				
030701008	滤水器、溢水盘				
030701009	金属壳体				
030701010	过滤器	1. 名称 2. 型号 3. 规格 4. 类型 5. 框架形式、材质	1. 台 2. m²	1. 按设计图示数量计算 2. 按设计图示尺寸以过滤面积计算	1. 本体安装 2. 框架制作、安装
030701011	净化工作台	1. 名称 2. 型号 3. 规格 4. 类型	台	按设计图示数量计算	本体安装
030701012	风淋室	1. 名称 2. 型号 3. 规格 4. 类型 5. 质量			
030701013	洁净室				

5.4.2 通风管道制作安装

通风管道制作安装工程量清单计算规则如表5-15所示。

通风管道制作安装（编码：030702）   表 5-15

项目编码	项目名称	项目特征	计量单位	工程量计算规则	工程内容
030702001	碳钢通风管道	1. 名称 2. 材质 3. 形状 4. 规格 5. 板材厚度 6. 管件、法兰等附件及支架设计要求 7. 接口形式	m²	按设计图示尺寸以展开面积计算	1. 风管、管件、法兰、零件、支吊架制作、安装 2. 过跨风管落地支架制作、安装
030702002	净化通风管道				
030702003	不锈钢板通风管道	1. 名称 2. 形状 3. 规格 4. 板材厚度 5. 管件、法兰等附件及支架设计要求 6. 接口形式			
030702004	铝板通风管道				
030702005	塑料通风管道				
030702006	玻璃钢通风管道	1. 名称 2. 形状 3. 规格 4. 板材厚度 5. 支架形式、材质 6. 接口形式		按设计图示外径尺寸以展开面积计算	1. 风管、管件安装 2. 支吊架制作、安装 3. 过跨风管落地支架制作、安装
030702007	复合型风管	1. 名称 2. 材质 3. 形状 4. 规格 5. 板材厚度 6. 接口形式 7. 支架形式、材质			
030702008	柔性软风管	1. 名称 2. 材质 3. 规格 4. 风管接头、支架形式、材质	1. m 2. 节	1. 按米计量，按设计图示中心线以长度计算 2. 以节计量，按设计图示数量计算	1. 风管安装 2. 风管接头安装 3. 支吊架制作、安装
030702009	弯头导流叶片	1. 名称 2. 材质 3. 规格 4. 形式	1. m² 2. 组	1. 以面积计量，按设计图示尺寸以展开面积计算 2. 以组计量，按设计图示数量计算	1. 制作 2. 组装

项目编码	项目名称	项目特征	计量单位	工程量计算规则	工程内容
030702010	风管检查孔	1. 名称 2. 材质 3. 规格	1. kg 2. 个	1. 以千克计量，按风管检查孔质量计算 2. 以个计量，按设计图示数量计算	1. 制作 2. 安装
030702011	温度、风量测定孔	1. 名称 2. 材质 3. 规格 4. 设计要求	个	按设计图示数量计算	1. 制作 2. 安装

注：1. 风管展开面积，不扣除检查孔、测定孔、送风口、吸风口等所占面积；风管长度一律以设计图示中心线长度为准（主管与支管以其中心线交点划分），包括弯头、三通、变径管、天圆地方等管件的长度，但不包括部件所占的长度。风管展开面积不包括风管、管口重叠部分面积。风管渐缩管：圆形风管按平均直径，矩形风管按平均周长。
2. 穿墙套管按展开面积计算，计入通风管道工程量中。
3. 通风管道的法兰垫料或封口材料，按图纸要求应在项目特征中描述。
4. 净化通风管的空气清洁度按 100000 级标准编制，净化通风管使用的型钢材料如要求镀锌时，工作内容应注明支架镀锌。
5. 弯头导流叶片数量，按设计图纸或规范要求计算。
6. 风管检查孔、温度测定孔、风量测定孔数量，按设计图纸或规范要求计算。

5.4.3 通风管道部件制作安装

通风管道部件制作安装工程量清单计算规则如表 5-16 所示。

通风管道部件制作安装（编码：030703）　　　表 5-16

项目编码	项目名称	项目特征	计量单位	工程量计算规则	工程内容
030703001	碳钢阀门	1. 名称 2. 型号 3. 规格 4. 质量 5. 类型 6. 支架形式、材质	个	按设计图示数量计算	1. 阀体制作 2. 阀门安装 3. 支架制作、安装
030703002	柔性软风管阀门	1. 名称 2. 规格 3. 材质 4. 类型			阀体安装
030703003	铝蝶阀	1. 名称 2. 规格 3. 质量 4. 类型			
030703004	不锈钢蝶阀				
030703005	塑料阀门	1. 名称 2. 型号 3. 规格 4. 类型			
030703006	玻璃钢蝶阀				

项目编码	项目名称	项目特征	计量单位	工程量计算规则	工程内容
030703007	碳钢风口、散流器、百叶窗	1. 名称 2. 型号 3. 规格 4. 质量 5. 类型 6. 形式			1. 风口制作、安装 2. 散流器制作、安装 3. 百叶窗安装
030703008	不锈钢风口、散流器、百叶窗	1. 名称 2. 型号 3. 规格 4. 质量 5. 类型 6. 形式			1. 风口制作、安装 2. 散流器制作、安装
030703009	塑料风口、散流器、百叶窗				
030703010	玻璃钢风口	1. 名称 2. 型号 3. 规格 4. 类型 5. 形式			风口安装
030703011	铝及铝合金风口、散流器				1. 风口制作、安装 2. 散流器制作、安装
030703012	碳钢风帽				1. 风帽制作、安装 2. 筒形风帽滴水盘制作、安装 3. 风帽筝绳制作、安装 4. 风帽泛水制作、安装
030703013	不锈钢风帽				
030703014	塑料风帽	1. 名称 2. 规格 3. 质量 4. 类型 5. 形式 6. 风帽筝绳、泛水设计要求	个	按设计图示数量计算	
030703015	铝板伞形风帽				1. 板伞形风帽制作安装 2. 风帽筝绳制作、安装 3. 风帽泛水制作、安装
030703016	玻璃钢风帽				1. 玻璃钢风帽安装 2. 筒形风帽滴水盘安装 3. 风帽筝绳安装 4. 风帽泛水安装
030703017	碳钢罩类	1. 名称 2. 型号 3. 规格 4. 质量 5. 类型 6. 形式 7. 罩类材质			1. 罩类制作 2. 罩类安装
030703018	塑料罩类	1. 名称 2. 型号 3. 规格 4. 质量 5. 类型 6. 形式			

项目编码	项目名称	项目特征	计量单位	工程量计算规则	工程内容
030703019	柔性接口	1. 材质 2. 规格 3. 法兰接口设计要求	m²	按设计图示尺寸以展开面积计算	1. 柔性接口制作 2. 柔性接口安装
030703020	消声器	1. 名称 2. 规格 3. 材质 4. 形式 5. 质量 6. 支架形式、材质	个	按设计图示数量计算	1. 消声器制作 2. 消声器安装 3. 支架制作安装
030703021	静压箱	1. 名称 2. 规格 3. 形式 4. 材质 5. 支架形式、材质	1. 个 2. m²	1. 按设计图示数量计算 2. 按设计图示尺寸以展开面积计算	1. 静压箱制作、安装 2. 支架制作、安装

注：1. 碳钢阀门包括：空气加热器上通阀、空气加热器旁通阀、圆形瓣式启动阀、风管蝶阀、风管止回阀、密闭式斜插板阀、矩形风管三通调节阀、对开多叶调节阀、风管防火阀、各型风罩调节阀、人防工程密闭阀、自动排气活门等。

2. 塑料阀门包括：塑料蝶阀、塑料插板阀、各型风罩塑料调节阀。

3. 碳钢风口、散流器、百叶窗包括：百叶风口、矩形送风口、矩形空气分布器、风管插板风口、旋转吹风口、圆形散流器、方形散流器、流线形散流器、送吸风口、活动算式风口、网式风口、钢百叶窗等。

4. 碳钢罩类包括：皮带防护罩、电动机防雨罩、侧吸罩、中小型零件焊接台排气罩、整体分组式槽边侧吸罩、吹吸式槽边通风罩、条缝槽边抽风罩、泥心烘炉排气罩、升降式回转排气罩、上下吸式圆形回转罩、升降式排气罩、手锻炉排气罩。

5. 塑料罩类包括：塑料槽边侧吸罩、塑料槽边风罩、塑料条缝槽边抽风罩。

6. 柔性接口指：金属、非金属软接口及伸缩节。

7. 消声器包括：片式消声器、矿棉管式消声器、聚酯泡沫管式消声器、卡普隆纤维管式消声器、弧形声流式消声器、阻抗复合式消声器、微穿孔板消声器、消声弯头。

8. 通风部件图纸要求制作安装、要求用成品部件只安装不制作，这类特征在项目特征中应明确描述。

9. 静压箱的面积计算：按设计图示尺寸以展开面积计算，不扣除开口的面积。

5.4.4 通风工程检测、调试

通风工程检测、调试工程量清单计算规则如表 5-17 所示。

通风工程检测、调试（编码：030704）　　　　　　　　　　　表 5-17

项目编码	项目名称	项目特征	计量单位	工程量计算规则	工程内容
030704001	通风工程检测、调试	系统	系统	按由通风设备、管道及部件等组成的通风系统计算	1. 通风管道风量测定 2. 风压测定 3. 温度测定 4. 各系统风口、阀门调整
030704002	风管漏光试验、漏风试验	漏光试验、漏风试验设计要求	m²	按设计图纸或规范要求以展开面积计算	通风管道漏光试验、漏风试验

5.4.5 补充说明

5.4.5.1 通风管的制作与安装

（1）通风管道制作安装工程量清单应描述风管的材质、形状（圆形、矩形、渐缩形）、管径（矩形风管按周长）、厚度、连接形式（咬口、焊接）、风管及支架油漆种类及要求、风管绝热材料、风管保护材料、风管检查孔及测量孔的规格、质量等特征。

（2）通风管道的法兰垫料或封口材料，可按图纸要求的材质计价。

（3）净化通风管的空气洁净度按 100000 级标准编制。

（4）不锈钢风管制作安装，不论圆形、矩形均按圆形风管计价。

（5）碳钢风管、净化风管、塑料风管、玻璃钢风管的工程内容中均列有法兰、加固框、支吊架制作安装工程内容，如招标人或受招标人委托的工程造价咨询单位编制工程标底采用《全国统一安装工程预算定额》第九册为计价依据计价时，上述工程内容已包括在该定额的制作安装定额内，不再重复列项。

5.4.5.2 通风空调部件的制作与安装

（1）部件的制作安装，按设计图示数量计算，编制工程量清单时，应明确描述其规格、质量、形状等特征。

（2）有的部件图纸要求制作安装，有的要求用成品部件，只安装不制作，这类特征在工程量清单中应明确描述。

（3）碳钢阀门制作安装项目，包括空气加热器上通阀及旁通阀、圆形瓣式启动阀、保温及不保温风管蝶阀、风管止回阀、密闭式斜插板阀、矩形风管三通调节阀、对开多叶调节阀、风管防火阀、各类风罩调节阀等。编制工程量清单时，除明确描述上述调节阀的类型外，还应描述其规格、质量、形状（方形、圆形）等特征。

（4）散流器制作安装项目，包括矩形空气分布器、圆形散流器、方形散流器、流线形散流器、百叶风口、活动式风口、旋转风口、送吸风口、活动算式风口、网式风口、钢百叶窗等。编制工程量清单时，除明确描述上述散流器及风口的类型外，还应描述其规格、质量、形状（方形、圆形）等特征。

（5）风帽制作安装项目，包括碳钢风帽、不锈钢板风帽、铝风帽、塑料风帽等。编制工程量清单时，除明确描述上述风帽材质外，还应描述其规格、质量、形状（伞形、矩形、筒形）等特征。

（6）罩类制作安装项目，包括皮带防护罩、电动机防雨罩、侧吸罩、焊接台排气罩、整体分组式槽边侧吸罩、吹吸式槽边通风罩、条缝槽边抽风罩、泥心烘炉排气罩、升降式回转排气罩、上下吸式圆形回转罩、升降式排气罩、手锻炉排气罩等，在编制上述罩类工程量清单时，应明确描述罩类的种类、质量等特征。

（7）消声器制作安装项目，包括片式消声器、矿棉管式消声器、聚酯泡沫管式消声器、卡普隆纤维管式消声器、弧形声流式消声器、阻抗复合式消声器、消声弯头等。编制消声器制作安装项目工程量清单时，应明确描述消声器的种类、质量等特征。

5.5 通风空调工程施工图预算编制实例

【例 1】某化工厂内新建办公实验楼集中空调通风系统安装工程，如图 5-10 所示。
（2005 年造价工程师考试案例真题）

（1）该工程分部分项工程量清单项目的统一编码见表 5-18。

分部分项工程量清单项目的编码
表 5-18

项目编号	项目名称	项目编号	项目名称
030701003	空调器	030702001	碳钢通风管道
030703001	碳钢阀门	030703007	碳钢风口、散流器
030704001	通风工程检测、调试		

（2）管理费、利润分别按人工费的 55%、45% 计。

（3）该工程部分分部分项工程项目的工料机单价见表 5-19。

分部分项工程项目的工料机单价
表 5-19

序号	工程项目及材料名称	计量单位	人工费（元）	材料费（元）	机械费（元）
1	矩形风管：500mm×300mm，δ=0.75	m²	14.00	20.00	2.00
	镀锌钢板：δ=0.75	m²	—	50.00	—
2	矩形蝶阀：500mm×300mm	个	10.00	280.00	10.00
3	风管检查孔：310mm×260mm	kg	6.00	6.00	1.00
4	温度测定孔：DN50	个	15.00	10.00	5.00
5	软管接口：500mm×300mm	m²	50.00	120.00	5.00
6	风管法兰加固框吊托支架：除锈	100kg	10.00	3.00	7.00
7	风管法兰加固框吊托支架：刷防锈漆两遍	100kg	20.00	2.00	28.00
	防锈漆	kg	—	32.80	—
8	通风工程检测、调试	系统	200.00	100.00	400.00

注：1. 每 10m² 通风管道制作安装工程量耗用 11.38m² 镀锌钢板。
　　2. 每 10m² 通风管道制作安装工程中，风管法兰加固框吊托支架耗用钢材按 52.00kg 计，其中施工损耗为 4%。
　　3. 每 100kg 风管法兰加固框吊托支架刷防锈漆两遍，耗用防锈漆 2.5kg。

问题：

1. 根据《建设工程工程量清单计价规范》的规定，编列出该工程的分部分项工程量清单项目，将相关内容填入表 5-21 中，并在表 5-21 的下面列式计算三种通风管道的工程量。

2. 假设矩形风管 500mm×300mm 的工程量为 40mm 时，依据《建设工程工程量清单计价规范》的规定，计算矩形风管 500mm×300mm 的工程量清单综合单价，将相关数据内容填入表 5-22 中，并在表 5-22 下面列式计算所有项目的工程量或耗用量。

（计算结果均保留两位小数）

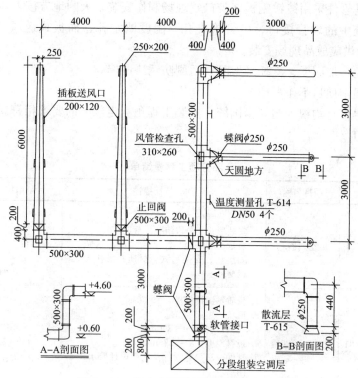

图 5-10 集中空调通风管道系统布置图

通风空调设备部件附件数据表   表 5-20

序号	名称	规格型号	长度（mm）	单重（kg）
1	空调器	分段组装 ZK-20000		3000
2	矩形风管	500×300	图示	
3	渐缩风管	500×300/250×200	图示	
4	圆形风管	φ250	图示	
5	矩形蝶阀	500×300	200	13.85
6	矩形止回阀	500×300	200	15.00
7	圆形蝶阀	φ250	200	3.43
8	插板送风口	200×120		0.88
9	散流器	φ250	200	5.45
10	风管检查孔	310×260 T-614		4.00
11	温度测定孔	T-615		0.50
12	软管接口	500×300	200	

说明：

1. 本图为某化工厂试验办公楼的集中空调通风管道系统。图中标注尺寸标高以 m 计，其他均以 mm 计。

2. 集中通风空调系统的设备为分段组装式空调器，落地安装。

3. 风管及其管件采用镀锌钢板（咬口）现场制作安装，天圆地方按大口径计。

4. 风管系统中的软管接口、风管检查孔、温度测定孔、插板式送风口为现场制安；阀件、散流器为供应成品现场安装。

5. 风管法兰、加固框、支托吊架除锈后刷防锈漆两遍。

6. 风管保温本项目不作考虑。

7. 其他未尽事宜均视为与《全国统一安装工程预算定额》的要求相符。

【解】问题1

分部分项工程量清单   表5-21

序号	项目编号	项目名称	项目特征描述	计量单位	工程数量
1	030701003001	空调器	1. 型号、规格：ZK-20000 2. 安装形式：分段组装，落地 3. 质量：3000kg 4. 隔震垫、支架形式、材质：吊托支架、钢材	台	1
2	030702001001	碳钢通风管道	1. 材质：镀锌钢板 2. 形状：矩形 3. 规格：500mm×300mm 4. 板材厚度：$\delta=0.75$mm 5. 管件、法兰等附件及支架设计要求：如图所示 6. 接口形式：咬口	m²	38.40
3	030702001002	碳钢通风管道	1. 材质：镀锌钢板 2. 形状：矩形 3. 规格：500mm×300mm/250mm×200mm 4. 板材厚度：$\delta=0.75$mm 5. 管件、法兰等附件及支架设计要求：如图所示 6. 接口形式：咬口	m²	15
4	030702001003	碳钢通风管道	1. 材质：镀锌钢板 2. 形状：圆形 3. 规格：ϕ250 4. 板材厚度：$\delta=0.75$mm 5. 管件、法兰等附件及支架设计要求：如图所示 6. 接口形式：咬口	m²	8.10
5	030703001001	碳钢阀门	1. 型号、规格：500mm×300mm 2. 类型：矩形蝶阀 3. 支架形式、材质：吊托支架、钢材	个	2
6	030703001002	碳钢阀门	1. 型号、规格：500mm×300mm 2. 类型：矩形止回阀 3. 支架形式、材质：吊托支架、钢材	个	2
7	030703001003	碳钢阀门	1. 型号、规格：ϕ250 2. 类型：圆形蝶阀 3. 支架形式、材质：吊托支架、钢材	个	3

序号	项目编号	项目名称	项目特征描述	计量单位	工程数量
8	030703007001	碳钢风口、散流器	1. 型号、规格：200mm×120mm 2. 类型：碳钢风口 3. 形式：插板式送风口	个	16
9	030703007002	碳钢风口、散流器	1. 型号、规格：$\phi250$ 2. 类型、形式：散流器	个	3
10	030704001001	通风工程检测、调试	风管工程量	系统	1

（1）矩形风管 500×300 的工程量计算：

$[3+(4.6-0.6)+3+3+4+4+0.4+0.4+0.8+0.8+0.8-0.2]m=(3+4+17)m=24$m

$24×(0.5+0.3)×2$m$^2=38.40$m^2

（2）渐缩风管 500mm×300mm/250mm×200mm 的工程量计算：

$(6+6)$m$=12$m

$12×(0.5+0.3+0.25+0.2)$m$^2=12×1.25$m$^2=15$m^2

（3）圆形风管 $\phi250$ 的工程量计算：

$3×(3+0.44)$m$=3×3.44$m$=10.32$m

$10.32×3.14×0.25$m$^2=8.10$m^2

问题 2

工程量清单综合单价分析表   表 5-22

工程名称：空调通风系统安装工程

项目编码	030702001001	项目名称	碳钢通风管道制作安装 500mm×300mm，镀锌钢板 $\delta=0.75$mm 咬口	计量单位	m^2

清单综合单价组成明细

定额编号	定额名称	定额单位	数量	单价			管理费和利润（费率）	合价			
				人工费	材料费	机械费		人工费	材料费	机械费	管理费和利润
	通风管道制作安装 500mm×300mm，$\delta=0.75$	m^2	1	14	20	2	100%	14	20	2	14
	风管检查孔：310mm×260mm	kg	0.5	6	6	1	100%	3	3	0.5	3
	温度测定孔 DN50	个	0.1	15	10	5	100%	1.5	1	0.5	1.5
	风管法兰加固框吊托支架除锈	kg	5	0.1	0.03	0.07	100%	0.5	0.15	0.35	0.5

工程名称：空调通风系统安装工程

项目编码	030702001001	项目名称	碳钢通风管道制作安装 500mm× 300mm，镀锌钢板 $\delta=0.75$mm 咬口	计量单位	m²

清单综合单价组成明细

定额编号	定额名称	定额单位	数量	单价			管理费和利润（费率）	合价			
				人工费	材料费	机械费		人工费	材料费	机械费	管理费和利润
	风管法兰加固除锈吊托支架刷防锈漆两遍	kg	5	0.2	0.02	0.28	100%	1	0.1	1.4	1
未计价材料费								—	61	—	—
人工费调整								—	—	—	—
材料费价差								—	—	—	—
机械费调整								—	—	—	—
小计								20	85.25	4.75	20
清单项目综合单价								130			

材料费明细	主要材料名称、规格、型号	单位	数量	单价（元）	合价（元）	暂估价（元）	暂估价（元）
	镀锌钢板：$\delta=0.75$	m²	1.138	50	56.9		
	防锈漆	kg	0.125	32.8	4.1		
	其他材料费			—			
	材料费小计			—	61	—	

问题3

（1）风管检查孔工程量的计算：

$5×4kg=20kg$

$1m^2$ 风管检查孔的工程量为 $20kg/40m^2=0.5kg/m^2$

（2）$1m^2$ 温度测定孔的工程量为 4 个$/40m^2=0.1$ 个$/m^2$

（3）风管法兰、加固框、吊托支架刷油漆工程量的计算：

$(40/10)×(52/1.04)kg=4×50kg=200kg$

$1m^2$ 风管法兰、加固框、吊托支架刷油漆的工程量为 $200kg/40m^2=5kg/m^2$

（4）主要材料费：$1m^2$ 风管镀锌钢板耗用量的计算 $11.38m^2/10m^2=1.138m^2/m^2$

风管法兰、加固框、吊托支架防锈漆耗用量的计算：

$(200/100)×2.5kg=5kg$

$1m^2$ 风管法兰、加固框、吊托支架防锈漆耗用量为：

$5kg/40m^2=0.125kg/m^2$

【例2】某工厂理化计量室通风空调工程如图 5-11 所示，该工程的设备和部件数量规格如下：

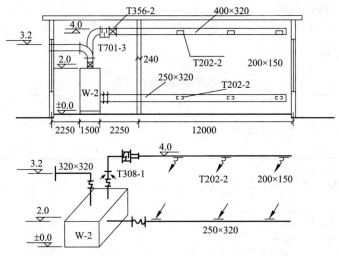

图 5-11 某工厂理化计量室通风空调工程组成

1. W-2 分段式恒温恒湿空调 1 台，质量为 2000kg；

2. 手动多叶调节阀 T308-1，1 个，尺寸为 400mm×320mm，质量为 11.70kg；

3. 防火阀 T356-2，1 个，尺寸为 400mm×320mm，质量为 5.42kg；

4. 聚酯泡沫管式消声器 T701-3，1 个，尺寸为 400mm×400mm，质量为 23kg；

5. 新风口为钢百叶窗，尺寸为 350mm×350mm；

6. 送风口为钢百叶铝合金，型号为 T202-2，尺寸为 200mm×150mm，共 6 个，每个质量为 0.88kg；

7. 风管材料为镀锌薄钢板，$\delta=1$mm。

试进行：（1）计算工程量；（2）套用全国统一安装工程定额及甘肃省兰州市地区基价；（3）编制工程量清单。

【解】一、计算风管工程量

1. 矩形风管

（1）尺寸为 400mm×320mm

长度 $L_1=$（2.25+12）（横管长度）+（4.0+2.0）（立管标高差）-0.14（多叶调节阀长度）-(0.32+0.24)（防火阀长度）-0.35（软管口长度）=15.2m

面积 $S_1=$（0.4+0.32）×2×15.2=21.89m²

（2）尺寸为 250mm×320mm

长度 $L_2=$（2.25+12）-0.35（软管接口长度）=13.9m

面积 $S_2=2×$（0.25+0.32）×13.9=15.85m²

2. 方形风管 320×320mm

长度 $L_3=\left(2.25+\dfrac{1.5}{2}\right)$（横管长度）+（3.2-2.0）（立管标高差）-0.35（软管接口长度）=3.85m

面积 $S_3=0.32×4×3.85=4.93$m²

小计，$S=S_1+S_2+S_3=42.67$m²

二、套定额及地区基价

将以上工程量，套入全国统一安装工程预算定额第九册及甘肃省兰州市地区基价，具体结果见表 5 - 23。

某通风空调工程预算表　　　　　　　　　　　　　　　表 5 - 23

序号	定额编号	工程（项目）名称	工程量		总价（元）		其中（元）					
			定额单位	数量	基价	合计	人工费		材料费		机械费	
							单价	合计	单价	合计	单价	合计
1	9 - 6	镀锌薄钢板矩形风管（δ＝1mm）周长 2m 以内	10m²	4.27	339.70	1450.52	142.16	607.02	153.00	653.31	44.54	190.19
2	9 - 41	软管接口制作安装	m²	1.33	142.69	194.07	44.10	59.98	91.63	124.62	6.96	9.47
3	9 - 62	多叶调节阀制作 T308 - 1	100kg	0.12	1253.81	150.47	317.72	38.13	567.63	68.12	368.46	44.22
4	9 - 65	风管调节阀制作 T356 - 2	100kg	0.05	638.33	31.92	123.75	6.19	373.65	18.68	140.93	7.05
5	9 - 84	多叶调节阀安装 T308 - 1	个	1.0	17.97	17.97	9.63	9.63	8.34	8.34		
6	9 - 88	风管防火阀安装	个	1.0	12.49	12.49	4.50	4.50	7.99	7.99		
7	9 - 94	单层百叶送回风口制作 T202 - 2	100kg	0.05	1916.56	95.84	1362.75	68.14	179.70	23.99	74.11	3.71
8	9 - 129	钢百叶窗制作	m²	0.12	276.60	33.20	62.30	7.48	169.80	20.38	44.50	5.34
9	9 - 135	百叶风口安装	个	1.0	14.32	14.32	9.63	9.63	3.65	3.65	1.04	1.04
10	9 - 152	送回风口安装	个	6.0	7.13	42.78	5.99	35.94	1.14	6.84		
11	9 - 179	聚酯泡沫管式消声器制作安装	100kg	0.23	703.06	161.71	162.50	37.38	507.45	116.71	33.11	7.62
12	9 - 247	分段组装式空调器安装	100kg	20.0	41.54	830.8	41.54	830.8				
	合计					3036.09		1714.82		1052.63		268.64

注：本表中未计主材价。

三、编制工程量清单

按照《建设工程工程量清单计价规范》的要求，编制该工程的工程量清单，该工程的综合单价计算过程同例1，故仅列出其工程量清单，具体结果见表 5 - 24。

工程量清单　　　　　　　　　　　　　　　　表 5 - 24

工程名称：某通风空调工程

序号	项目编码	项目名称	项目特征描述	计量单位	工程数量
1	030701003001	空调器	1. 型号、规格：分段组装空调器 ZK - 20000 2. 安装形式：分段组装，落地 3. 质量：3000kg 4. 隔振垫、支架形式、材质：吊托支架、钢材	台	1

序号	项目编码	项目名称	项目特征描述	计量单位	工程数量
2	030702001001	碳钢通风管道	1. 材质：镀锌铁皮 2. 形状：矩形 3. 规格：400mm×320mm 4. 板材厚度：$\delta=1$mm 5. 管件、法兰等附件及支架设计要求：如图所示 6. 接口形式：咬口	m²	21.890
3	030702001002	碳钢通风管道	1. 材质：镀锌铁皮 2. 形状：矩形 3. 规格：250mm×320mm 4. 板材厚度：$\delta=1$mm 5. 管件、法兰等附件及支架设计要求：如图所示 6. 接口形式：咬口	m²	15.850
4	030702001003	碳钢通风管道	1. 材质：镀锌铁皮 2. 形状：矩形 3. 规格：432mm×320mm 4. 板材厚度：$\delta=1$mm 5. 管件、法兰等附件及支架设计要求：如图所示 6. 接口形式：咬口	m²	4.930
5	030703001001	碳钢阀门	1. 型号：T308-1 2. 规格：400mm×320mm 3. 类型：多叶调节阀 4. 质量：11.70kg/个 5. 支架形式、材质：吊托支架、钢材	个	1
6	030703001002	碳钢阀门	1. 型号：T356-2 2. 规格：400mm×320mm 3. 类型：风管防火阀 4. 质量：5.42kg/个 5. 支架形式、材质：吊托支架、钢材	个	1
7	030703007001	碳钢风口、散流器、百叶窗	1. 型号：T202-2 2. 规格：200mm×150mm 3. 类型：钢百叶铝合金 4. 质量：0.88kg	个	6
8	030703007002	碳钢风口、散流器、百叶窗	1. 型号：T202 2. 规格：350mm×350mm 3. 类型：钢百叶窗制定	m²	0.123
9	030703002001	消声器制作安装	1. 规格：T701-3 2. 材质：聚酯泡沫管式 3. 形式：400mm×400mm 4. 质量：23kg 5. 支架形式、材质：吊托支架、钢材	个	1

习 题

1. 计算图 5-12 所示工程量并编制工程量清单。

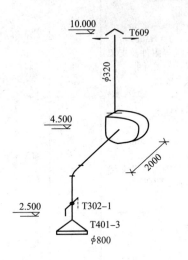

某排风工程组成

序号	名称	单位	数量
1	钢板通风管 δ＝1.0，φ320	m	
2	风帽 T609	个	1
3	圆形拉链蝶阀 T302-1	个	1
4	圆形排气罩 T401-3	个	1
5	排风机 TG4-72-4A	台	1
6	风机支架	kg	25

图 5-12 某排风工程

2. 计算图 5-13 所示工程量并编制工程量清单。

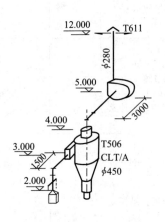

某排风除尘工程组成

序号	名称	单位	数量
1	钢板通风管 δ＝1.0，φ280	m	
2	风帽 T611	个	1
3	圆形拉链蝶阀 T302-1	个	1
4	旋风除尘器 T506， φ450 气罩 T401-3	个	1
5	排风机 T4-72-No.2.8	台	1
6	风机支架	kg	30

图 5-13 某排风除尘工程

3. 计算图 5-14 所示工程量并编制工程量清单。

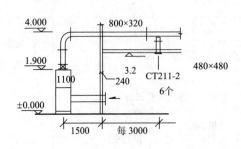

某空调工程组成

序号	名称	单位	数量
1	LH38 恒温恒湿空调机、冷量 147MJ/h（35000kcal/h）	台	1
2	镀锌钢板风管 δ＝0.75	m	
3	软风管 l＝300	个	1
4	铝合金方形直片散流器 500× 500	个	6
5	铝合金网式回风口 800×320	个	1

图 5-14 某空调工程

4. 计算图 5-15 所示工程量并编制工程量清单。

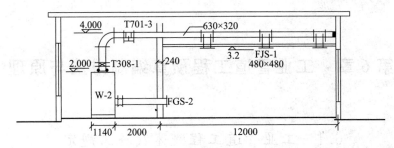

序号	名称	单位	数量
1	W-2 分段式空调冷风量 12000m³/h	台	1
2	镀锌钢板风管 $\delta=1$	m	
3	对开多叶调节阀 T308-1	个	1
4	软接口 $l=300$	个	2
5	聚酯泡沫管式消声器 $l=800$	个	1
6	送风口塑料质带调节阀散流器 FJS-1	个	3
7	送风口塑料质侧壁格栅式 FCS-2，500×800	个	1

图 5-15 某空调工程

5. 计算图 5-16 所示工程量并编制工程量清单。

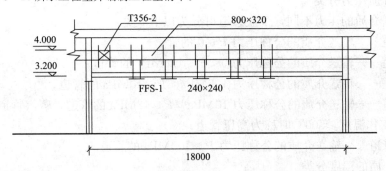

序号	名称	单位	数量
1	镀锌钢板风管 $\delta=1$	m	
2	塑料质散流器带调节阀 FFS，240×240	个	5
3	防火阀 T356-2	个	1
4	铝箔玻璃棉毡保温 $\delta=20$	m³	

图 5-16 某空调工程

第6章 工业管道工程预算编制方法与原理

6.1 工业管道工程概述及施工规定

6.1.1 工业管道分类

工业管道是指为生产输送介质的管道,一般与生产设备相连接。这种管道种类较多,如氧气、乙炔、煤气、氢气、氮气、压缩空气、燃料油等介质管道。工业管道又可细分为工艺管道和动力管道两种。

工艺管道一般是指直接为产品生产输送主要物料(介质)的管道,又称为物料管道;动力管道是指为生产设备输送动力媒介的管道。凡不在工艺流程中的管道,如生活用采暖、给水排水、生活用燃气等管道均不属于工业管道。

6.1.1.1 工业管道的分类及分级

工业管道按所输送介质的压力、温度、性质等的不同,进行分类和分级。

(1)按介质压力分类

按所输送介质的压力不同,工业管道可分为以下 5 类:

真空管道——输送介质的公称压力 $P \leqslant 0$ 的管道;

低压管道——输送介质的公称压力 $0 < P \leqslant 1.6MPa$ 的管道;

中压管道——输送介质的公称压力 $1.6MPa < P \leqslant 10MPa$ 的管道;

高压管道——输送介质的公称压力 $10MPa < P \leqslant 42MPa$ 的管道,蒸汽管道的公称压力 $P \geqslant 9MPa$、工作温度 $\geqslant 500℃$ 时称为高压管道;

超高压管道——输送介质的公称压力 $P > 100MPa$ 的管道。

(2)按介质的温度分类

按所输送介质的工作温度不同,工业管道分为以下 4 类:

低温管道——输送介质的工作温度在 $-40℃$ 以下的管道;

常温管道——输送介质的工作温度在 $-40 \sim 120℃$ 之间的管道;

中温管道——输送介质的工作温度在 $121 \sim 450℃$ 之间的管道;

高温管道——输送介质的工作温度在 $450℃$ 以上的管道。

(3)按介质性质分类

按所输送介质的性质不同,工业管道可分为 5 类,详见表 6-1。

6.1.1.2 公称压力、试验压力及工作压力

(1)公称压力是生产、装配管道及附件的强度标准,是指介质温度为 $0℃$ 时管道及附件所允许承受的工作压力,用 P_g 表示,其后附加公称压力的数值,如公称压力为 $1.6MPa$,表示为 $P_g1.6$。

分类名称	介质种类	对管道的要求
汽水介质管道	过热水蒸气、饱和水蒸气和冷热水	根据工作压力和温度进行选材，保证管道具有足够的机械强度和耐热稳定性
腐蚀性介质管道	硫酸、硝酸、盐酸、磷酸、苛性碱、氯化物、硫化物等	所用管材必须具有耐腐蚀的化学稳定性
化学危险品介质管道	毒性介质（氯、氰化钾、氨、沥青、煤青油等）、可燃与易燃、易爆介质（油品油气、火煤气、氢气、乙炔、乙烯、丙烯、甲醇、乙醇等），以及窒息性、刺激性、腐蚀性、易挥发性介质等	输送这类介质的管道，除必须保证具有足够的机械强度外，还应满足以下要求： （1）密封性好； （2）安全性高； （3）放空与排泄快
易凝固易沉淀介质管道	重油、沥青、苯、尿素溶液	对输送这类介质的管道，应采取以下特殊措施：采取管外保温和另外加装伴热管的办法，来保持介质温度。此外，还应采取蒸汽吹洗的办法，进行扫线
粉粒介质管道	一些固体物料、粉粒介质	（1）选用合适的输送速度； （2）管道的受阻部件和转弯处，应做成便于介质流动的形状，并适当加厚管壁或敷设耐磨材料

（2）试验压力是管道及附件出厂前，在常温下检验其机械强度和严密性能的压力标准，用符号 P_s 表示。

（3）工作压力是指管道内流动介质的工作压力，各种管道及附件在不同温度下所能承受介质的最大压力称为该管道及附件的最大工作压力。只有管道和附件的最大工作压力大于介质的工作压力时，管道和附件才能使用。

6.1.2　常用工业管道的施工

工业管道种类很多，最常见的有热力管道、煤气管道、压缩空气管道、制冷管道、氧气管道、乙炔管道和输油管道。

6.1.2.1　热力管道施工

热力管道施工分地上部分和地下部分。地上部分指沿墙、构筑物或其他管道共架的热力管道。设在煤气管道上方的热力管道，热力管的伸缩器与煤气管的伸缩器宜布置在同一位置上，固定支架一般也布置在煤气管道固定支架处。

采用低、中支架敷设时，低支架保温外壳距地面一般不小于 0.3～1m，中支架保温外壳距地面为 2～2.5m。低、中支架跨越铁路、公路时，可用立起"Ⅱ"形管跨越；与人行道交叉时，可用旱桥跨越。采用高支架敷设时，净高一般在 4.5m 以上。

地下部分热力管分通行地沟、半通行地沟及不通行地沟几种不同的形式。

不论哪种形式的热力地沟，管子的保温层外壳至沟壁、沟底及相邻两根保温层表面净距应不小于 150mm，距沟顶净距应不小于 100mm。

热力管道在安装过程中应注意以下几点：

（1）热力管道安装中应按设计要求做好坡度，立式"Ⅱ"形补偿器的安装，输送介质是热水时，在补偿器最高处要安装放气阀，最低处要安装放水阀；输送介质是蒸汽时补偿器的最低处要安装疏水器或放水阀。

（2）水平管道的变径应采用偏心大小头。大小头的下侧应取平，以利排水。

（3）蒸汽支管从主管上接出时，支管应从主管的上方或两侧接出，以免凝结水流入支管中去。

（4）减压阀的阀体应垂直安装在水平管道上，进出口方向应正确。

（5）补偿器两侧的第一个支架应为活动支架，设置在距补偿器弯头弯曲起点 $0.5\sim1m$ 处，不得设导向支架或固定支架。

（6）为了使管道伸缩时不致破坏保护层，管道底部应点焊装上托架，托架高度必须大于保温层厚度。

6.1.2.2 煤气管道施工

煤气管道可用铸铁、钢、石棉水泥及塑料管等管材，但铸铁管及钢管最为常用。煤气管道施工注意事项：

（1）埋地敷设的煤气管在下管前应做沥青玛琋脂防腐，焊口部分待安装试压完再做防腐。法兰处也要做绝缘层，垫片采用石棉橡胶板，涂黄甘油，不得涂白漆；采用螺纹连接时，填料不得用麻丝，应用厚白漆、黄粉甘油或聚四氟乙烯生料作填料。

（2）煤气管道如采用法兰连接，在100m左右的直管中间应安装双法兰短管一根。法兰垫片如设计无明确规定时，当 $D_g<300mm$ 时，可使用 $3\sim5mm$ 石棉橡胶板；当 D_g 为 $300\sim400mm$ 时，可用 $3\sim5mm$ 涂机油石墨的石棉纸垫；当 D_g 为 $450\sim600mm$ 时，用铅油浸三股石棉绳为垫料；当 $D_g>600mm$ 时，用铅油浸石棉绳做成圈状网垫。

（3）在易冻地区的煤气管道上应安装凝结水管，且凝结水管要保温。

（4）煤气管道应有良好的接地装置。在法兰垫片两端及丝扣连接处的两边，应用铜板或镀锌扁铁跨接。焊接连接的管道应用镀锌扁铁接地，接地电阻应小于 20Ω。

6.1.2.3 压缩空气管道施工

压缩空气管道的材质一般为黑铁管、镀锌管及无缝钢管。公称直径小于50mm的管子，可采用螺纹连接，以白厚漆麻丝或聚四氟乙烯生料带作填料；公称直径大于50mm的管子，宜用焊接方式连接，管道弯头应尽量采用煨弯。

由于压缩空气中含有水分和汽缸油，在管子的最低点要设油水分离器或其他排水装置。

6.1.2.4 制冷管道施工

一般氨制冷管道的管材，工作温度大于 $-50℃$ 时，使用 A10、A20 优质碳钢的无缝钢管；工作温度小于 $-50℃$ 时，使用经过热处理的无缝钢管或低合金钢管。氟利昂制冷系统的管道，当管径小于20mm时，通常用水煤气钢管；当管径大于20mm时，用无缝钢管。

制冷管道施工注意事项：

（1）制冷管道在安装前必须进行管内壁除锈、清洗、干燥。钢管可用人工、机械方法除去管内壁铁锈，除锈后用干净的抹布蘸煤油擦净，干燥后用压缩空气吹扫。

（2）管道的连接方式有焊接连接、法兰连接和螺纹连接三种形式。焊接连接中三通应做成顺流三通。不同直径管道直线焊接时，应采用同心大小头。紫铜管之间采取插接焊，铜管与铜管连接及紫铜管与黄铜管连接均采用铜焊，黄铜管之间的连接可用锡焊。法兰连接时垫片采用 $2\sim3mm$ 中压橡胶石棉板，垫片两面涂石墨与机油的调合料。螺纹连接时，应涂以氧化铅与甘油调合料，严禁采用白厚漆和麻丝。

6.1.2.5 氧气管道施工

氧气站管路按输送介质不同，分空气管、氧气管、氮气管、水管、蒸汽管及油管等。

氧气管道施工注意事项：

（1）管材内表面脱脂方法如下：首先将管子一端用木塞堵死，把溶液从另一端灌入，然后用木塞堵住，管子放平停留 10～15min，在此期间内把管子滚动 3～4 次，使管子内表面全部被溶液洗刷到，然后将溶液放出（此溶液仍可使用）。使用的溶液为四氯化碳或精馏酒精时，待溶液放出后，可自然吹干或用无油、无水分、清洁的压缩空气吹干。若用氯乙烷作溶液时，因二氯乙烷易燃、易爆，应用氮气吹干管内壁，一直吹到没有溶液的气味为止，并继续放置 24h 以上方可使用。

（2）管道外表面脱脂，可用浸过溶液的擦布擦干净，然后放到露天的地方干燥。

（3）氧气管道不允许与乙炔管道设置在同一地沟中；直径较小的管道在架空管上可以设在口径较大的煤气管道上，但在支架处的煤气管道应焊加强垫板；氧气管道不应与燃油管道敷设在同一支架上；禁止氧气管与架空输电线在同一支架上敷设。

（4）氧气管道均应有可靠的接地装置，并在法兰处设置跨接线。

6.1.2.6 乙炔管道施工

中、低压乙炔管道一般选用无缝钢管，高压乙炔管道应选用无缝钢管或不锈钢管。

乙炔管道施工注意事项：

（1）乙炔管应采用焊接连接。与设备、附件连接时尽可能采用法兰连接，特殊情况下用螺纹连接，螺纹连接填料应用黄粉（一氧化铝）调以甘油或聚四氟乙烯生料带，不得使用白厚漆、麻丝作填料。

（2）中、低压管道可采用平焊法兰，垫片用石棉橡胶板；高压管道应采用对焊高压法兰，垫片用波纹金属垫片。

6.1.2.7 输油管道施工

输油管道施工注意事项：

（1）一般输油管线采用架空，地面敷设，特殊情况下采用地沟敷设。

（2）架空油管跨越铁路时，管底至轨顶最小间距为 6m；跨越公路时，管底至路面最小间距为 4.5m；跨越人行道时，管底至路面最小间距为 2.2m。

（3）输油管道应设蒸汽吹扫管，并应在其连接处采取措施，防止油品窜入蒸汽管中；输油管道沿线应设加热装置，一般采用蒸汽伴管。

（4）输油管道应设置可靠的防静电接地装置，法兰连接处应有跨越线。

6.2 工业管道工程施工图

工业管道工程施工图属于建筑图和化工图的范畴，它的显著特点是示意性和附属性。管道作为建筑物或化工设备的一部分，在图纸上是示意性画出来的，图纸中以不同的图例来表示不同介质或不同材质的管道或附件，这些图例只能表示管线及其附件等安装位置，而不能反映安装的具体尺寸和要求，因此在学习看图前必须认识这些图例。

6.2.1 工业管道工程常用图例

工业管道工程常用图例见表6-2。

工业管道工程常用图例

表6-2

序号	名　称	图　例	序号	名　称	图　例
1	蒸汽管（不分类）	—— Z ——	25	热水采暖回水管	—— R_2 ——
2	生产、生活蒸汽管	—— Z_1 ——	26	煤气管	—— M ——
3	采暖蒸汽管	—— Z_2 ——	27	放散管（不分类）	—— f ——
4	生产蒸汽专用管	—— Z_3 ——	28	煤气放散管	—— Mf ——
5	蒸汽吹扫管	—— Z_4 ——	29	内螺纹截止阀	
6	蒸汽伴随管	—— Z_5 ——	30	截止阀	
7	二次蒸汽管	—— Z_6 ——	31	闸阀	
8	压缩空气管	—— YS ——	32	旋塞	
9	氧气管	—— YQ ——	33	三通旋塞	
10	乙炔管	—— Yi ——	34	角阀	
11	二氧化碳管	—— E ——	35	压力调节阀	
12	废气管	—— FZ ——	36	升降式止回阀	
13	凝结水管（不分类）	—— N ——	37	旋启式止回阀	
14	余压凝结水管	—— N_1 ——	38	开启式及密闭式重锤安全阀	
15	自流凝结水管	—— N_2 ——	39	自动放气阀	
16	V 压力凝结水管	—— N_3 ——	40	立管及立管上阀门	
17	浊凝结水管	—— N_4 ——	41	减压阀	
18	氢气管	—— H ——	42	插板阀	
19	氮气管	—— YD ——	43	电动闸阀	
20	油管	—— Y ——	44	液动闸阀	
21	上水管	—— S ——	45	自动截门	
22	下水管	—— X ——	46	带手动装置的自动截门	
23	热水管	—— R ——	47	浮力调节阀	
24	热水采暖供水管	—— R_1 ——	48	放气阀	

162

序号	名　称	图　例	序号	名　称	图　例
49	密闭式弹簧安全阀		73	U形压力表	
50	开启式弹簧安全阀		74	自动记录压力表	
51	疏水器		75	水银温度计	
52	方形补偿器		76	电阻温度计	
53	套管补偿器		77	离心水泵	
54	波形、鼓形补偿器		78	电动机	
55	异径管		79	蒸汽活塞泵	
56	偏心异径管		80	手摇泵	
57	盲板		81	齿轮油泵	
58	法兰		82	水银温度计	
59	法兰连接		83	电阻温度计	
60	丝堵		84	热电偶	
61	人孔		85	温包	
62	流量孔板		86	温度控制器	
63	放气（汽）管		87	蒸汽活塞泵	
64	防雨罩		88	手摇泵	
65	地漏		89	齿轮油泵	
66	自动记录流量表		90	喷射器	
67	文氏管		91	热交换器	
68	过滤器		92	流量表	
69	二次蒸发箱		93	卧式集水器	
70	安全水封		94	防爆阀	
71	水柱式水封		95	立式油水分离器（用于压缩空气）$DN \leqslant 80$	
72	压力表		96	卧式油水分离器（用于压缩空气）$DN \geqslant 100$	

序号	名 称	图 例	序号	名 称	图 例
97	地沟安装孔		107	表压软管接头	
98	地沟进风口		108	乙炔水隔器	
99	地沟排风口		109	乙炔耗气点	
100	连续式煤气排水器		110	氧气耗气点	
101	地沟内固定支架		111	漏气检查点	
102	室外架空管道支架		112	套管	
103	室外架空管道固定支架		113	带检查点的套管	TJ
104	室外架空煤气管道单片支架	M	114	埋地敷设管道排水器	
105	室外架空煤气管道摇摆支架	M	115	杂散电流检查点	
106	单、双、三接头立式集水器（用于压缩空气）				

6.2.2 工业管道工程施工图的组成

工业管道工程施工图包括图纸目录、施工图设计说明、设备材料表、工艺流程图、平面图、系统图以及节点图、大样图和标准图等。

（1）图纸目录

对于数量较多的施工图，设计人员把它们按一定的图名和顺序归纳编排成图纸目录以便查阅。通过查阅图纸目录，预算人员可以了解工程设计单位、建设单位、工程名称、地点、编号及图纸名称等内容。

（2）施工图设计说明

凡在施工图纸上无法表示出来而又要求施工人员知道的一些技术和质量规定，一般可用施工图说明加以表述。施工图设计说明的内容一般包括工程的设计概况、主要设计参数、施工和验收要求以及注意事项等。

（3）设备、材料表

设备、材料表指工程所需的各种设备和各类管道、管件、阀门以及防腐、保温材料的名称、规格、型号、数量的明细表。

（4）工艺流程图

工艺流程图是对一个生产系统或一个化工装置的整个工艺变化过程的表示，通过它可以对设备的型号、建（构）筑物的名称及整个系统的仪表控制点（温度、压力、流量及分析的测点）有一个全面的了解。同时，对管道的规格、编号和输送的介质、流向以及主要控制阀门等也有一个确切的了解。通过阅读工艺流程图，可以了解管道、管件、阀门的规格、型号及编号，了解物料介质的流向以及由原料转变为半成品或成品的来龙去脉，也就是工艺流程的全过程。

（5）平面图

平面图是施工图中最基本的一个图纸，它主要表示建（构）筑物和设备的平面分布、管线的走向、排列和各部分的长宽尺寸，以及每根管道的坡度和坡向、管径和标高等具体数据。看完平面图后，对工程设备的编号、名称、平面尺寸、接管方向及其标高，各条管线的平面位置，管道及管道附件的规格、型号、种类、数量，管道支架的设置情况就有了大致的了解。

（6）系统图

系统图是一种立体图，它能在一个图面上同时反映出管道的空间走向和实际位置，通过阅读系统图可看到管道的标高、坡度、坡向，管道出口和入口的位置，干管、立管及支管的连接方式，管件、阀门、器具设备的规格、型号、数量以及管道与设备的连接方式、连接方向及要求等内容。

（7）节点图

节点图能清楚地表示某一部分管道的详细结构及尺寸，是对平面图及其他施工图所不能反映清楚的某点图形的放大。节点用代号来表示它所在的部位，例如"A 节点"，可在平面图上找到用"A"所表示的部位。

（8）大样图

大样图是表示一组设备的配管或一组管配件组合安装的一种详图。大样图的特点是用双线图表示，对物体有真实感，并对组装体各部位的详细尺寸都做了标注。

（9）标准图

标准图是一种由国家或有关部委出版的作为国家标准或部标准的具有通用性质的图纸。标准图中标有成组管道、设备或部件的具体图形和详细尺寸，但是它一般不能用作单独进行施工的图纸，而只能作为某些施工图的一个组成部分。

6.2.3 工业管道工程施工图识图方法

各种工业管道工程施工图的识图方法，一般应遵循从整体到局部、从大到小、从粗到细的原则，将图纸与文字、图例进行对照，以便逐步深入和逐步细化。识图过程是一个从平面到空间的过程，可利用投影还原的方法，再现图纸上各种图例所代表的管路、附件、器具、设备的空间位置及管路的走向。

识图顺序是首先看图纸目录，了解建设工程性质、设计单位、管道种类，搞清楚这套图纸的张数，有几类图纸以及图纸是如何编号的；然后，看图纸设计说明书、材料表、设备表等一系列文字说明，接着按照流程图（原理图）、平面图、系统图的顺序，逐一详细阅读。

对于每一张图纸，识图时可先看标题栏，了解图纸名称、比例、图号以及设计人员，其次看图纸上所画的图纸、文字说明和各种数据，弄清管线编号、管线走向、介质流向、坡度、坡向、管径大小、连接方法、尺寸标高、施工要求。对于图中的管道、管件、附件、支架、器具（设备）等应弄清楚材质、名称、种类、规格、型号、数量、参数等，同时还要弄清楚管道与建筑物、设备之间的相互依存关系和定位尺寸。

6.2.4　煤气站工程施工图识读

作为可燃气体的煤气，除在冶金工业、玻璃工业等厂矿作为燃料利用外，在化肥工业上也广为应用，如煤气可作为合成氨的原料。一般煤气的生产都是在厂矿的煤气站中，由煤气炉产生的。

图 6-1 为生产阳极弧的化工厂的"热煤气站工艺流程图"，无烟煤靠吊煤斗从煤气炉上方进入，高压离心风机鼓入空气和喷入蒸汽，无烟煤燃烧生成煤气。燃烧后的灰尘大部分从炉底漏下，另一部分混在产生的煤气中，经旋风除尘器分离一部分，再经盘形阀门、煤气管道进一步分离进入落灰斗。分离出来的煤气通过管道送到使用车间。为防止煤气炉在燃烧中烧坏，需要对煤气炉进行冷却。

在合成氨生产中，需利用半水煤气做原料，图 6-2 为"合成氨厂煤气站工艺流程图"。经过干燥和磨到一定细度的煤粉，在煤粉贮槽中借压缩氮气（或煤气）将煤粉吹到气化炉上的两个料箱。给料箱的下面装有螺旋混合器，其作用一方面是定量地将煤粉送到气化炉中，另一方面由此通入氧气使氧气和煤粉在其中充分混合，并利用氧气的压力将煤粉喷入气化炉中。

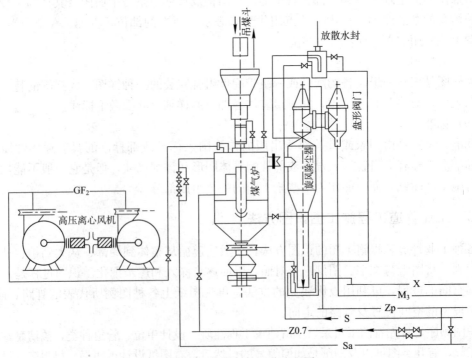

图 6-1　热煤气站工艺流程图

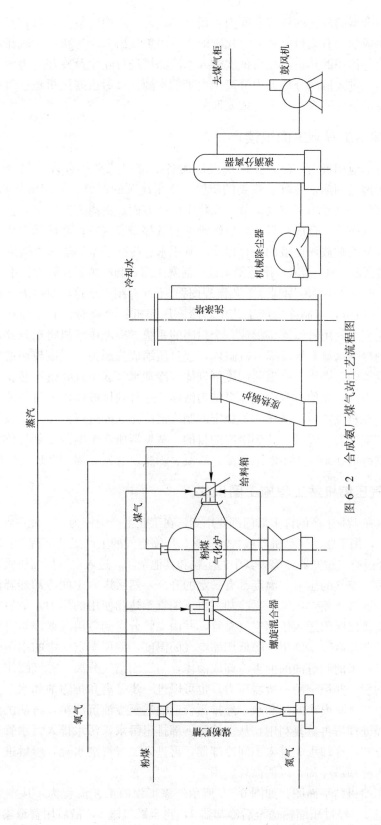

图 6-2　合成氨厂煤气站工艺流程图

在螺旋混合器的外套的环状空间内，还有蒸汽通入炉内。氧气、煤、蒸汽在炉内进行气化反应。生成的含有大量氮和一氧化碳的煤气由炉顶出来，煤灰由炉底排出。煤气经废热锅炉以回收气体中的热量，然后依次进入水洗涤塔进行除尘及冷却，再经过机械除尘器进一步除尘后，进入液滴分离器中分离出夹带的水滴，最后由鼓风机送往气柜储存，以备再与适当比例的氮气混合，作为合成氨原料。

6.2.5　冷冻站工程施工图识读

制冷技术的应用极为广泛，在国民经济的各个部门几乎都有人工制冷。在食品工业中，制冷用于肉类的加工冷藏、鱼类的防腐、水果蔬菜的保鲜、制作防暑降温的冷饮等；在工业科研部门，制冷用于空气调节；在化工生产方面，更离不开冷冻；盐类的结晶、溶液的分离，合成橡胶、合成塑料、合成纤维的制造都需要制冷；在医药卫生方面，对于细菌的培植，药品的贮放，血液的保存以及心脏手术、冷冻手术等也都直接应用制冷技术。

制冷方式繁多，但是就其应用范围来说，活塞压缩式制冷装置在制冷技术中占主导地位，制冷流程见图6-3"小型冷库制冷工艺流程图"。下面介绍一下这种制冷方式的工艺流程。

如图6-3所示，在制冷生产工艺中，冷冻压缩机、冷凝器、节流阀和蒸发器是四大主要设备，它们之间用管道连接形成一个封闭的系统。冷冻压缩机将蒸发器内所产生的低压、低温的制冷剂（氨）气体吸入汽缸内，经过压缩成为压力、温度较高的气体被送入冷凝器。在冷凝器内，高压、高温的制冷剂气体与冷却水（或空气）进行热交换，把热量传给冷却水（或空气）而使自身由气体凝结为液体。这种高压液体再经过节流阀节流降压后进入蒸发器。在蒸发器内，低压、不稳定的制冷剂液体立即进行汽化并吸收周围空气中的热量，使周围空气温度降低，达到冷冻的目的。蒸发器所产生的制冷剂气体又被压缩机吸走，这样使制冷剂在系统中不断地压缩、冷凝、膨胀、蒸发，周期性地产生冷效应。

6.2.6　空气压缩机站工程施工图识读

压缩空气在工业生产的许多部门都要用到，在工业生产中作为一种能源，空气压缩机站生产压缩空气，用于驱动气动机器或气动工具。压缩空气的生产工艺流程为：将来自大气中的空气首先经过空气过滤器，除去其中的尘粒和其他杂质，进入空气压缩机吸入口，经压缩机一级压缩后，空气的压力和温度都有一定的升高，然后送入中间冷却器降温，再送入空气压缩机进行二级压缩，压缩后再冷却、再压缩直至达到使用的压力，最后将它排入贮气罐，由贮气罐排出阀门送入压缩空气总管，并由支管分送到各用气点，如图6-4所示。

中间冷却器和后冷却器用于降低压缩空气的温度，使压缩空气中的水蒸气和从空气压缩机汽缸内带出来的润滑油的油雾冷却成液体，与压缩空气分离。贮气罐用于缓和生产和用户间的不均衡，并稳定用户所需压力，也可以进一步分离和排除油和水。由各级冷却器和贮气罐分离与排除出来的油和水，经排污管道输送至废油沉淀箱，再从沉淀箱上部放出废油，废油经处理后再重复利用，从沉淀箱下部排出污水，污水排入污水管道系统。空气压缩机用水冷却，冷却水先进入中间冷却器，再进入二级汽缸水套，然后进入一级汽缸水套，最后进入冷却塔冷却，以便循环使用。

某空气压缩机站平面图，如图6-5所示。该工程的工艺流程为：从空气过滤器3进入空气压缩机1，经过压缩输送至后冷却器4，再至贮气罐5，最后用管道输送到站外。

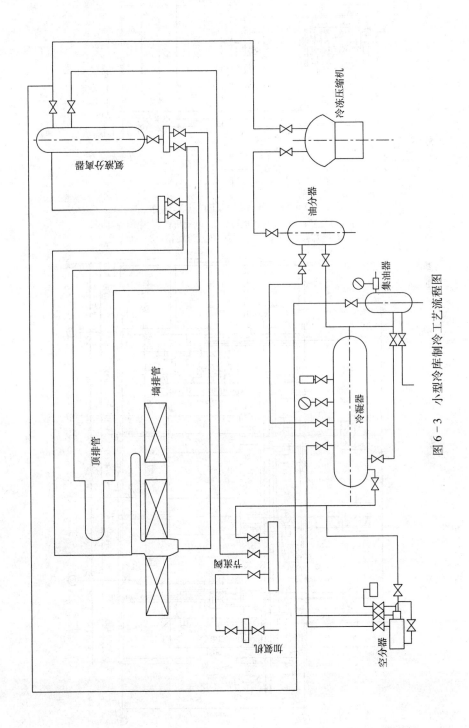

图 6 - 3　小型冷库制冷工艺流程图

冷冻压缩机

氨液分离器

油分器

集油器

顶排管

墙排管

冷凝器

节流阀

加氨阀

空分器

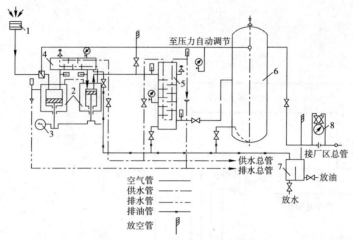

图 6-4 压缩空气生产工艺流程

1—空气过滤器；2—空气压缩机；3—电动机；4—中间冷却器；
5—后冷却器；6—贮气罐；7—废油沉淀箱；8—计气表

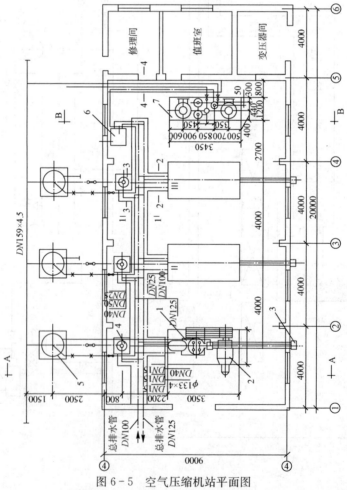

图 6-5 空气压缩机站平面图

1—空气压缩机；2—电动机；3—空气过滤器；4—后冷却器；
5—贮气罐；6—废油收集器；7—空气干燥设备

170

该站内的设备及管道排列与布置用剖面图表示，如图6-6所示。

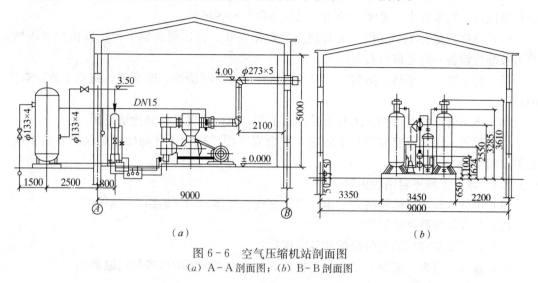

图6-6 空气压缩机站剖面图
(a) A-A剖面图；(b) B-B剖面图

6.3 工业管道工程预算定额

6.3.1 本册定额的项目设置及适用范围

6.3.1.1 项目设置

本册定额设八章3013个子目。主要内容包括：管道安装，管件连接，阀门安装，法兰安装，板卷管制作与管件制作，管道压力试验、吹扫与清洗，无损探伤与焊缝热处理，其他等。

6.3.1.2 本册定额适用范围

(1) 本册定额适用于新建、扩建工程，且设计压力不大于42MPa、设计温度不超过材料允许使用温度的工业管道工程。

(2) 厂区范围内的车间、装置、站、罐区及相互之间各种生产用介质输送管道。

(3) 厂区第一个连接点以内的生产用（包括生产与生活共用）给水、排水、蒸汽、煤气输送管道。给水以入口水表井为界；排水以厂围墙外第一个污水井为界；蒸汽和煤气以入口第一个计量表（阀门）为界；锅炉房、水泵房以墙皮为界。

(4) 本册定额除不适用核能装置的专用管道、矿井专用管道、长输管道、$P > 42\text{MPa}$的超高压管道、设备本体所属管道、民用给水排水、采暖、卫生、煤气输送管道外，其他管道均执行本册定额。

6.3.1.3 本册定额与其他有关册的界限划分

(1) 空分装置冷箱内的管道，属设备本体管道，执行《机械、热力及静置设备安装工程》有关项目。

(2) 设备本体管道，随设备带来并已预制成型，其安装包括在设备安装定额内，主机与附属设备之间连接的管道，执行本册定额。

（3）生产、生活共用的给水、排水、蒸汽、煤气输送管道执行本定额；生活用各种介质管道执行《给水排水、采暖、消防、燃气工程》有关项目。

（4）单件质量在100kg以上的管道支架制作安装、管道预制钢平台搭拆执行《机械、热力及静置设备安装工程》有关项目。

（5）管道刷油、绝热、防腐蚀、衬里等执行第九册《刷油、防腐蚀、绝热工程》有关项目。

（6）地下管道的管道沟、土石方及砌筑工程，执行建筑工程消耗量定额。

（7）仪表一次部件安装执行本定额，配合安装用工执行《自动化控制仪表安装工程》有关定额。

6.3.1.4 本册定额不包括的内容

（1）单体和局部试运转所需的水、电、蒸汽、气体、油（油脂）、燃气等；

（2）配合局部联动试车费；

（3）管道安装完后的充气保护和防冻保护；

（4）设备、材料、成品、半成品、构件等在施工现场范围以外的运输费用。

6.3.2 本册定额的工程量计算规则

6.3.2.1 本册定额的工程量计算规则的说明

（1）说明

本册定额管道压力等级的划分：

低压：$0 < P \leq 1.6\text{MPa}$，中压：$1.6\text{MPa} < P \leq 10\text{MPa}$，高压：$10\text{MPa} < P \leq 42\text{MPa}$。蒸汽管道 $P \geq 9\text{MPa}$、工作温度 $\geq 500℃$ 时为高压。

（2）定额中各类管道适用材质范围

① 碳钢管适用于焊接钢管、无缝钢管、16Mn 钢管。

② 不锈钢管除超低碳不锈钢管按章说明计算外，适用于各种材质不锈钢管。

③ 碳钢板卷材管安装适用于低压螺旋钢管、16Mn 钢板卷管。

④ 铜管适用于紫铜、黄铜、青铜等。

⑤ 合金钢管除高合金钢管按章说明计算外，适用于各种材质合金钢管。

⑥ 铝管适用于各种材质的铝及铝合金管。

⑦ 钛管适用于各种材质的钛及钛合金管。

⑧ 塑料管适用于各种材质的塑料及塑料复合管。

⑨ 铸铁管适用于各种材质的铸铁管。

⑩ 管件、阀门、法兰适用范围参照管道材质。

（3）定额中的材料用量，凡注明"设计用量"者应为施工图工程量，凡注明"施工用量"者应为设计用量加规定的损耗量。

（4）本定额是按管道集中预制后运往现场安装与直接在现场预制安装综合考虑的。

（5）本册定额的管道壁厚是考虑了压力等级所涉及的壁厚范围综合取定的。

（6）直管安装按设计压力及介质执行定额，管件、阀门法兰按设计公称压力及介质执行定额。

（7）方型补偿器弯头执行本册定额第二章相应项目，直管执行本册定额第一章相应项目。

（8）空分装置冷箱内管道和管道附属设备，执行第一册《机械、热力及静置设备安装工程》相应项目。

（9）设备本体管道，随设备带来并已预制成型，其安装包括在设备安装定额内；主机与附属设备之间连接的管道，按材料或半成品进货的，执行本定额。

（10）生产、生活共用的给水、排水、蒸汽、煤气输送管道执行本定额；生活用各种介质管道执行《给水排水、采暖、消防、燃气工程》相应项目。

（11）单件质量在100kg以上的管道支架，管道预制钢平台的搭拆，执行《机械、热力及静置设备安装工程》相应项目。

（12）管道刷油、绝热、防腐蚀、衬里等执行《刷油、防腐蚀、绝热工程》相应项目。

（13）地下管道的管道沟、土石方及砌筑工程，执行建筑工程消耗量定额。

6.3.2.2 本册定额的工程量计算规则

（1）管道安装

① 管道安装按压力等级、材质、焊接形式分别列项，以"10m"为计量单位。

② 管道安装不包括管件连接内容，其工程量可按设计用量执行本册定额第二章管件连接项目。

③ 各种管道安装工程量，均按设计管道中心长度，以"延长米"计算，不扣除阀门及各种管件所占长度；遇弯管时，按两管交叉的中心线交点计算；方形补偿器以其所占长度按管道安装工程量计算，主材应按定额用量计算。

④ 衬里钢管预制安装，管件按成品，弯头两端按接短管焊法兰考虑，定额中包括了直管、管件、法兰全部安装工作内容（二次安装、一次拆除），但不包括衬里及场外运输。

⑤ 有缝钢管螺纹连接项目已包括封头、补芯安装内容，不得另行计算。

⑥ 伴热管项目已包括煨弯工序内容，不得另行计算。

⑦ 加热套管安装按内、外管分别计算工程量，执行相应定额项目。

（2）管件连接

① 各种管件连接均按压力等级、材质、焊接形式，不分种类，以"10个"为计量单位。

② 管件连接中已综合考虑了弯头、三通、异径管、管帽、管接头等管件含量的差异，应按设计图纸用量执行相应定额。

③ 现场加工的各种管道，在主管上挖眼接管三通、摔制异径管，均应按不同压力、材质、规格，以主管径执行管件连接相应定额，不另计制作费和主材费。

④ 挖眼接管三通支线管径小于主管径1/2时，不计算管件工作量；在主管上挖眼焊接管接头、凸台等配件，按配件管径计算管件工程量。

⑤ 管件用法兰连接时，执行法兰安装相应项目，管体本身安装不再计算安装费。

⑥ 全加热套管的外套管件安装，定额按两半管件考虑的，包括两道纵缝和两个环缝。两半封闭短管可执行两半弯头项目。

⑦ 半加热外套管摔口后焊在内套管上，每个焊口按一个管件计算。外套碳钢管如焊在不锈钢管内套管上时，焊口间需加不锈钢短管衬垫，每处焊口按两个管件计算，衬垫短

管按设计长度计算，如设计无规定时，可按 50mm 长度计算。

⑧ 在管道上安装的仪表部件，由管道安装专业负责安装：

a. 在管道上安装的仪表一次部件，执行本章管件连接相应定额乘以系数 0.7。

b. 仪表的温度计扩大管制作安装，执行本章管件连接定额乘以系数 1.5，工程量按较大直径管道计算。

⑨ 管件制作，执行本册第五章相应定额。

（3）阀门安装

① 各种阀门按不同压力、连接形式，不分种类以"个"为计量单位。压力等级按设计图纸规定执行相应定额。

② 各种法兰阀门安装与配套法兰的安装，应分别计算工程量；螺栓与透镜垫的安装费已包括在定额内，其本身价值另行计算；螺栓的规格数量，如设计未作规定时，可根据法兰阀门的压力和法兰密封形式，按本册定额附录的"法兰螺栓重量表"计算。

③ 减压阀直径按高压侧计算。

④ 电动阀门安装包括电动机安装，检查接线工程量应另行计算。

⑤ 阀门安装综合考虑了壳体压力试验（包括强度试验和严密性试验）、解体研磨工序内容，执行定额时，不得因现场情况不同而调整。

⑥ 阀门壳体液压试验介质是按普通水考虑的，如设计要求用其他介质时，可作调整。

⑦ 阀门安装不包括阀体磁粉探伤、密封作气密性试验、阀杆密封填料的更换等特殊要求的工作内容。

⑧ 直接安装在管道上的仪表流量计执行阀门安装相应项目乘以系数 0.7。

（4）法兰安装

① 低、中、高压管道、管件、法兰阀门上的各种法兰安装，应按不同压力、材质、规格和种类，分别以"副"为计量单位。压力等级按设计图纸规定执行相应定额。

② 不锈钢、有色金属的焊环活动法兰安装，可执行翻边活动法兰安装相应定额，但应将定额中的翻边短管换为焊环，并另行计算其价值。

③ 中、低压法兰安装的垫片是按石棉橡胶板考虑的，如设计有特殊要求时可作调整。

④ 法兰安装不包括安装后系统调试运转中的冷、热态紧固内容，发生时可另行计算。

⑤ 高压碳钢螺纹法兰安装，包括了螺栓涂二硫化钼工作内容。

⑥ 高压对焊法兰包括了密封面涂机油工作内容，不包括螺栓涂二硫化钼、石墨机油或石墨粉，硬度检查应按设计要求另行计算。

⑦ 中压螺纹法兰安装，按低压螺纹法兰项目乘以系数 1.2。

⑧ 用法兰连接的管道安装，管道与法兰分别计算工程量，执行相应定额。

⑨ 在管道上安装的节流装置，已包括了短管装拆工作内容。执行法兰安装相应定额乘以系数 0.8。

⑩ 配法兰的盲板只计算主材费，安装费已包括在单片法兰安装中。

⑪ 焊接盲板（封头）执行管件连接相应项目乘以系数 0.6。

⑫ 中压平焊法兰执行低压平焊法兰项目乘以系数 1.2。

（5）板卷管制作与管件制作

① 板卷管制作，按不同材质、规格以"t"为计量单位，主材用量包括规定的损耗量。

② 板卷管件制作，按不同材质、规格、种类以"t"为计量单位，主材用量包括规定的损耗量。

③ 成品管材制作管件，按不同材质、规格、种类以"个"为计量单位，主材用量包括规定的损耗量。

④ 三通不分同径或异径，均按主管径计算，异径管不分同心或偏心，按大管径计算。

⑤ 各种板卷管与板卷管件制作，其焊缝均按透油试漏考虑，不包括单件压力试验和无损探伤。

⑥ 各种板卷管与板卷管件制作，是按在结构（加工）厂制作考虑的，不包括原材料（板材）及成品的水平运输、卷筒钢板展开、分段切割、平直工作内容，发生时应按相应定额另行计算。

⑦ 用管材制作管件项目，其焊缝均不包括试漏和无损探伤工作内容，应按相应管道类别要求计算探伤费用。

⑧ 中频煨弯定额不包括煨制时胎具更换内容。

（6）管道压力试验、吹扫与清洗

① 管道压力试验、吹扫与清洗按不同的压力、规格，不分材质以"100m"为计量单位。

② 定额内均已包括临时用空压机和水泵作动力进行试压、吹扫、清洗管道连接的临时管线、盲板、阀门、螺栓等材料摊销量；不包括管道之间的串通临时管口及管道排入口至排放点的临时管，其工程量应按施工方案另行计算。

③ 调节阀等临时短管制作装拆项目，使用管道系统试压、吹扫时需要拆除的阀件以临时短管代替连通管道，其工作内容包括完工后短管拆除和原阀件复位等。

④ 液压试验和气压试验已包括强度试验和严密性试验工作内容。

⑤ 泄漏性试验适用于输送剧毒、有毒及可燃介质的管道，按压力、规格，不分材质以"m"为计量单位。

⑥ 当管道与设备作为一个系统进行试验时，如管道的试验压力等于或小于设备的试验压力，则按管道的试验压力进行试验；如管道试验压力超过设备的试验压力，且设备的试验压力不低于管道设计压力的115%时，可按设备的试验压力进行试验。

（7）无损探伤与焊缝热处理

① 管材表面磁粉探伤和超声波探伤，不分材质、壁厚以"m"为计量单位。

② 焊缝 X 射线、γ 射线探伤，按管壁厚不分规格、材质以"张"为计量单位。

③ 焊缝超声波、磁粉及渗透探伤，按规格不分材质、壁厚以"口"为计量单位。

④ 计算 X 射线、γ 射线探伤工程量时，按管材的双壁厚执行相应定额项目。

⑤ 管材对接焊接过程中的渗透探伤检验及管材表面的渗透探伤检验，执行管材对接焊缝渗透探伤定额。

⑥ 管道焊缝采用超声波无损探伤时，其检测范围内的打磨工程量按展开长度计算。

⑦ 无损探伤定额已综合考虑了高空作业降效因素。

⑧ 无损探伤定额中不包括固定射线探伤仪器适用的各种支架的制作，因超声波探伤所需的各种对比试块的制作，发生时可根据现场实际情况另行计算。

⑨ 管道焊缝应按照设计要求的检验方法和数量进行无损探伤。当设计无规定时，管道焊缝的射线照相检验比例应符合规范规定。管口射线片子数量按现场实际拍片张数计算。

⑩ 焊前预热和焊后热处理，按不同材质、规格及施工方法以"口"为计量单位。

⑪ 热处理的有效时间是依据《工业金属管道工程施工规范》GB 50235—2010 所规定的加热速率、温度下的恒温时间及冷却速率公式计算的，并考虑了必要的辅助时间拆除和回收用料等工作内容。

⑫ 执行焊前预热和焊后热处理定额时，如施焊后立即进行焊口局部热处理，人工乘以系数 0.87。

⑬ 电加热片加热进行焊前预热或焊后局部热处理时，如要求增加石棉保温，石棉布的消耗量与高硅（氧）布相同，人工不再增加。

⑭ 用电加热片或电感应法加热进行焊前预热或焊后局部热处理的项目中，除石棉布和高硅（氧）布为一次性消耗材料外，其他各种材料均按摊销量计入定额。

⑮ 电加热片是按履带式考虑的，如实际与定额不符时可按实调整。

（8）其他

① 一般管架制作安装以"t"为计量单位，适用于单件质量在 100kg 以内的管架制作安装；单件质量大于 100kg 的管架制作安装应执行相应定额。

② 木垫式管架质量中不包括木垫质量，但木垫安装已包括在定额内。

③ 弹簧式管架制作，不包括弹簧本身价格，其价格另行计算。

④ 冷排管制作与安装以"m"为计量单位。定额内包括煨弯、组对、焊接、钢带的轧绞、绕片工作内容；不包括钢带退火和冲、套翅片，其工程量应另行计算。

⑤ 分气缸、集气罐和空气分气筒安装中，不包括附件安装，应按相应定额另行计算。

⑥ 套管制作与安装，按不同规格，分一般穿墙套管和柔、刚性套管，以"个"为计量单位，所需的钢管和钢板已包括在制作定额内，执行定额时应按设计及规范要求选用项目。

⑦ 有色金属、非金属管的管架制作安装，按一般管架定额乘以系数 1.1。

⑧ 采用成型钢管焊接的异形管架制作安装，按一般管架定额乘以系数 1.3。其中，不锈钢用焊条可作调整。

⑨ 管道焊接焊口充氩保护定额，适用于各种材质氩弧焊接或氩电联焊焊接方法的项目，按不同的规格和充氩部位，不分材质以"口"为计量单位。执行定额时，按设计及规范要求选用项目。

⑩ 管道泵安装包括电动机安装，电气检查接线应另行计算。

6.3.3 工业管道工程施工图预算的工程量计算方法

工业管道的工程量计算包括的内容有：管道延长米的计算，管件、法兰、钢套管、阀门及其他管道阀件、补偿器等的数量统计，管道支架制作安装等的计算。

（1）管道延长米的计算

① 工业管道延长米，应根据工业管道工程的工艺流程图、施工图、设计平剖面图及大样图，按系统从各工业管道系统的进口处沿着流程走向，直至出口处进行计算。管线上遇到异径管时，从异径管中心处变径分段计算；遇有三通时，表示在主干线管道上有支管线，也应把支管线上的管道延长米一起计算完。每计算完一根管线，要打上记号，以避免漏算或重复计算。在计算管道延长米时，还应注意计算不属于设备本体管道但由设备本身接出的管道工程量，如排气管、排污管等。总之，凡是属于工业管道安装范围的，都要逐台设备、逐根管线详细查看和计算工程量，不应漏算或重算。

② 在计算工业管道延长米的同时，还应将每条管线上的管件、法兰、钢套管、阀门及其他管道阀件、补偿器等的数量，按不同类型、品种、规格逐项统计出来。统计时，应注意将管道安装定额内已包括管件安装的管件与未包括管件安装的管件区别开来，以便套用管件连接定额和计算管件制作费或主材费，避免重复计算或漏算。

③ 板卷直管的制作工程量，以"吨"为计量单位计算，其计算公式为：

图示卷管延长米×（1＋安装损耗量）－管件长度

④ 卷板管件制作，以"吨"为计量单位，管件数量按设计用量计算。

⑤ 管道支架工程量，应按施工图设计管线上标有的支架位置、编号和大样图或指定的标准图计算。计算时，应先计算出单个支架的质量，然后根据相应的支架个数，统计计算出支架的总质量。

（2）管道探伤工程量

管口焊缝 X 射线无损探伤，应根据施工图设计的规定计算需要拍片的张数。

管道表面磁粉探伤的工程量，应按照需要进行表面磁粉探伤的管段延长米计算。

（3）管口焊缝热处理工程量

管口焊缝热处理，多用于高压碳钢管和低合金钢管。在计算管口焊缝热处理的工程量时，应注意设计是否要求进行此项工作，如设计无明确规定时，可按施工及验收规范的要求进行。

（4）管道清洗、脱脂、试压、吹（冲）洗

管道安装工程量计算出来以后，应根据设计要求和施工方案，计算管道的清洗、脱脂、试压、吹（冲）洗工程量。

（5）管道及管架的防腐、保温工程量，可按照采暖工程管道防腐、保温的计算方法计算。

6.4 工业管道工程的工程量清单计算规则

6.4.1 低压管道

低压管道的工程量清单项目设置及工程量计算规则，应按表 6-3 的规定执行。

低压管道（编码：030801） **表 6-3**

项目编码	项目名称	项目特征	计量单位	工程量计算规则	工作内容
030801001	低压碳钢管	1. 材质 2. 规格 3. 连接形式、焊接方法 4. 压力试验、吹扫与清洗设计要求 5. 脱脂设计要求	m	按设计图示管道中心线以长度计算	1. 安装 2. 压力试验 3. 吹扫、清洗 4. 脱脂
030801002	低压碳钢伴热管	1. 材质 2. 规格 3. 连接形式 4. 安装位置 5. 压力试验、吹扫与清洗设计要求			1. 安装 2. 压力试验 3. 吹扫、清洗
030801003	衬里钢管预制安装	1. 材质 2. 规格 3. 安装方式（预制安装或成品管道） 4. 连接形式 5. 压力试验、吹扫与清洗设计要求			1. 管道、管件及法兰安装 2. 管道、管件拆除 3. 压力试验 4. 吹扫、清洗
030801004	低压不锈钢伴热管	1. 材质 2. 规格 3. 连接形式 4. 安装位置 5. 压力试验、吹扫与清洗设计要求			1. 安装 2. 压力试验 3. 吹扫、清洗
030801005	低压碳钢板卷管	1. 材质 2. 规格 3. 焊接方法 4. 压力试验、吹扫与清洗设计要求 5. 脱脂设计要求			1. 安装 2. 压力试验 3. 吹扫、清洗 4. 脱脂
030801006	低压不锈钢管	1. 材质 2. 规格 3. 焊接方法 4. 充氩保护方式、部位 5. 压力试验、吹扫与清洗设计要求 6. 脱脂设计要求			1. 安装 2. 焊口充氩保护 3. 压力试验 4. 吹扫、清洗 5. 脱脂
030801007	低压不锈钢板卷管				
030801008	低压合金钢管	1. 材质 2. 规格 3. 焊接方法 4. 压力试验、吹扫与清洗设计要求 5. 脱脂设计要求			1. 安装 2. 压力试验 3. 吹扫、清洗 4. 脱脂

项目编码	项目名称	项目特征	计量单位	工程量计算规则	工作内容
030801009	低压钛及钛合金管	1. 材质 2. 规格 3. 焊接方法 4. 充氩保护方式、部位 5. 压力试验、吹扫与清洗设计要求 6. 脱脂设计要求	m	按设计图示管道中心线以长度计算	1. 安装 2. 焊口充氩保护 3. 压力试验 4. 吹扫、清洗 5. 脱脂
030801010	低压镍及镍合金管				
030801011	低压锆及锆合金管				
030801012	低压铝及铝合金管				
030801013	低压铝及铝合金板卷管				
030801014	低压铜及铜合金管	1. 材质 2. 规格 3. 焊接方法 4. 压力试验、吹扫与清洗设计要求 5. 脱脂设计要求			1. 安装 2. 压力试验 3. 吹扫、清洗 4. 脱脂
030801015	低压铜及铜合金板卷管				
030801016	低压塑料管	1. 材质 2. 规格 3. 连接形式 4. 压力试验、吹扫设计要求 5. 脱脂设计要求			1. 安装 2. 压力试验 3. 吹扫 4. 脱脂
030801017	金属骨架复合管				
030801018	低压玻璃钢管				
030801019	低压铸铁管	1. 材质 2. 规格 3. 连接形式 4. 接口材料 5. 压力试验、吹扫设计要求 6. 脱脂设计要求			1. 安装 2. 压力试验 3. 吹扫 4. 脱脂
030801020	低压预应力混凝土管				

注：1. 管道工程量计算不扣除阀门、管件所占长度；室外埋设管道不扣除附属构筑物（井）所占长度；方形补偿器以其所占长度列入管道安装工程量。

2. 衬里钢管预制安装包括直管、管件及法兰的预安装及拆除。

3. 压力试验按设计要求描述试验方法，如水压试验、气压试验、泄漏性试验、真空试验等。

4. 吹扫与清洗按设计要求描述吹扫与清洗方法和介质，如水冲洗、空气吹扫、蒸汽吹扫、化学清洗、油清洗等。

5. 脱脂按设计要求描述脱脂介质种类，如二氯乙烷、三氯乙烯、四氯化碳、动力苯、丙酮或酒精等。

6.4.2 中压管道

中压管道的工程量清单项目设置及工程量计算规则，应按表6-4的规定执行。

中压管道（编码：030802）　　　　　　　　　　表6-4

项目编码	项目名称	项目特征	计量单位	工程量计算规则	工作内容
030802001	中压碳钢管	1. 材质 2. 规格 3. 连接形式、焊接方法 4. 压力试验、吹扫与清洗设计要求 5. 脱脂设计要求	m	按设计图示管道中心线以长度计算	1. 安装 2. 压力试验 3. 吹扫、清洗 4. 脱脂
030802002	中压螺旋卷管				
030802003	中压不锈钢管	1. 材质 2. 规格 3. 焊接方法 4. 充氩保护方式、部位 5. 压力试验、吹扫与清洗设计要求 6. 脱脂设计要求			1. 安装 2. 焊口充氩保护 3. 压力试验 4. 吹扫、清洗 5. 脱脂
030802004	中压合金钢管				
030802005	中压铜及铜合金管	1. 材质 2. 规格 3. 焊接方法 4. 压力试验、吹扫与清洗设计要求 5. 脱脂设计要求			1. 安装 2. 压力试验 3. 吹扫、清洗 4. 脱脂
030802006	中压钛及钛合金管	1. 材质 2. 规格 3. 焊接方法 4. 充氩保护方式、部位 5. 压力试验、吹扫与清洗设计要求 6. 脱脂设计要求			1. 安装 2. 焊口充氩保护 3. 压力试验 4. 吹扫、清洗 5. 脱脂
030802007	中压锆及锆合金管				
030802008	中压镍及镍合金管				

注：1. 管道工程量计算不扣除阀门、管件所占长度；方形补偿器以其所占长度列入管道安装工程量。
　　2. 压力试验按设计要求描述试验方法，如水压试验、气压试验、泄漏性试验、真空试验等。
　　3. 吹扫与清洗按设计要求描述吹扫与清洗方法和介质，如水冲洗、空气吹扫、蒸汽吹扫、化学清洗、油清洗等。
　　4. 脱脂按设计要求描述脱脂介质种类，如二氯乙烷、三氯乙烯、四氯化碳、动力苯、丙酮或酒精等。

6.4.3 高压管道

高压管道的工程量清单项目设置及工程量计算规则，应按表6-5的规定执行。

高压管道（编码：030803）　　　　　　　　　　　　　表 6 - 5

项目编码	项目名称	项目特征	计量单位	工程量计算规则	工作内容
030803001	高压碳钢管	1. 材质 2. 规格 3. 连接形式、焊接方法 4. 充氩保护方式、部位 5. 压力试验、吹扫与清洗设计要求 6. 脱脂设计要求	m	按设计图示管道中心线以长度计算	1. 安装 2. 焊口充氩保护 3. 压力试验 4. 吹扫、清洗 5. 脱脂
030803002	高压合金钢管				
030803003	高压不锈钢管				

注：1. 管道工程量计算不扣除阀门、管件所占长度；方形补偿器以其所占长度列入管道安装工程量。
　　2. 压力试验按设计要求描述试验方法，如水压试验、气压试验、泄漏性试验、真空试验等。
　　3. 吹扫与清洗按设计要求描述吹扫与清洗方法和介质，如水冲洗、空气吹扫、蒸汽吹扫、化学清洗、油清洗等。
　　4. 脱脂按设计要求描述脱脂介质种类，如二氯乙烷、三氯乙烯、四氯化碳、动力苯、丙酮或酒精等。

6.4.4　低压管件

低压管件的工程量清单项目设置及工程量计算规则，应按表 6 - 6 的规定执行。

低压管件（编码：030804）　　　　　　　　　　　　　表 6 - 6

项目编码	项目名称	项目特征	计量单位	工程量计算规则	工作内容
030804001	低压碳钢管件	1. 材质 2. 规格 3. 连接方式 4. 补强圈材质、规格	个	按设计图示数量计算	1. 安装 2. 三通补强圈制作、安装
030804002	低压碳钢板卷管件				
030804003	低压不锈钢管件	1. 材质 2. 规格 3. 焊接方法 4. 补强圈材质、规格 5. 充氩保护方式、部位			1. 安装 2. 管件焊口充氩保护 3. 三通补强圈制作、安装
030804004	低压不锈钢板卷管件				
030804005	低压合金钢管件				
030804006	低压加热外套碳钢管件（两半）	1. 材质 2. 规格 3. 连接形式			安装
030804007	低压加热外套不锈钢管件（两半）				
030804008	低压铝及铝合金管件	1. 材质 2. 规格 3. 焊接方法 4. 补强圈材质、规格			1. 安装 2. 三通补强圈制作、安装
030804009	低压铝及铝合金板卷管件				

项目编码	项目名称	项目特征	计量单位	工程量计算规则	工作内容
030804010	低压铜及铜合金管件	1. 材质 2. 规格 3. 焊接方法			安装
030804011	低压钛及钛合金管件	1. 材质 2. 规格 3. 焊接方法 4. 充氩保护方式、部位			1. 安装 2. 管件焊口充氩保护
030804012	低压锆及锆合金管件				
030804013	低压镍及镍合金管件		个	按设计图示数量计算	
030804014	低压塑料管件	1. 材质 2. 规格 3. 连接形式 4. 接口材料			安装
030804015	金属骨架复合管件				
030804016	低压玻璃钢管件				
030804017	低压铸铁管件				
030804018	低压预应力混凝土转换件				

注：1. 管件包括弯头、三通、四通、异径管、管接头、管帽、方形补偿器弯头、管道上仪表一次部件、仪表温度计扩大管制作安装等。
　　2. 管件压力试验、吹扫、清洗、脱脂均包括在管道安装中。
　　3. 在主管上挖眼接管的三通和摔制异径管，均以主管径按管件安装工程量计算，不另计制作费和主材费；挖眼接管的三通支线管径小于主管径 1/2 时，不计算管件安装工程量；在主管上挖眼接管的焊接接头、凸台等配件，按配件管径计算管件工程量。
　　4. 三通、四通、异径管均按大管径计算。
　　5. 管件用法兰连接时执行法兰安装项目，管件本身不再计算安装。
　　6. 半加热外套管摔口后焊接在内套管上，每处焊口按一个管件计算；外套碳钢管如焊接在不锈钢内套管上时，焊口间需加不锈钢短管衬垫，每处焊口按两个管件计算。

6.4.5　中压管件

中压管件的工程量清单项目设置及工程量计算规则，应按表 6-7 的规定执行。

中压管件（编码：030805）　　　　　　　　　　　　　表 6-7

项目编码	项目名称	项目特征	计量单位	工程量计算规则	工作内容
030805001	中压碳钢管件	1. 材质 2. 规格 3. 焊接方法 4. 补强圈材质、规格	个	按设计图示数量计算	1. 安装 2. 三通补强圈制作、安装
030805002	中压螺旋卷管件				
030805003	中压不锈钢管件	1. 材质 2. 规格 3. 焊接方法 4. 充氩保护方式、部位			1. 安装 2. 管件焊口充氩保护

项目编码	项目名称	项目特征	计量单位	工程量计算规则	工作内容
030805004	中压合金钢管件	1. 材质 2. 规格 3. 焊接方法 4. 充氩保护方式 5. 补强圈材质、规格	个	按设计图示数量计算	1. 安装 2. 三通补强圈制作、安装
030805005	中压铜及铜合金管件	1. 材质 2. 规格 3. 焊接方法			安装
030805006	中压钛及钛合金管件	1. 材质 2. 规格 3. 焊接方法 4. 充氩保护方式、部位			1. 安装 2. 管件焊口充氩保护
030805007	中压锆及锆合金管件				
030805008	中压镍及镍合金管件				

注：1. 管件包括弯头、三通、四通、异径管、管接头、管帽、方形补偿器弯头、管道上仪表一次部件、仪表温度计扩大管制作安装等。

2. 管件压力试验、吹扫、清洗、脱脂均包括在管道安装中。

3. 在主管上挖眼接管的三通和摔制异径管，均以主管径按管件安装工程量计算，不另计制作费和主材费；挖眼接管的三通支线管径小于主管径 1/2 时，不计管件安装工程量；在主管上挖眼接管的焊接接头、凸台等配件，按配件管径计算管件工程量。

4. 三通、四通、异径管均按大管径计算。

5. 管件用法兰连接时执行法兰安装项目，管件本身不再计算安装。

6. 半加热外套管摔口后焊接在内套管上，每处焊口按一个管件计算；外套碳钢管如焊接在不锈钢内套管上时，焊口间需加不锈钢短管衬垫，每处焊口按两个管件计算。

6.4.6 高压管件

高压管件的工程量清单项目设置及工程量计算规则，应按表6-8的规定执行。

高压管件（编码：030806）　　　　　　　　　　表6-8

项目编码	项目名称	项目特征	计量单位	工程量计算规则	工作内容
030806001	高压碳钢管件	1. 材质 2. 规格 3. 连接形式、焊接方法 4. 充氩保护方式、部位	个	按设计图示数量计算	1. 安装 2. 管件焊口充氩保护
030806002	高压不锈钢管件				
030806003	高压合金钢管件				

注：1. 管件包括弯头、三通、异径管、管接头、管帽、方形补偿器弯头、管道上仪表一次部件、仪表温度计扩大管制作安装等。

2. 管件压力试验、吹扫、清洗、脱脂均包括在管道安装中。

3. 三通、四通、异径管均按大管径计算。

4. 管件用法兰连接时执行法兰安装项目，管件本身不再计算安装。

5. 半加热外套管摔口后焊接在内套管上，每处焊口按一个管件计算；外套碳钢管如焊接在不锈钢内套管上时，焊口间需加不锈钢短管衬垫，每处焊口按两个管件计算。

6.4.7 低压阀门

低压阀门的工程量清单项目设置及工程量计算规则，应按表6-9的规定执行。

低压阀门（编码：030807）   表6-9

项目编码	项目名称	项目特征	计量单位	工程量计算规则	工作内容
030807001	低压螺纹阀门	1. 名称 2. 材质 3. 型号、规格 4. 连接形式 5. 焊接方法	个	按设计图示数量计算	1. 安装 2. 操纵装置安装 3. 壳体压力试验、解体检查及研磨 4. 调试
030807002	低压焊接阀门				
030807003	低压法兰阀门				
030807004	低压齿轮、液压传动、电动阀门				1. 安装 2. 壳体压力试验、解体检查及研磨 3. 调试
030807005	低压安全阀门				
030807006	低压调节阀门	1. 名称 2. 材质 3. 型号、规格 4. 连接形式			1. 安装 2. 临时短管装拆 3. 壳体压力试验、解体检查及研磨 4. 调试

注：1. 减压阀直径按高压侧计算。
　　2. 电动阀门包括电动机安装。
　　3. 操纵装置安装按规范或设计技术要求计算。

6.4.8 中压阀门

中压阀门的工程量清单项目设置及工程量计算规则，应按表6-10的规定执行。

中压阀门（编码：030808）   表6-10

项目编码	项目名称	项目特征	计量单位	工程量计算规则	工作内容
030808001	中压螺纹阀门	1. 名称 2. 材质 3. 型号、规格 4. 连接形式 5. 焊接方法	个	按设计图示数量计算	1. 安装 2. 操纵装置安装 3. 壳体压力试验、解体检查及研磨 4. 调试
030808002	中压焊接阀门				
030808003	中压法兰阀门				
030808004	中压齿轮、液压传动、电动阀门				1. 安装 2. 壳体压力试验、解体检查及研磨 3. 调试
030808005	中压安全阀门				

项目编码	项目名称	项目特征	计量单位	工程量计算规则	工作内容
030808006	中压调节阀门	1. 名称 2. 材质 3. 型号、规格 4. 连接形式	个	按设计图示数量计算	1. 安装 2. 临时短管装拆 3. 壳体压力试验、解体检查及研磨 4. 调试

注：1. 减压阀直径按高压侧计算。
　　2. 电动阀门包括电动机安装。
　　3. 操纵装置安装按规范或设计技术要求计算。

6.4.9 高压阀门

高压阀门的工程量清单项目设置及工程量计算规则，应按表6-11的规定执行。

高压阀门（编码：030809）　　　　　　　　表6-11

项目编码	项目名称	项目特征	计量单位	工程量计算规则	工作内容
030809001	高压螺纹阀门	1. 名称 2. 材质 3. 型号、规格 4. 连接形式 5. 法兰垫片材质	个	按设计图示数量计算	1. 安装 2. 壳体压力试验、解体检查及研磨
030809002	高压法兰阀门				
030809003	高压焊接阀门	1. 名称 2. 材质 3. 型号、规格 4. 焊接方法 5. 充氩保护方式、部位			1. 安装 2. 焊口充氩保护 3. 壳体压力试验、解体检查及研磨

注：减压阀直径按高压侧计算。

6.4.10 低压法兰

低压法兰的工程量清单项目设置及工程量计算规则，应按表6-12的规定执行。

低压法兰（编码：030810）　　　　　　　　表6-12

项目编码	项目名称	项目特征	计量单位	工程量计算规则	工作内容
030810001	低压碳钢螺纹法兰	1. 材质 2. 结构形式 3. 型号、规格	副（片）	按设计图示数量计算	1. 安装 2. 翻边活动法兰短管制作
030810002	低压碳钢焊接法兰	1. 材质 2. 结构形式 3. 型号、规格 4. 连接形式 5. 焊接方法			
030810003	低压铜及铜合金法兰				

项目编码	项目名称	项目特征	计量单位	工程量计算规则	工作内容
030810004	低压 不锈钢法兰	1. 材质 2. 结构形式 3. 型号、规格 4. 连接形式 5. 焊接方法 6. 充氩保护方式、部位	副（片）	按设计图示数量计算	1. 安装 2. 翻边活动法兰短管制作 3. 焊口充氩保护
030810005	低压 合金钢法兰				
030810006	低压铝及 铝合金法兰				
030810007	低压钛及 钛合金法兰				
030810008	低压锆及 锆合金法兰				
030810009	低压镍及 镍合金法兰				
030810010	钢骨架复合 塑料法兰	1. 材质 2. 规格 3. 连接形式 4. 法兰垫片材质			安装

注：1. 法兰焊接时，要在项目特征中描述法兰的连接形式（平焊法兰、对焊法兰、翻边活动法兰及焊环活动法兰等），不同连接形式应分别列项。
　　2. 配法兰的盲板不计安装工程量。
　　3. 焊接盲板（封头）按管件连接计算工程量。

6.4.11　中压法兰

中压法兰的工程量清单项目设置及工程量计算规则，应按表 6-13 的规定执行。

中压法兰（编码：030811）　　　　　　　　　　　　　　　　表 6-13

项目编码	项目名称	项目特征	计量单位	工程量计算规则	工作内容
030811001	中压碳钢 螺纹法兰	1. 材质 2. 结构形式 3. 型号、规格	副（片）	按设计图示数量计算	1. 安装 2. 翻边活动法兰短管制作
030811002	中压碳钢 焊接法兰	1. 材质 2. 结构形式 3. 型号、规格 4. 连接形式 5. 焊接方法			
030811003	中压铜及 铜合金法兰				
030811004	中压 不锈钢法兰	1. 材质 2. 结构形式 3. 型号、规格 4. 连接形式 5. 焊接方法 6. 充氩保护方式、部位			1. 安装 2. 焊口充氩保护 3. 翻边活动法兰短管制作
030811005	中压 合金钢法兰				
030811006	中压钛及 钛合金法兰				

项目编码	项目名称	项目特征	计量单位	工程量计算规则	工作内容
030811007	中压锆及锆合金法兰	1. 材质 2. 结构形式 3. 型号、规格 4. 连接形式 5. 焊接方法 6. 充氩保护方式、部位	副（片）	按设计图示数量计算	1. 安装 2. 焊口充氩保护 3. 翻边活动法兰短管制作
030811008	中压镍及镍合金法兰				

注：1. 法兰焊接时，要在项目特征中描述法兰的连接形式（平焊法兰、对焊法兰等），不同连接形式应分别列项。
  2. 配法兰的盲板不计安装工程量。
  3. 焊接盲板（封头）按管件连接计算工程量。

6.4.12 高压法兰

高压法兰的工程量清单项目设置及工程量计算规则，应按表6-14的规定执行。

高压法兰（编码：030812） 表6-14

项目编码	项目名称	项目特征	计量单位	工程量计算规则	工作内容
030812001	高压碳钢螺纹法兰	1. 材质 2. 结构形式 3. 型号、规格 4. 法兰垫片材质	副（片）	按设计图示数量计算	安装
030812002	高压碳钢焊接法兰	1. 材质 2. 结构形式 3. 型号、规格 4. 焊接方法 5. 充氩保护方式、部位 6. 法兰垫片材质			1. 安装 2. 焊口充氩保护
030812003	高压不锈钢焊接法兰				
030812004	高压合金钢焊接法兰				

注：1. 配法兰的盲板不计安装工程量。
  2. 焊接盲板（封头）按管件连接计算工程量。

6.4.13 板卷管制作

板卷管制作的工程量清单项目设置及工程量计算规则，应按表6-15的规定执行。

板卷管制作（编码：030813） 表6-15

项目编码	项目名称	项目特征	计量单位	工程量计算规则	工作内容
030813001	碳钢板直管制作	1. 材质 2. 规格 3. 焊接方法	t	按设计图示质量计算	1. 制作 2. 卷筒式板材开卷及平直
030813002	不锈钢板直管制作	1. 材质 2. 规格 3. 焊接方法 4. 充氩保护方式、部位			1. 制作 2. 焊口充氩保护
030813003	铝及铝合金板直管制作				

6.4.14 管件制作

管件制作的工程量清单项目设置及工程量计算规则，应按表 6-16 的规定执行。

管件制作（编码：030814）   表 6-16

项目编码	项目名称	项目特征	计量单位	工程量计算规则	工作内容
030814001	碳钢板管件制作	1. 材质 2. 规格 3. 焊接方法	t	按设计图示质量计算	1. 制作 2. 卷筒式板材开卷及平直
030814002	不锈钢板管件制作	1. 材质 2. 规格 3. 焊接方法 4. 充氩保护方式、部位			1. 制作 2. 焊口充氩保护
030814003	铝及铝合金板管件制作	1. 材质 2. 规格 3. 焊接方法			制作
030814004	碳钢管虾体弯制作	1. 材质 2. 规格 3. 焊接方法			制作
030814005	中压螺旋卷管虾体弯制作				
030814006	不锈钢管虾体弯制作	1. 材质 2. 规格 3. 焊接方法 4. 充氩保护方式、部位	个	按设计图示数量计算	1. 制作 2. 焊口充氩保护
030814007	铝及铝合金管虾体弯制作	1. 材质 2. 规格 3. 焊接方法			制作
030814008	铜及铜合金管虾体弯制作				
030814009	管道机械煨弯	1. 压力 2. 材质 3. 型号、规格			煨弯
030814010	管道中频煨弯				
030814011	塑料管煨弯	1. 材质 2. 型号、规格			

注：管件包括弯头、三通、异径管；异径管按大头口径计算；三通按主管口径计算。

6.4.15 管架制作安装

管架制作安装的工程量清单项目设置及工程量计算规则，应按表 6-17 的规定执行。

管架制作安装（编码：030815） 表 6-17

项目编码	项目名称	项目特征	计量单位	工程量计算规则	工作内容
030815001	管架制作安装	1. 单件支架质量 2. 材质 3. 管架形式 4. 支架衬垫材质 5. 减震器形式及做法	kg	按设计图示质量计算	1. 制作、安装 2. 弹簧管架物理性试验

注：1. 单件支架质量有 100kg 以下和 100kg 以上时，应分别列项。
　　2. 支架衬垫需注明采用何种衬垫，如防腐木垫、不锈钢衬垫、铝衬垫等。
　　3. 采用弹簧减震器时需注明是否做相应试验。

6.4.16 无损探伤与热处理

管材表面及焊缝无损探伤与热处理的工程量清单项目设置及工程量计算规则，应按表 6-18 的规定执行。

无损探伤与热处理（编码：030816） 表 6-18

项目编码	项目名称	项目特征	计量单位	工程量计算规则	工作内容
030816001	管材表面超声波探伤	1. 名称 2. 规格	1. m 2. m²	1. 以 m 计量，按管材无损探伤长度计算 2. 以 m² 计量，按管材表面探伤检测面积计算	探伤
030816002	管材表面磁粉探伤				
030816003	焊缝 X 射线探伤	1. 名称 2. 底片规格 3. 管壁厚度	张（口）	按规范或设计技术要求计算	
030816004	焊缝 γ 射线探伤				
030816005	焊缝超声波探伤	1. 名称 2. 管道规格 3. 对比试块设计要求			1. 探伤 2. 对比试块的制作
030816006	焊缝磁粉探伤	1. 名称 2. 管道规格	口		探伤
030816007	焊缝渗透探伤				
030816008	焊前预热、后热处理	1. 材质 2. 规格及管壁厚 3. 压力等级 4. 热处理方法 5. 硬度测定设计要求			1. 热处理 2. 硬度测定
030816009	焊口热处理				

注：探伤项目包括固定探伤仪支架的制作、安装。

6.5 工业管道工程预算编制实例

【例1】某生产装置中部分工艺管道系统如图6-7所示，设计概况如下：

（1）本图所示为某工厂生产装置的部分工艺管道系统，该管道系统工作压力为2.0MPa。图中标注尺寸标高以m计，其他均以mm计。

（2）管道均采用20号碳钢无缝钢管，弯头采用成品压制弯头，三通为现场挖眼连接，管道系统的焊接均为氩电联焊。

（3）所有法兰为碳钢对焊法兰；阀门型号：止回阀为H41H-25，截止阀为J41H-25，采用对焊法兰连接。

（4）管道支架为普通支架，共耗用钢材42.4kg，其中施工损耗为6%。

（5）管道系统安装就位后，对$\phi76\times4$的管线的焊口进行无损探伤；其中，法兰处焊口采用超声波探伤；管道焊缝采用X射线探伤，片子规格为80mm×150mm，焊口按36个计。

（6）管道安装完毕后，均进行水压试验和空气吹扫。管道、管道支架除锈后，均刷防锈漆、调合漆各两遍。

管道系统各分部分项工程量清单项目的统一编码见下表：

项目编码	项目名称	项目编码	项目名称
030802001	中压碳钢管	030815001	管架制作安装
030805001	中压碳钢管件	030816003	焊缝X射线探伤
030808003	中压法兰阀门	030816005	焊缝超声波探伤
030811002	中压碳钢焊接法兰		

问题：根据《通用安装工程工程量计算规范》GB 50856—2013 的规定，计算管道$\phi89\times4$、管道$\phi76\times4$、管道$\phi57\times3.5$、管架制作安装、焊缝X射线探伤、焊缝超声波探伤六项工程量，并写出计算过程（计算结果均保留一位小数）。编列出该管道系统（注：阀门、法兰安装除外）的分部分项工程量清单项目，将结果填入"分部分项工程量清单表"。（2006年全国造价工程师案例考试题）

【解】1. 分部分项工程量的计算过程

（1）无缝钢管$\phi89\times4$安装工程量的计算式：

$$2+1.1+(2.5-1.6)=4m$$

（2）无缝钢管$\phi76\times4$安装工程量的计算式：

$$[0.3+(2-1.3)+1.1+0.6+2.1+(0.3+2-1)\times2]+[2.1+(2.8-1.2)\times2+0.5+0.3+0.8+2+(0.6\times2)]+[(0.3+0.9+2.8-1.2)\times2+2+0.9]=7.4+10.1+8.5=26m$$

（3）无缝钢管$\phi57\times3.5$安装工程量的计算式：

$$(0.3+0.2+0.5)+(0.6+0.2)\times2=1+1.6=2.6m$$

（4）管架制作安装工程量的计算式：

$$42.4\div1.06=40kg$$

（5）$\phi76\times4$管道焊缝X射线探伤工程量的计算式：

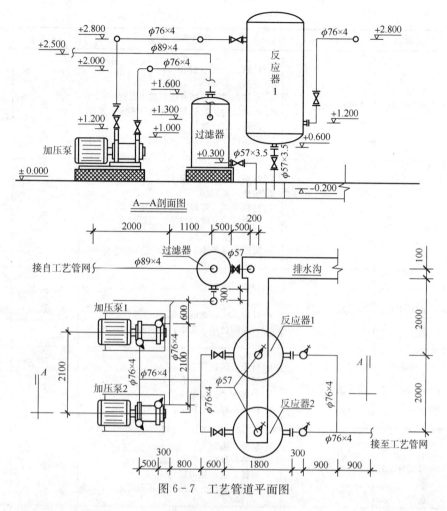

图 6-7　工艺管道平面图

每个焊口的胶片数量：$0.076 \times 3.14 \div (0.15 - 0.025 \times 2) = 2.39$ 张，取 3 张

36 个焊口的胶片数量：$36 \times 3 = 108$ 张

（6）$\phi 76 \times 4$ 法兰焊缝超声波探伤工程量的计算式：

$$1 + 2 + 2 + 2 + 2 + 4 = 13 口$$

2. 编制

根据《通用安装工程工程量计算规范》GB 50856—2013 的规定、计算结果及题目已知条件，编制分部分项工程量清单表，如表 6-19 所示。

分部分项工程量清单表 表 6-19

序号	项目编码	项目名称	项目特征描述	计量单位	工程数量
1	030802001001	中压碳钢管	1. 材质：20 号无缝钢管 2. 规格：$\phi 89 \times 4$ 3. 连接形式、焊接方法：氩电联焊 4. 压力试验、吹扫与清洗设计要求：水压试验、空气吹扫 5. 脱脂设计要求：二氯乙烷	m	4

序号	项目编码	项目名称	项目特征描述	计量单位	工程数量
2	030802001002	中压碳钢管	1. 材质：20 号无缝钢管 2. 规格：$\phi 76 \times 4$ 3. 连接形式、焊接方法：氩电联焊 4. 压力试验、吹扫与清洗设计要求：水压试验、空气吹扫 5. 脱脂设计要求：二氯乙烷	m	26
3	030802001003	中压碳钢管	1. 材质：20 号无缝钢管 2. 规格：$\phi 57 \times 3.5$ 3. 连接形式、焊接方法：氩电联焊 4. 压力试验、吹扫与清洗设计要求：水压试验、空气吹扫 5. 脱脂设计要求：二氯乙烷	m	2.6
4	030805001001	中压碳钢管件	1. 材质：碳钢 2. 规格：DN80 冲压弯头 3. 焊接方法：氩电联焊 4. 补强圈材质、规格：碳钢厚度 8mm	个	1
5	030805001002	中压碳钢管件	1. 材质：碳钢 2. 规格：DN70 冲压弯头 3. 焊接方法：氩电联焊 4. 补强圈材质、规格：碳钢厚度 8mm	个	15
6	030805001003	中压碳钢管件	1. 材质：碳钢 2. 规格：DN70 挖眼三通 3. 焊接方法：氩电联焊 4. 补强圈材质、规格：碳钢厚度 8mm	个	4
7	030805001004	中压碳钢管件	1. 材质：碳钢 2. 规格：DN50 冲压弯头 3. 焊接方法：氩电联焊 4. 补强圈材质、规格：碳钢厚度 8mm	个	1
8	030815001001	管架制作安装	1. 单件支架质量：4kg 2. 材质：型钢 3. 管架形式：普通支架 4. 支架衬垫材质：3mm 硬橡胶垫 5. 减震器形式及做法：弹簧减震器并做检测试验	kg	40
9	030816003001	焊缝 X 射线探伤	1. 名称：焊缝 X 射线探伤 2. 底片规格：80mm×150mm 3. 管壁厚度：$\delta \leqslant 4mm$	张	108
10	030816005001	焊缝超声波探伤	1. 名称：焊缝超声波探伤 2. 管道规格：DN100 以内 3. 对比试块设计要求：B 级	口	13

【例2】 某换热加压站工艺系统平面图如图 6-8 所示，工程概况如下：

（1）管道系统工作压力为 1.0MPa，图中标注尺寸除标高以 m 计外，其他均以 mm 计。

（2）管道均采用 20 号碳钢无缝钢管，弯头采用成品压制弯头，三通现场挖眼连接，管道系统全部采用电弧焊接。

（3）蒸汽管道安装就位后，对管口焊缝采用 X 射线进行无损探伤，探伤片子规格为 80mm×150mm，管道按每 10mm 有 7 个焊口计，探伤比例要求为 50%。管道焊缝探伤片子的搭接长度按 25mm 计。

（4）所有法兰为碳钢平焊法兰。热水箱内配有一浮球阀，阀门型号：截止阀为 J41T-16，止回阀为 H41T-16，疏水阀为 S41T-16，均采用平焊法兰连接。

（5）管道支架为普通支架。管道安装完毕用水进行水压试验和冲洗。

（6）所有管道、管道支架除锈后，均刷防锈漆两遍。管道采用岩棉管壳（厚度为 50mm）保温，外缠铝箔保护层。

问题：按照《通用安装工程工程量计算规范》GB 50856—2013 的规定，以及给出的"工程量清单统一项目编码"，编列出该管道系统（支架制安除外）的分部分项工程量清单项目，将相关数据内容填入答题纸表中，并将管道和管道焊缝 X 射线探伤工程量的计算过程（其中 φ89×4 无缝钢管长度工程量已给定，不需写出计算过程），分别写在"分部分项工程量清单表"的后面。（2009 年全国造价工程师案例考试题）

项目编码	项目名称	项目编码	项目名称
030801001	低压碳钢管	030804001	低压碳钢管件
030807003	低压法兰阀门	030810002	低压碳钢焊接法兰
030816003	焊缝 X 射线探伤		

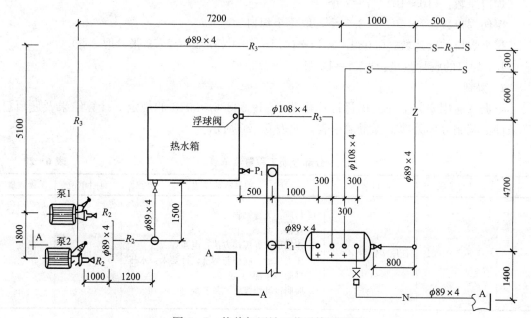

图 6-8　换热加压站工艺系统平面图

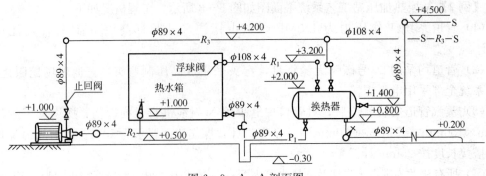

图 6-9 A-A 剖面图

图例：

蒸汽管	——Z——	排放管	——P——
给水管	——S——	截止阀	▷◁
热水管	——R——	止回阀	▷│
凝水管	——N——	疏水阀	◓

【解】1. 写出下列工程量的计算过程

(1) 无缝钢管 $\phi108\times4$ 安装工程量的计算式：

S 管：$0.5+1+0.6+4.7+(4.2-2)=9m$

R_3 管：$4.7+0.5+1+0.3+(3.2-2)=7.7m$

小计：$9+7.7=16.7m$

(2) $\phi89\times4$ 蒸汽管道焊缝 X 射线探伤工程量的计算式：

Z 管：$0.5+0.8+0.3+0.6+4.7+(4.5-1.4)=10m$

焊口总数：$(10\div10)\times7=7$ 个

探伤焊口数：$7\times50\%=3.5$ 个，取 4 个焊口

每个焊口的胶片数：$0.089\times3.14\div(0.15-0.025\times2)=2.79$ 张，取 3 张

4 个焊口的胶片数量：$3\times4=12$ 张

2. 编制

根据《通用安装工程工程量计算规范》GB 50856—2013 的规定、计算结果及题目已知条件，编制分部分项工程量清单表，如表 6-20 所示。

分部分项工程量清单表   表 6-20

序号	项目编码	项目名称	项目特征描述	计量单位	工程数量
1	030801001001	低压碳钢管	1. 材质：无缝钢管 2. 规格：$\phi108\times4$ 3. 连接形式、焊接方法：电弧焊 4. 压力试验、吹扫与清洗设计要求：水压试验、水冲洗 5. 脱脂设计要求：二氯乙烷	m	16.7

序号	项目编码	项目名称	项目特征描述	计量单位	工程数量
2	030801001002	低压碳钢管	1. 材质：无缝钢管 2. 规格：$\phi89\times4$ 3. 连接形式、焊接方法：电弧焊 4. 压力试验、吹扫与清洗设计要求：水压试验、水冲洗 5. 脱脂设计要求：二氯乙烷	m	46.2
3	030804001001	低压碳钢管件	1. 材质：碳钢 2. 规格：DN100 冲压弯头 3. 连接方式：电弧焊 4. 补强圈材质、规格：碳钢厚度 6mm	个	4
4	030804001002	低压碳钢管件	1. 材质：碳钢 2. 规格：DN80 冲压弯头 3. 连接方式：电弧焊 4. 补强圈材质、规格：碳钢厚度 6mm	个	14
5	030804001003	低压碳钢管件	1. 材质：碳钢 2. 规格：DN80 挖眼三通 3. 连接方式：电弧焊 4. 补强圈材质、规格：碳钢厚度 6mm	个	2
6	030807003001	低压法兰阀门	1. 名称：截止阀 2. 材质：灰铸铁 3. 型号、规格：DN100、J41T-16 4. 连接形式：法兰 5. 焊接方法：平焊	个	2
7	030807003002	低压法兰阀门	1. 名称：截止阀 2. 材质：灰铸铁 3. 型号、规格：DN80、J41T-16 4. 连接形式：法兰 5. 焊接方法：平焊	个	9
8	030807003003	低压法兰阀门	1. 名称：止回阀 2. 材质：灰铸铁 3. 型号、规格：DN80、H41T-16 4. 连接形式：法兰 5. 焊接方法：平焊	个	2
9	030807003004	低压法兰阀门	1. 名称：疏水阀 2. 材质：灰铸铁 3. 型号、规格：DN80、S41T-16 4. 连接形式：法兰 5. 焊接方法：平焊	个	1
10	030810002001	低压碳钢焊接法兰	1. 材质：碳钢 2. 结构形式：平焊 3. 型号、规格：DN100、PNl.6 4. 连接形式：单面焊 5. 焊接方法：电弧焊	副	1.5
11	030810002002	低压碳钢焊接法兰	1. 材质：碳钢 2. 结构形式：平焊 3. 型号、规格：DN80、PNl.6 4. 连接形式：单面焊 5. 焊接方法：电弧焊	副	5.5
12	030816003001	焊缝 X 射线探伤	1. 名称：焊缝 X 射线探伤 2. 底片规格：80mm×150mm 3. 管壁厚度：$\delta\leqslant4mm$	张	12

习 题

某化工生产装置中部分热交换工艺管道系统如图 6-10 所示，其工程概况如下：

(1) 某化工厂生产装置中的部分热交换工艺管道系统如图 6-10 所示，图中标注尺寸标高以 m 计，该管道系统工作压力为 2.0MPa。

(2) 管道：采用 20 号碳钢无缝钢管。管件：弯头采用成品冲压弯头。三通、四通现场挖眼连接，异径管现场制作。

(3) 阀门、法兰：所有法兰为碳钢对焊法兰；阀门型号除图中说明外，均为 J41H-25，采用对焊法兰连接电弧焊。

(4) 管道支架为普通支架。其中 φ219×6 管支架共 12 处，每处 25kg，φ159×6 管支架共 10 处，每处 20kg。管道除锈后刷防锈漆、调合漆两遍。

(5) 管道安装完毕做水压试验，对管道焊口按 50% 的比例做超声波探伤，其焊口总数为：φ219×6 管道焊口 24 个。

(6) 管道安装就位后，所有管道外壁手工除锈后均刷防锈漆两遍，采用岩棉管壳（厚度为 60mm）作绝热保护层。

问题：试根据图示内容和《通用安装工程工程量计算规范》GB 50856—2013 的规定，编制分部分项工程量清单（不含法兰有关分项）。

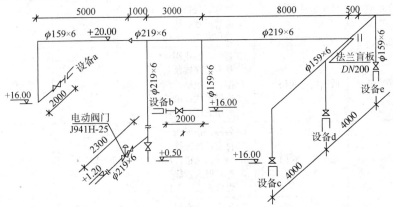

图 6-10 热交换工艺管道系统图

第7章　电气设备工程预算编制方法与原理

7.1　电气设备工程施工规定

7.1.1　电气设备安装

7.1.1.1　高压配电屏的安装

成套高压配电屏的基本形式有固定式和手车式，各种配电屏的安装方法与安装步骤相同，具体如下所述：

（1）基础型钢的安装

（2）立柜固定

配电屏安放在槽钢上以后，利用薄垫铁将高压柜粗调水平，再以其中一台为基准，调整其他高压柜，使全体高压柜盘面一致，间隙均匀。

（3）连接母排

高压配电屏上的主母排，仪表由开关厂配套提供，也可以在施工现场按设计图纸制作。主母排的连接及母排与引下母排的连接，仪表用螺栓连接，在母排连接面处应涂上电力复合脂，螺栓的拧紧程度以及连接面的连接状态，用力矩扳手按规定力矩值拧紧螺栓来控制。

7.1.1.2　配电箱安装

（1）安装方式

配电箱的安装分明装、暗装和落地式安装三种方式。按规定，明装配电箱安装高度距地 1.2m（指箱下口距地高度）。暗装配电箱距地 1.4m。落地配电箱（柜、台）安装在型钢上。柜下进线方式常用电缆沟敷设。

（2）安装工艺要求

① 落地式配电箱的安装倾斜度不大于 5°，安装场所不得有剧烈振动和颠簸。明装时，常用角钢作支架，安装在墙上或柱上。

② 安装时，按接线的要求先把必须穿管的敲落孔打掉，然后穿管线。注意配电箱内的管口要平齐，尤其是要及时堵好管口，以防掉进异物而严重影响管内穿线。

③ 配电箱内安装的各种开关在断电状态时，刀片或可动部分均不应该带电（特殊情况除外）。装于明盘的电器应有外壳保护，带电部分不能外露。垂直安装时，上端接电源，下端接负载；横装时左端接电源，右端接负载。

④ 配电箱上装有计量仪表、互感器时，二次侧的导线应使用截面不小于 2.5mm² 的铜芯绝缘线。配电箱内的电源指示灯应接在总开关的前面，即接在电源侧。接零保护系统中的专用保护线 PE 线，在引入建筑物处应作重复接地，要求接地电阻不大于 10Ω。

7.1.2 架空线路敷设

7.1.2.1 架空线路敷设

低压电杆的杆距宜在 30～45m 之间。架空导线间距不小于 300mm，靠近混凝土杆的两根导线间距不小于 500mm。上下两层横担间距：直线杆时为 600mm；转角杆时为 300mm。广播线、通信电缆与电力线同杆架设时应在电力线下方，两者垂直距离不小于 1.5m。安装卡盘的方向要注意，在直线杆线路应一左一右交替排列；转角杆应注意导线受力方向和拉线方向。

7.1.2.2 横担安装

横担一般应架设在电杆靠近负荷的一侧。

7.1.3 电缆敷设

电缆安装方法有：埋地敷设、电缆沟内敷设、沿支架敷设、穿导管敷设、沿钢索卡敷设和沿桥架敷设。

7.1.3.1 电缆埋地敷设

（1）深度一般为 0.8m（如设计图中说明另有规定者按图纸要求深度敷设），埋地敷设电缆必须是铠装并且有防腐层保护的电缆，裸钢带铠装电缆不允许埋地敷设。

（2）为了不使电缆的绝缘层和保护层过度弯曲、扭伤，在敷设电缆时其弯曲电缆外径之比应不小于下列规定：

① 纸绝缘多芯电力电缆（铅包、铝包、铠装）15 倍，单芯（铅包、铝包、铠装）20 倍。

② 橡皮或聚氯乙烯护套多芯电力电缆 10 倍，橡皮绝缘、裸铅、护套多芯电力电缆 15 倍，橡皮绝缘铅护套钢带铠装电力电缆 20 倍。

③ 塑料绝缘铠装或无铠装多芯电力电缆 10 倍。

④ 控制电缆、铠装或无铠装多芯电缆 10 倍。

（3）敷设方式，如图 7-1 所示，具体施工步骤如下：

先将电缆沟挖好，往沟底铺 10cm 厚的细砂（或软土），敷好电缆后，在电缆上再铺 10cm 厚细砂（或软土）。然后盖砖或保护板，上面回填土略高于地坪。多根电缆同沟敷设时，10kV 以下电缆平行距离平均为 170mm，10kV 以上电缆平行距离为 350mm，电缆埋地敷设时要留有电缆全长 1.5%～2.5%的曲折弯长度（俗称 S 弯）。

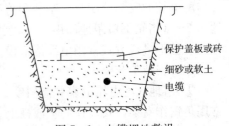

图 7-1　电缆埋地敷设

7.1.3.2 电缆沟内敷设

电缆在电缆沟内敷设根据电缆沟内支架的不同类型，可分为无支架电缆沟敷设、单侧支架电缆沟敷设和双侧支架电缆沟敷设三种类型，如图 7-2 所示。

电缆支架安装的水平距离为：电力电缆每 1m 设一个支架，控制电缆每 0.8m 设一个支架。由于实际施工时，电力电缆和控制电缆一般同沟敷设，所以支架的安装距离一般为 0.8m。电缆垂直敷设时，一般为卡设，电力电缆每隔 1.5m 设一个支架，控制电缆每隔

1m 设一个支架，故支架距离一般为 1m 或 1.2m。电缆支架无论是自制的还是装配式电缆支架，安装好后都必须焊接地线。

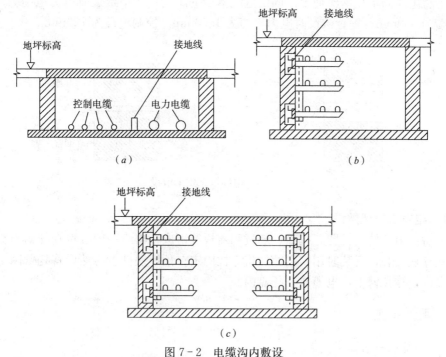

图 7-2　电缆沟内敷设

(*a*) 无支架电缆沟敷设；(*b*) 单侧支架电缆沟敷设；(*c*) 双侧支架电缆沟敷设

7.1.3.3　电缆沿支架敷设

电缆沿墙、柱安装的方法如图 7-3 所示。

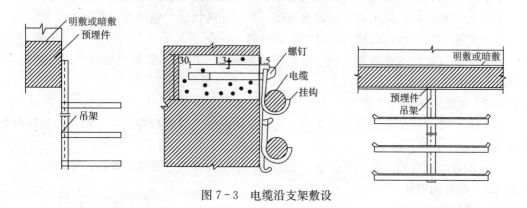

图 7-3　电缆沿支架敷设

7.1.3.4　电缆穿导管敷设

先将导管敷设好（明敷或暗敷），再将电缆穿入管内，要求管内径不应小于电缆外径的 1.5 倍，管道的两头应打喇叭口，铸铁管、混凝土管、陶土管、石棉水泥管其内径不应小于 100mm，敷设电缆导管时要有 0.1% 的排水坡度，单芯电缆不允许穿入钢管内。

7.1.3.5　电缆沿钢索卡敷设

如图 7-4 所示，先将钢索两端固定好，其中一端装有花篮螺栓用以调节钢索松紧度，再用卡子将电缆固定在钢丝绳上。固定电缆卡子的距离：水平敷设时电力电缆为 750mm，控制电缆为 600mm；垂直敷设时电力电缆为 1500mm，控制电缆为 750mm。

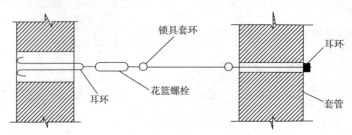

图 7-4　电缆沿钢索卡敷设

7.1.3.6　电缆沿桥架敷设

电缆桥架由立柱、托臂、托盘、隔板和盖板等组成。电缆一般敷设在托盘内。电缆桥架悬吊式立柱安装，安装时用膨胀螺栓将立柱固定在预埋铁件上，然后将托臂固定于立柱上，托盘固定在托臂上，电缆放在托盘内。

7.1.4　配管施工

7.1.4.1　配管的一般要求

（1）敷设于多尘和潮湿场所的电线管路、管口、管子连接处，均应做密封处理。

（2）暗配管应沿最近的路线敷设并应减少弯曲，埋入墙或混凝土内的管子离表面的净距不小于 15mm。

（3）进入落地式配电箱的管路排列应整齐，管口高出基础面不应小于 50mm。

（4）埋入地下的管路不宜穿过设备基础。穿过建筑物时，应加保护管保护。

（5）明配钢管不允许焊接，只可用管箍丝接。

（6）钢管（镀锌钢管除外）内、外均应刷防腐漆，但埋于混凝土内的管路外壁不刷，埋入土层内的钢管应刷两道沥青漆。

7.1.4.2　配管的连接

（1）管与管的连接应采用丝扣连接，禁止采用电焊或气焊对焊连接。用丝扣连接时加焊跨接地线。

（2）配管与配电箱、盘、开关盒、灯头盒、插座盒等的连接应套丝扣、加锁母。

7.1.4.3　配管的安装

（1）明配管的安装

安装时管道的排列应整齐，间距要相等，转弯部分应按同心圆弧的形式进行排列。管道不允许焊接在支架或设备上。成排管并列安装时，接地、接零线和跨接线应使用圆钢或扁钢进行焊接，不允许在管缝间隙直接焊接。电气管应敷设在热水管或蒸汽管的下面。

明配管的敷设分一般钢管和防爆钢管配管。一般都是将管子用管卡卡住，再将管卡用螺栓固定在角钢支架上或固定在预埋于墙内的木桩上。

（2）暗配管的安装

在混凝土内暗设管道时，管道不得穿越基础和伸缩缝。如必须穿过时应改为明配，并用金属软管作补偿。配合土建施工做好预埋的工作，埋入混凝土地面内的管道应尽量不深入土层中，出地管口高度（设计有规定者除外）不宜低于 200mm。

电线管路平行敷设超过下列长度时，中间应加接线盒：

① 管子长度超过 30m、无弯曲时；
② 管子长度超过 20m、有 1 个弯时；
③ 管子长度超过 15m、有 2 个弯时；
④ 管子长度超过 8m、有 3 个弯时。

在垂直敷设管路时，装设接线盒或拉线盒的距离尚应符合下列要求：

① 导线截面 50mm² 及以下时，为 30m；
② 导线截面 70～95mm² 时，为 20m；
③ 导线截面 120～240mm² 时，为 18m。

电气线路中使用的接线盒、拉线盒应符合下列要求：

① Q-1 级场所应用隔爆型；
② Q-2 级场所应用任意一种防爆型；
③ Q-3 级场所用防尘型。

7.1.5 配线施工

7.1.5.1 穿管配线

（1）穿线前应当用破布或空气压缩机将管内的杂物、水分清除干净。

（2）电线接头必须放在接线盒内，不允许在管内有接头和扭结，并有足够的预留长度。

7.1.5.2 钢索配线

钢索配线分鼓型绝缘子钢索配线、塑料护套线钢索配线两种。这两种钢索配线不包括钢索架设及拉紧装置的安装和制作。钢索配线的第一步是钢索架设，对钢索架设的具体要求如下：

（1）钢索的截面积一般不得小于 16mm²，钢索必须保持完好，不得有伤痕的现象。

（2）钢索配线使用的钢索应符合下列要求：

① 宜使用镀锌钢索，不得使用含油芯的钢索；
② 敷设在潮湿或有腐蚀性的场所应使用塑料套钢索；
③ 钢索的单根钢丝直径应小于 0.5mm²，并不应有扭曲和断股现象；
④ 选用圆钢作钢索时，在安装前应调直、预拉伸和刷防腐漆。

（3）钢索两端应固定牢固，弛度应适当，不得过松过紧，两端应可靠接地。

（4）钢索长度在 50m 及以下时，可在一端装花篮螺栓；超过 50m 两端均应装设花篮螺栓。每超过 50m 应加装一个中间花篮螺栓。钢索的终端固定处，钢索卡不少于 2 个。

（5）钢索中间固定的间距不应大于 12m。中间吊钩宜使用圆钢，其直径不应小于 8mm，吊钩深度不应小于 20mm。

7.1.5.3　槽板配线

槽板配线包括木槽板配线和塑料槽板配线两种。木槽板和塑料槽板又分为二线式和三线式。槽板配线是先将槽板的底板用木螺钉固定于棚、墙壁上，将电线放入底板槽内，然后将盖板盖在底板上并用木螺钉固定。

7.1.5.4　金属线槽配线

金属线槽配线一般适用于正常环境的室内场所明敷，但对金属线槽有严重腐蚀的场所不应采用。具有槽盖的封闭式金属线槽，可在建筑顶棚内敷设。线槽应平整、无扭曲变形，内壁应光滑、无毛刺。金属线槽应做防腐处理。

7.1.5.5　瓷夹、瓷瓶配线

瓷夹、瓷瓶配线应按规定要求进行施工，瓷夹、瓷瓶配线只适用于室内外明配线。室内绝缘导线与建筑物表面的最小距离，瓷夹配线不应小于 5mm，瓷瓶配线不应小于 10mm。

7.1.5.6　护套线配线

塑料护套线是一种具有塑料保护层的双芯或多芯的绝缘导线，具有防潮、耐酸和耐腐蚀等性能。可以直接敷设在楼板、墙壁及建筑物上，用钢筋扎头作为导线的支持物。

7.1.5.7　导线的连接

导线的连接方法很多，有绞接、焊接、压接和螺栓连接等。各种连接方法适用于不同导线及不同的工作地点。

7.1.6　灯具安装

安装照明灯具时，灯具及其配件应齐全，并应无机械损伤、变形、油漆剥落和灯罩破裂等缺陷。

36V 及以下照明变压器的安装应符合下列要求：电源侧应有短路保护，其熔丝的额定电流不应大于变压器的额定电流。外壳、铁芯和低压侧的任意一端或中性点，均应接地或接零。

固定在移动结构上的灯具，其导线宜敷设在移动构架的内侧；在移动构架活动时，导线不应受拉和磨损。

灯具的安装方式有吸顶式、壁式、线吊式、链吊式、管吊式、柱式、嵌入式等。

7.1.7　开关、插座、吊扇的安装

7.1.7.1　开关安装

开关安装位置应便于操作，距地面高度应符合下列要求：拉线开关一般距地面 2～3m，或距顶棚 0.3m，距门框 0.15～0.2m，且拉线开关的出口应向下；其他各种开关安装，一般距地面 1.3m，距门框 0.15～0.2m；成排安装的开关高度应一致，高低差不应大于 2mm，拉线开关相邻间距一般不应小于 20mm。

7.1.7.2　插座安装

（1）一般距地面高度为 0.3m，托儿所、幼儿园及小学不应低于 1.8m，相同场所安装的插座高度应尽量一致。

（2）车间及试验室的明、暗插座一般距地面高度不得低于 0.3m，特殊场所暗装插座一般应低于 0.5m，同一室内安装的插座高低差不应大于 5mm，成排安装的插座不应大于 2mm。

（3）在两眼插座上，左边插孔接线柱接电源的零线，右边插孔接线柱接电源的相线；在三眼插座上，上方插孔接线柱接地线，左边插孔接线柱接电源零线，右边插孔接线柱接电源相线。

7.1.7.3 吊扇安装

（1）吊扇的挂钩直径不应小于悬挂销钉的直径，且不得小于 10mm。预埋于混凝土中的挂钩应与主筋相焊接。如无条件焊接时，可将挂钩末端部分弯曲后钩在主筋上并绑扎、固定牢固。

（2）吊杆上的悬挂销钉必须装设防震橡皮垫及防松装置。

7.2 电气设备工程施工图

电气设备工程施工图是表示电力系统中电气线路及各种电气设备、元器件、电气装置的规格、型号、位置、数量、装配方式及其相互关系和连接的安装工程设计图，它是指导施工、编制预算的主要依据。

7.2.1 常用文字标注的含义

为了正确、简明地表达电气设计内容，有利于提高图纸设计速度，根据电气设备工程专业的特点，制定了一套电气设计的图例、符号、标注的规定，常用标注的含义见下述规定。

7.2.1.1 电气设备标注（见表 7-1）

电气设备标注   表 7-1

序号	标注方式	说　明	序号	标注方式	说　明
1	$\dfrac{a}{b}$	用电设备标注 a—设备编号或设备位号 b—额定功率（kW 或 kVA）	4	ab/cd	照明、安全、控制变压器标注 a—设备种类代号 b/c—一次电压/二次电压 d—额定容量
2	−a+b/c	系统图电气箱（柜、屏）标注 a—设备种类代号 b—设备安装位置代号 c—设备型号	5	$a-b\dfrac{c\times d\times L}{e}f$	照明灯具标注 a—灯数 b—型号或编号（无则省略） c—每盏照明灯具灯泡数 d—灯泡安装容量 e—灯泡安装高度（m）"—"表示吸顶安装 f—安装方式，见表 7-3 L—光源种类
3	−a	平面图电气箱（柜、屏）标注 a—设备种类代号	6	ab—c（d×e+f×g）i—jh	线路标注 a—线缆编号 b—型号（不需要可省略） c—线缆根数 d—电缆线芯数 e—线芯截面（mm²） f—PE、N 线芯数 g—线芯截面（mm²） i—线路敷设方式，见表 7-2 j—线路敷设部位，见表 7-2 h—线缆敷设安装高度（m）

序号	标注方式	说　明	序号	标注方式	说　明
7	$\dfrac{a \times b}{c}$	电缆桥架标注 a—电缆桥架宽度（mm） b—电缆桥架高度（mm） c—电缆桥架安装高度（m）	9	a-b（c×2×d）e-f	电话线路的标注 a—电话线缆编号 b—型号（不需要可省略） c—导线根数 d—导体直径（mm） e—敷设方式和管径（mm） f—敷设部位
8	$\dfrac{a-b-c-d}{e-f}$	电缆与其他设施交叉点标注 a—保护管根数 b—保护管直径（mm） c—保护管长度（m） d—地面标高（m） e—保护管埋设深度（m） f—交叉点坐标			

7.2.1.2　线路敷设方式和敷设部位标注（见表 7-2）

线路敷设方式和敷设部位标注　　　　　　　　　　表 7-2

序号	标注方式	说　明	序号	标注方式	说　明
1	SC	穿低压流体输送用焊接钢管敷设	13	CE	混凝土排管敷设
2	MT	穿电线管敷设	14	AB	沿柱或跨梁敷设
3	PC	穿硬塑料导管敷设	15	BC	暗敷在梁内
4	FPC	穿阻燃半硬塑料导管敷设	16	AC	沿柱或跨柱敷设
5	CT	电缆桥架敷设	17	CLC	暗敷在柱内
6	MR	金属线槽敷设	18	WS	沿地面敷设
7	PR	塑料线槽敷设	19	WC	暗敷在墙内
8	M	钢索敷设	20	CE	沿顶棚或顶板敷设
9	KPC	穿塑料波纹电线管敷设	21	CC	暗敷在屋面或顶板内
10	CP	穿可挠金属电线保护套管敷设	22	SCE	吊顶内敷设
11	DB	直埋敷设	23	FC	地板或地面下敷设
12	TC	电缆沟敷设			

7.2.1.3　灯具标注（见表 7-3）

灯具标注　　　　　　　　　　表 7-3

序号	标注方式	说　明	序号	标注方式	说　明
1	SW	线吊式	4	W	壁装式
2	CS	链吊式	5	C	吸顶式
3	DS	管吊式	6	R	嵌入式

序号	标注方式	说　明	序号	标注方式	说　明
7	CR	顶棚内安装	10	CL	柱上安装
8	WR	墙壁内安装	11	HM	座装
9	S	支架上安装			

7.2.1.4　电气设备、装置和元件的字母代码（见表7-4）

电气设备、装置和元件的字母代码　　　　　　　　表7-4

序号	标注方式	字母代码		序号	标注方式	字母代码	
	设备、装置和元件的名称	主类代码	含子类代码		设备、装置和元件的名称	主类代码	含子类代码
1	35kV 开关柜、MCC 柜	A	AH	27	测量变送器	B	BE
2	20kV 开关柜、MCC 柜	A	AJ	28	气表、水表	B	BF
3	10kV 开关柜、MCC 柜	A	AK	29	差压传感器	B	BF
4	6kV 开关柜、MCC 柜	A	AL	30	流量传感器	B	BF
5	低压配电柜、MCC 柜	A	AN	31	接近开关、位置开关	B	BG
6	并联电容器屏（箱）	A	ACC	32	接近传感器	B	BG
7	直流配电柜（屏）	A	AD	33	时钟、计时器	B	BK
8	保护屏	A	AR	34	湿度计、湿度测量传感器	B	BM
9	电能计量柜	A	AM	35	压力传感器	B	BP
10	信号箱	A	AS	36	烟雾（感烟）探测器	B	BR
11	电源自动切换箱（柜）	A	AT	37	感光（火焰）探测器	B	BR
12	电力配电箱	A	AP	38	光电池	B	BR
13	应急电力配电箱	A	APE	39	速度计、转速计	B	BS
14	控制箱、操作箱	A	AC	40	速度变换器	B	BS
15	励磁屏（柜）	A	AE	41	温度传感器、温度计	B	BT
16	照明配电箱	A	AL	42	麦克风	B	BX
17	应急照明配电箱	A	ALE	43	视频摄像机	B	BX
18	电度表箱	A	AW	44	火灾探测器	B	—
19	建筑设备监控主机	A	—	45	气体探测器	B	—
20	电信（弱电）主机	A	—	46	测量变换器	B	—
21	热过载继电器	B	BB	47	位置测量传感器	B	BQ
22	保护继电器	B	BB	48	液位测量传感器	B	BL
23	电流互感器	B	BE	49	电容器	C	CA
24	电压互感器	B	BE	50	线圈	C	CB
25	测量继电器	B	BE	51	硬盘	C	CF
26	测量电阻（分流）	B	BE	52	存储器	C	CF

序号	标注方式 设备、装置和元件的名称	字母代码 主类代码	字母代码 含子类代码	序号	标注方式 设备、装置和元件的名称	字母代码 主类代码	字母代码 含子类代码
53	磁带记录仪、磁带机	C	CF	87	控制器（光、声学）	K	KG
54	录像机	C	CF	88	阀门控制器	K	KH
55	白炽灯、荧光灯	E	EA	89	瞬时接触继电器	K	KA
56	紫光灯	E	EA	90	电流继电器	K	KC
57	电炉、电暖炉	E	EB	91	电压继电器	K	KV
58	电热、电热丝	E	EB	92	信号继电器	K	KS
59	灯、灯泡	E	—	93	瓦斯保护继电器	K	KB
60	激光器	E	—	94	压力继电器	K	KPR
61	发光设备	E	—	95	电动机	M	MA
62	辐射器	E	—	96	直线电动机	M	MA
63	热过载释放器	F	FD	97	电磁驱动	M	MB
64	熔断器	F	FA	98	励磁线圈	M	MB
65	微型断路器	F	FB	99	执行器	M	ML
66	安全栅	F	FC	100	弹簧储能装置	M	ML
67	电涌保护器	F	FC	101	打印机	P	PF
68	避雷器	F	FE	102	录音机	P	PF
69	避雷针	F	FE	103	电压表	P	PG
70	保护阳极（阴极）	F	FR	104	电压表	P	PV
71	发电机	G	GA	105	告警灯、信号灯	P	PG
72	直流发电机	G	GA	106	监视器、显示器	P	PG
73	电动发电机组	G	GA	107	LED（发光二极管）	P	PG
74	柴油发电机组	G	GA	108	铃、钟	P	PG
75	蓄电池、干电池	G	GB	109	铃、钟	P	PB
76	燃料电池	G	GB	110	计量表	P	PG
77	太阳能电池	G	GC	111	电流表	P	PA
78	信号发生器	G	GF	112	电度表	P	PJ
79	不间断电源	G	GU	113	时钟、操作时间表	P	PT
80	继电器	K	KF	114	无功电度表	P	PJR
81	时间继电器	K	KF	115	最大需用量表	P	PM
82	控制器（电、电子）	K	KF	116	有功功率表	P	PW
83	输入、输出模块	K	KF	117	功率因数表	P	PPF
84	接收机	K	KF	118	无功电流表	P	PAR
85	发射机	K	KF	119	（脉冲）计数器	P	PC
86	光耦器	K	KF	120	记录仪器	P	PS

序号	标注方式		字母代码		序号	标注方式		字母代码	
	设备、装置和元件的名称		主类代码	含子类代码		设备、装置和元件的名称		主类代码	含子类代码
121	频率表		P	PF	155	启动按钮		S	SF
122	相位表		P	PPA	156	停止按钮		S	SS
123	转速表		P	PT	157	复位按钮		S	SR
124	同位指示器		P	PS	158	试验按钮		S	ST
125	无色信号灯		P	PG	159	电压表切换开关		S	SV
126	白色信号灯		P	PGW	160	电流表切换开关		S	SA
127	红色信号灯		P	PGR	161	变频器、频率转换器		T	TA
128	绿色信号灯		P	PGG	162	电力变压器		T	TA
129	黄色信号灯		P	PGY	163	DC 转换器		T	TA
130	显示器		P	PC	164	整流器、AC/DC 转换器		T	TB
131	温度计、液位计		P	PG	165	天线、放大器		T	TF
132	断路器、接触器		Q	QA	166	调制器、解调器		T	TF
133	晶闸管、电动机启动器		Q	QA	167	隔离变压器		T	TF
134	隔离器、隔离开关		Q	QB	168	控制变压器		T	TC
135	熔断器式隔离器		Q	QB	169	电流互感器		T	TA
136	熔断器式隔离开关		Q	QB	170	电压互感器		T	TV
137	接地开关		Q	QC	171	整流变压器		T	TR
138	旁路断路器		Q	QD	172	照明变压器		T	TL
139	电源转换开关		Q	QCS	173	有载调压变压器		T	TLC
140	剩余电流保护断路器		Q	QR	174	自耦变压器		T	TT
141	软启动器		Q	QAS	175	支持绝缘子		U	UB
142	综合启动器		Q	QCS	176	电缆桥架、托盘、梯架		U	UB
143	星—三角启动器		Q	QSD	177	线槽、瓷瓶		U	UB
144	自耦降压启动器		Q	QTS	178	电信桥架、托盘		U	UG
145	转子变阻式启动器		Q	QRS	179	绝缘子		U	——
146	电阻器、二极管		R	RA	180	高压母线、母线槽		W	WA
147	电抗线圈		R	RA	181	高压配电线缆		W	WB
148	滤波器、均衡器		R	RF	182	低压导线、母线槽		W	WC
149	电磁锁		R	RL	183	低压配电线缆		W	WD
150	限流器		R	RN	184	数据总线		W	WF
151	电感器		R	——	185	控制电缆、测量电缆		W	WG
152	控制开关		S	SF	186	光缆、光纤		W	WH
153	按钮开关		S	SF	187	信号线路		W	WS
154	多位开关（选择开关）		S	SAC	188	电力线路		W	WP

序号	标注方式		字母代码		序号	标注方式		字母代码	
	设备、装置和元件的名称		主类代码	含子类代码		设备、装置和元件的名称		主类代码	含子类代码
189	照明线路		W	WL	197	低压电缆头		X	XD
190	应急电力线路		W	WPE	198	插座、插座箱		X	XD
191	应急照明线路		W	WLE	199	接地端子、屏蔽接地端子		X	XE
192	滑触线		W	WT	200	信号分配器		X	XG
193	高压端子、接线盒		X	XB	201	信号插头连接器		X	XG
194	高压电缆线		X	XB	202	（光学）信号连接		X	XH
195	低压端子、端子板		X	XD	203	连接器		X	—
196	过路接线盒、接线端子箱		X	XD	204	插头		X	—

7.2.1.5 常用辅助文字符号（见表7-5）

常用辅助文字符号 　　　　　　　　　　　　　　　　表7-5

序号	文字符号	中文名称	序号	文字符号	中文名称
1	A	电流	23	D	降
2	A	模拟	24	DC	直流
3	AC	交流	25	DCD	解调
4	A. AUT	自动	26	DEC	减
5	ACC	加速	27	DP	调度
6	ADD	附加	28	DR	方向
7	ADJ	可调	29	DS	失步
8	AUX	辅助	30	E	接地
9	ASY	异步	31	EC	编码
10	B. BRK	制动	32	EM	紧急
11	BC	广播	33	EMS	发射
12	BK	黑	34	EX	防爆
13	BU	蓝	35	F	快速
14	BW	向后	36	FA	事故
15	C	控制	37	FB	反馈
16	CCW	逆时针	38	FM	调频
17	CD	操作台（独立）	39	FW	正、向前
18	CO	切换	40	FX	固定
19	CW	顺时针	41	G	气体
20	D	延时、延迟	42	GN	绿
21	D	差动	43	H	高
22	D	数字	44	HH	最高（较高）

序号	文字符号	中文名称	序号	文字符号	中文名称
45	HH	手孔	80	PL	脉冲
46	HV	高压	81	PM	调相
47	IB	仪表箱	82	PO	并机
48	IN	输入	83	PR	参量
49	INC	增	84	R	记录
50	IND	感应	85	R	右
51	L	左	86	R	反
52	L	限制	87	RD	红
53	L	低	88	RES	备用
54	LL	最低（较低）	89	R·RST	复位
55	LA	闭锁	90	RTD	热电阻
56	M	主	91	RUN	运转
57	M	中	92	S	信号
58	M	中间线	93	ST	启动
59	M、MAN	手动	94	S.SET	置位、定位
60	MAX	最大	95	SAT	饱和
61	MIN	最小	96	SB	供电箱
62	MC	微波	97	STE	步进
63	MD	调制	98	STP	停止
64	MH	人孔（人井）	99	SYN	同步
65	MN	监听	100	SY	整步
66	MO	瞬间（时）	101	S·P	设定点
67	MUX	多路复用的限定符号	102	T	温度
68	N	中性线	103	T	时间
69	NR	正常	104	T	力矩
70	OFF	断开	105	TE	无噪声（防干扰）接地
71	ON	闭合	106	TM	发送
72	OUT	输出	107	U	升
73	O/E	光电转换器	108	UPS	不间断电源
74	P	压力	109	V	真空
75	P	保护	110	V	速度
76	PB	保护箱	111	V	电压
77	PE	保护接地	112	VR	可变
78	PEN	保护接地与中性线共用	113	WH	白
79	PU	不接地保护	114	YE	黄

7.2.2 施工图例

施工图例见表 7-6～表 7-11。

线路标注图例   表 7-6

序号	名　称	图例符号	序号	名　称	图例符号
1	带接头的地下线路		14	保护接地线	PE
2	接地极	E	15	保护线和接地线共用	
3	接地线	E	16	带中性线和保护线的三相线路	
4	避雷线、避雷带、避雷网	LP	17	向上配线；向上布线	
5	避雷针		18	向下配线；向下布线	
6	水下线路		19	垂直通过配线；垂直通过布线	
7	架空线路		20	人孔，用于地井	
8	套管线路		21	手孔的一般符号	
9	六孔管道线路	6	22	多用平行的连接线可用一条线（线束）表示	
10	电缆梯架、托盘、线槽线路		23	线束内顺序的表示，使用一个点表示第一个连接	
11	电缆沟线路		24	线束内顺序的表示，表示对应连接	A B C D E　C D E A B
12	中性线		25	线束内导线数目的表示	形式一
13	保护线		26	线束内导线数目的表示	5　3　形式二　2

210

配电设备图例

表 7-7

序号	名　称	图例符号	序号	名　称		图例符号
1	物件（设备、器件、功能单元元件、功能）	形式一	8	轮廓内或外就近标注字母代码，"★"代表电气柜、屏、箱		★
2	物件（设备、器件、功能单元元件、功能）	形式二		35kV 开关柜 AH	20kV 开关柜 AJ	
3	物件（设备、器件、功能单元元件、功能）　〗	形式三		10kV 开关柜 AK	6kV 开关柜 AL	
				并联电容器屏（箱）ACC	低压配电柜 AN	
				保护屏 AR	直流配电柜（屏）AD	
4	等电位端子箱	MEB		信号箱 AS	电能计量柜 AM	
				电力配电箱 AP	电源自动切换箱（柜）AT	
5	局部等电位端子箱	LEB		控制箱、操作箱 AC	应急电力配电箱 APE	
6	EPS 电源箱	EPS		照明配电箱 AL	励磁屏（柜）AE	
7	UPS（不间断）电源箱	UPS		应急照明配电箱 ALE	电度表箱 AW	
				过路接线盒、接线箱 XD	插座箱 XD	

接线盒、启动器图例

表 7-8

序号	名　称	图例符号	序号	名　称	图例符号
1	配电中心		7	调节—启动器	
2	配电中心	★	8	可逆直接在线启动器	
3	盒，一般符号	○	9	星—三角启动器	
4	连接盒；接线盒	⊙	10	带自耦变压器的启动器	
5	用户端，供电引入设备		11	带可控硅整流器的调节—启动器	
6	电动机启动器，一般符号				

序号	名 称		图例符号	序号	名 称		图例符号
1	（电源）插座、插孔，一般符号			8	1P—单相（电源）插座	3P—三相（电源）插座	（不带保护板）
2	多个（电源）插座符号，表示三个插座		形式一		1C—单相暗敷（电源）插座	3C—三相暗敷（电源）插座	
3	多个（电源）插座符号，表示三个插座		形式二		1EX—单相防爆（电源）插座	3EX—三相防爆（电源）插座	
4	带保护极的（电源）插座				1EN—单相密闭（电源）插座	3EN—三相密闭（电源）插座	
5	单相二、三极电源插座			9	带单极开关的（电源）插座		
6	带滑动保护板的（电源）插座			10	带保护极的单极开关（电源）插座		
7	1P—单相（电源）插座	3P—三相（电源）插座	（带保护板）	11	带连锁开关的（电源）插座		
	1C—单相暗敷（电源）插座	3C—三相暗敷（电源）插座					
	1EX—单相防爆（电源）插座	3EX—三相防爆（电源）插座		12	带隔离变压器的（电源）插座剃须插座		
	1EN—单相密闭（电源）插座	3EN—三相密闭（电源）插座					

序号	名　称	图例符号	序号	名　称	图例符号
13	开关，一般符号单联单控开关		26	中间开关	
14	EX—防爆开关 EN—密闭开关 C—暗装开关		27	调光器	
15	双联单控开关		28	单极拉线开关	
16	3联单控开关		29	风机盘管三速开关	
17	n联单控开关，$n>3$		30	按钮	
18	带指示灯的开关		31	根据需要"★"用下述文字标注在图形符号旁边表示不同类型的按钮： 2—两个按钮单元组成的按钮盒 3—三个按钮单元组成的按钮盒 EX—防爆型按钮 EN—密闭型按钮	
19	带指示灯的双联单控开关				
20	带指示灯的3联单控开关				
21	带指示灯的n联单控开关，$n>3$		32	带有指示灯的按钮	
22	单极限时开关		33	防止无疑操作的按钮	
23	双极开关		34	定时器	
24	多位单极开关		35	定时开关	
25	双控单极开关		36	钥匙开关	

序号	名　称	图例符号	序号	名　称	图例符号
1	灯，一般符号	$\otimes$ ★	13	EX—防爆灯	
2	应急疏散指示标志灯	E	14	投光灯，一般符号	$\otimes$
3	应急疏散指示标志灯（向右）	→	15	聚光灯	$\otimes$→
4	应急疏散指示标志灯（向左）	←	16	泛光灯	$\otimes$
5	应急疏散指示标志灯（向左，向右）	⇄	17	障碍灯，危险灯，红色闪光全向光束	●
6	专用电路上的应急照明灯	✕	18	航空地面灯，立式，一般符号	□
7	自带电源的应急照明灯	⊠	19	航空地面灯，嵌入式，一般符号	○
8	光源，一般符号荧光灯，一般符号	⊢——⊣	20	风向标灯（停机坪）	◁
9	二管荧光灯		21	着陆方向灯（停机坪）	
10	多管荧光灯，表示三管荧光灯		22	围界灯（停机坪）绿色全向光束，立式安装	⊙
11	多管荧光灯，$n>3$	$\overset{n}{\diagup}$	23	航空地面灯，白色全向光束，嵌入式（停机坪瞄准点灯）	◎
12	EN—密闭灯	⊢ ★ ⊣			

序号	名　称	图例符号	序号	名　称	图例符号
1	变频器，频率由 f1 变到 f2		10	水泵	
2	变换器，一般符号（能量转换器；信号转换器；测量用传感器、转发器）		11	窗式空调器	
3	电锁		12	分体空调器	室内机　　室外机
4	安全隔离变压器		13	设备盒（箱）	
5	热水器		14	带设备盒（箱）固定分支的直通段	
6	电动阀		15	带设备盒（箱）固定分支的直通段	
7	电磁阀				
8	弹簧操纵装置		16	带保护极插座固定分支的直通段	
9	风扇；通风机				

7.2.3　电气设备工程施工图的组成

电气设备工程施工图一般由设计说明、平面图、系统图、电气详图组成。

7.2.3.1　设计说明

电气设备工程设计说明包括设计说明、施工图例和图纸目录三部分。在设计说明中阐述导线的材料、敷设方式、接地要求、主要设备、施工注意事项等内容。

7.2.3.2　平面图

电气设备工程平面图是表示电气设备设计各项内容的平面布置图，它一般包括动力平面图、照明平面图、防雷平面图等。在平面图上主要表示电源进户线的位置、进户线的型号与规格、穿线管类型及管径；配电箱（盘）的安装位置及方式；配电线路走向和布置、型号和导线截面积，线路的敷设方式及部位，穿管的类型及管径，各类用电设备的安装位置、规格、安装方式和高度等。

7.2.3.3 系统图

电气设备工程系统图是由图例、符号、线路组成的网络连接示意图，它清楚地表达建筑物的总配电情况，电源引入及各层照明线路的控制和分配。在系统图中需注明配电箱的型号，配电线路所用导线的根数、截面面积、型号及所用配管管径等内容。

7.2.3.4 电气详图

电气详图一般为各种箱、盘、柜的盘面布置情况，如图7-5、图7-6所示。

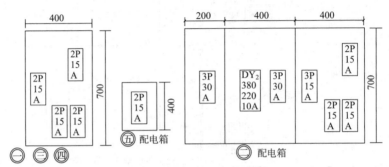

图7-5 盘面布置（一）

若各箱、盘、柜采用标准图集，则不需再画详图。

7.2.4 电气设备工程施工图识图方法

看电气设备工程施工图应在掌握图纸内容组成的基础上，按照一定的步骤和方法进行，才能收到较好的效果。

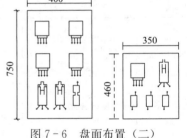

图7-6 盘面布置（二）

7.2.4.1 查看图纸目录

为了迅速地了解该工程的某一部分内容，首先应该查看图纸目录，看一看某一部分内容在哪一张图纸上。

图纸目录主要表明该项工程由哪些图纸组成，每一张图纸的名称、图号和张次。

7.2.4.2 阅读设计说明和图例符号

电气设备工程施工图要满足施工的要求，一般仅以平面图、系统图和详图来表达还不够，特别是安装质量标准和某些具体做法，就需要通过阅读设计说明来解决。设计说明主要阐明该单项工程的概况、设计依据、设计标准以及施工要求和注意事项等。因此，在看电气设备工程施工图的全过程中，阅读文字说明是弄清施工图设计内容的重要环节，必须认真细心地阅读，逐条领会设计意图和工艺要求。

由于电气设备的安装位置、配线方式以及其他一些特征，都是以统一规定的图形符号来表达的，因此，在识读施工图时，必须了解有关的图例符号所代表的内容。

7.2.4.3 电气设备工程平面图

识读电气设备工程平面图可循线而下，即要循着导线走过的"路线"来看。具体说，就是按着引入线→配电箱→引出线→用电设备及器具来看。通过阅读平面图，了解以下内容：

(1) 电源进户方式、位置，干线配线方式，配线的走向及敷设部位。

(2) 各支线配线方式、配线走向及敷设部位。

(3) 配电箱、盘或电度表的安装方式和高度。

(4) 各种灯具型号、安装方式、安装高度及部位。

(5) 各种开关、插座及其他用电设备的型号、安装高度及部位。

7.2.4.4　电气设备工程系统图

电气设备工程系统图是表明动力或照明的供电方式、配电回路的分布和相互联系情况的示意图。电气设备工程系统图一般以表格形式绘制，无比例，它对施工的作用相当于一篇文章的提纲。看系统图，要弄清楚以下内容：

(1) 各配电箱、盘电源干线的接引和采用导线的型号、截面积。

(2) 各配电箱、盘引出各回路的编号、负荷名称和功率，各回路采用导线型号、截面积及控制方式。

(3) 各配电箱、盘的型号及箱、盘上各电器名称、型号、额定电流值，熔断丝的规格及各电器的接线方法。

7.2.5　识图举例

图 7-7、图 7-8 为某居民住宅楼照明工程系统图和平面图。该住宅楼共 6 层，有 5 个单元，电源为三相四线 380/220V 引入，采用 TN-C-S 接地，电源进户总线重复接地。

7.2.5.1　配电系统图的识读

图 7-7 是该住宅楼照明工程系统图，从图中可得到如下信息：

(1) 系统干线配线方式

该照明系统采用三相四线制，架空引入，导线为 BX（$3 \times 35 + 1 \times 25$），即三根 $35mm^2$ 加一根 $25mm^2$ 的橡皮绝缘铜线。该进户线穿直径为 50mm 的焊接钢管沿地面引入到 1 单元的总配电箱。2 单元配电箱的电源是由 1 单元总配电箱用导线 BX（$3 \times 35 + 2 \times 25$），穿直径 50mm 焊接钢管埋地引入的，其他 3 个单元配电箱的电源也是来自 1 单元的总配电箱，所用导线的型号和规格与 2 单元相同。

(2) 照明配电箱类型及控制的回路情况

该住宅楼每个单元所使用的照明配电箱又分两种类型，分别为 XRB03-G1（A）型和 XRB03-G2（B）型，在住宅楼的首层采用 XRB03-GI（A）型，其他层采用 XRB03-G2（B）型，其主要区别是前者有单元的总计量电表，并增加了地下室照明和楼梯间照明回路。

XRB03-G1（A）型配电箱安装了一块三相四线总电表和 2 块分户电表，型号均为 DD862-5（20）A，其额定电流为 5A，最大负载为 20A；箱内还安装了总控三极低压断路器。该配电箱共有 3 个回路，其中两个安装电表的回路分别是供首层两个住户使用的，另一个没有安装电表的回路是供该单元各层楼梯间及地下室公用照明使用的。每个供住户使用的回路可细分为 3 个支路，分别供照明、客厅及卧室插座。厨房及卫生间插座，支路标号为 WL1-WL6。从配电箱引自各个支路的导线均采用 BV 导线，即塑料绝缘铜线，穿阻燃塑料管（PVC），保护管管径为 15mm。

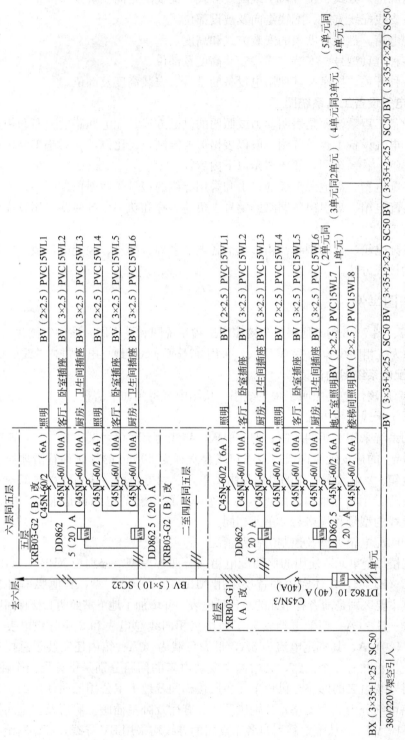

图 7-7 某住宅楼照明配电系统图

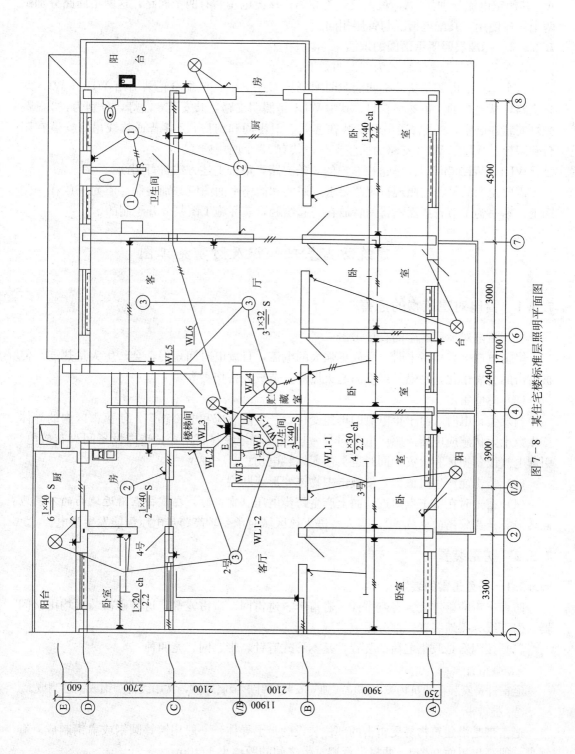

图 7－8 某住宅楼标准层照明平面图

XRB03 - G2（B）型配电箱的箱内安装了两块分户电表，型号均为 DT862 - 5（20）A，其额定电流分别为 5A，最大负载为 20A；该配电箱共有两个回路，这两个回路分别供两个住户使用，其配电情况与首层相同。

7.2.5.2 标准层照明平面图的识读

以图 7 - 8 中①～④轴号为例说明如下：

每个用户的电源是从楼梯间的照明配电箱 E 引入的，该配电箱共引出 WL1～WL6 六条支路，从左户的 3 条支路看起。其中 WL1 是照明支路，共安装 8 盏灯，分别为：3 盏荧光灯安装在卧室，3 盏普通吊灯安装在客厅、卫生间和厨房，2 盏普通软线吊灯安装在阳台和阴台。WL2、WL3 支路为插座支路，共有 13 个两用插座。

WL4、WL5 和 WL6 是送往右户的 3 条支路，请按上述方法自行阅读。

需要说明的是，按照现行规范要求，照明和插座平面图应分别绘制，不允许放在一张图上，本书为了节省版面，将两者放在一起绘制，实际施工图是分开绘制的。

7.3 建筑防雷基础知识及防雷施工图

7.3.1 雷电对建筑物的危害

（1）雷电对地面产生的直接雷击

当雷电产生直接雷击时，释放出强大的电流，且放电时间短促，会产生大量热能，使被雷击的金属熔化，易燃易爆物品起火爆炸，造成人畜伤亡等。

（2）感应雷击

当发生雷电时，由于雷电流的迅速变化，产生磁感应和电磁感应，使落雷区内的导体产生数十万伏感应电压。感应电压可导致电气设备绝缘材料击穿，造成设备间火花放电，引起电气设备损坏和火灾，同时也会使人体触电伤亡。

（3）雷击能产生机械力，使被击中物体变形或断裂。

（4）雷击时在雷击点附近地面上产生跨步电压（雷击时，在雷击点附近地面的不同地点之间会产生较高的电位差），当人畜进入该区域时承受较高跨步电压可能发生触电。

7.3.2 防雷装置

7.3.2.1 防直击雷的装置

防直击雷的避雷装置有避雷针、避雷带、避雷网、避雷笼等。这些避雷装置均由接闪器、引下线、接地装置三部分组成。

（1）接闪器是收集电荷的装置，基本形式有针、带、网、笼四种。

① 避雷针

避雷针是安装在建筑物突出部位或独立安装的针形金属导体，常用镀锌圆钢或钢管制成。

② 避雷带

避雷带是沿建筑物易受雷击的部位装设的带形导体，一般用镀锌圆钢或扁钢制成。避雷带一般高出屋面 0.2m，两根平行避雷带之间的距离小于 10m。

③ 避雷网

避雷网指在屋面上纵横敷设的避雷带组成的网格，所用材料为镀锌圆钢或镀锌扁钢。

④ 避雷笼

避雷笼是用垂直或水平的导体（铜带或钢筋）密集地将建筑物包围起来，形成一个保护笼，一般利用建筑物混凝土内部的结构钢筋作为笼式避雷网。

（2）引下线

引下线是连接接闪器和接地装置的导体，其作用是将接闪器接到的雷电流引入接地装置。一般用圆钢或扁钢制成。

引下线可明装或暗敷设。明装时在地面上 1.7m 和地面下 0.3m 线段上必须用保护管加以保护。暗敷设时，可利用建筑物内的钢筋作为引下线。

（3）接地装置

接地装置的作用是将雷电流通过引下线引入大地。接地装置由接地线和接地体组成。接地线是连接接地体和引下线的导体，一般用 $\phi 10mm$ 圆钢制成；接地体可用圆钢、扁钢、角钢、钢管制成。

7.3.2.2 防雷电波侵入装置

为防止雷电波侵入建筑物，常采用阀型避雷器避雷。阀型避雷器是由空气间隙和一个非线性电阻串联并装在密封的瓷瓶中构成。

7.3.2.3 防雷电感应的措施

为了防止感应而产生火花，建筑物内的金属物（如金属管道、金属框架）和突出屋面金属物，均应可靠接地，接地电阻不应大于 10Ω。

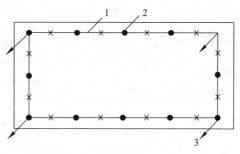

图 7-9 某建筑物防雷平面图
1—$\phi 8mm$ 避雷带；2—混凝土块支座；3—引下线

7.3.3 防雷工程图阅读

防雷工程图一般由防雷平面图和大样图组成。

图 7-9 为某建筑物防雷平面图，从图上可看到用 $\phi 8mm$ 圆钢制作的避雷带沿建筑物四周敷设，避雷带用混凝土块做支座，在建筑物的四周设有 4 处引下线。

7.4 电气设备工程预算定额

7.4.1 定额适用范围

根据《全国统一安装工程预算定额》第二册《电气设备安装工程》预算定额的规定，本册定额适用于工业与民用新建、扩建工程中 10kV 以下变配电设备及线路安装工程、车间动力电气设备及电气照明器具、防雷及接地装置安装、配管配线、电梯电气装置、电气调整试验等的安装工程。

7.4.2 定额费用规定

7.4.2.1 脚手架搭拆费

脚手架搭拆费（10kV 以下架空线路除外）按人工费 4% 计算，其中人工工资占 25%。

7.4.2.2 工程超高增加费

操作物高度离楼地面5m以上、20m以下的电气安装工程，按超高部分人工费的33％计算。

7.4.2.3 高层建筑增加费

高层建筑增加费的费率按表7-12计算，且全部计入人工费。

为高层建筑供电的变电所和供水等动力工程（如装在高层建筑的底层或地下室），均不计取高层建筑增加费。

高层建筑增加费系数　　　　　　　　　表 7 - 12

层数	9 层以下 （30m）	12 层以下 （40m）	15 层以下 （50m）	18 层以下 （60m）	21 层以下 （70m）	24 层以下 （80m）	27 层以下 （90m）	30 层以下 （100m）	33 层以下 （110m）
按人工费的％	1	2	4	6	8	10	13	16	19
层数	36 层以下 （120m）	39 层以下 （130m）	42 层以下 （140m）	45 层以下 （150m）	48 层以下 （160m）	51 层以下 （170m）	54 层以下 （180m）	57 层以下 （190m）	60 层以下 （200m）
按人工费的％	22	25	28	31	34	37	40	43	46

7.4.2.4 安装与生产同时进行的降效费

安装与生产同时进行时，安装工程的总人工费增加10％，全部计入人工费。

7.4.2.5 有害环境施工降效费

在有害环境（包括高温、多尘、噪声超过标准和含有有害气体等环境）中施工时，安装工程的总人工费增加10％，全部计入人工费。

7.4.3 定额内容及工程量计算规则

本册定额共十四章，每章的内容及工程量计算规则如下：

7.4.3.1 第一章 变压器

（1）定额内容

本章包括油浸电力变压器、干式变压器、消弧线圈的安装，电力变压器的干燥和变压器油过滤等内容。

（2）工程量计算规则

① 变压器安装，按不同容量以"台"为计量单位。

② 干式变压器如果带有保护罩时，其定额人工和机械乘以系数1.2。

③ 变压器通过试验，判定绝缘受潮时才需进行干燥，所以只有需要干燥的变压器才能计取此项费用（编制施工图预算时可列此项，工程结算时根据实际情况再作处理），以"台"为计量单位。

④ 消弧线圈的干燥按同容量电力变压器干燥定额执行，以"台"为计量单位。

⑤ 变压器油过滤不论过滤多少次，直到过滤合格为止，以"t"为计量单位，其具体

计算方法如下：

　　a. 变压器安装定额未包括绝缘油的过滤，需要过滤时，可按制造厂提供的油量计算。

　　b. 油断路器及其他充油设备的绝缘油过滤，可按制造厂规定的充油量计算。

7.4.3.2　第二章　配电装置

（1）定额内容

本章包括油断路器、真空断路器、SF_6 断路器、大型空气断路器、真空接触器、隔离开关、负荷开关、互感器、熔断器、避雷器、电抗器、电力电容器、成套高压配电柜、组合型成套箱式变电站的安装以及电抗器的干燥等内容。

（2）工程量计算规则

①　断路器、电流互感器、电压互感器、油浸电抗器、电力电容器及电容器柜的安装以"台（个）"为计量单位。

②　隔离开关、负荷开关、熔断器、避雷器、干式电抗器的安装以"组"为计量单位，每组按三相计算。

③　交流滤波装置的安装以"台"为计量单位。每套滤波装置包括三台组架安装，不包括设备本身及铜母线的安装，其工程量应按本册相应定额另行计算。

④　高压设备安装定额内均不包括绝缘台的安装，其工程量应按施工图设计执行相应定额。

⑤　高压成套配电柜和箱式变电站的安装以"台"为计量单位，均未包括基础槽钢、母线及引下线的配置安装。

⑥　配电设备安装的支架、抱箍及延长轴、轴套、间隔板等，按施工图设计的需要量计量，执行第四章铁构件制作安装定额或成品价。

⑦　绝缘油、六氟化硫气体、液压油等均按设备自带考虑；电气设备以外的加压设备和附属管道的安装应按相应定额另行计算。

⑧　配电设备的端子板外部接线，应按本册第四章相应定额另行计算。

⑨　设计安装用的地脚螺栓按土建预埋考虑，不包括二次灌浆。

7.4.3.3　第三章　母线、绝缘子

（1）定额内容

本章包括绝缘子、穿墙套管、软母线、组合软母线、带形母线，带形引下线、槽形母线、共箱母线、重型母线安装，软母线引下线跳线及设备连线，带形母线用伸缩头及铜过滤板安装，槽形母线与设备连接，重型铝母线伸缩器互导板制作等内容。

（2）工程量计算规则

①　悬垂绝缘子串安装，指垂直或 V 形安装的提挂导线、跳线、引下线、设备连接线或设备等所用的绝缘子串安装，按单串以"串"为计量单位。耐张绝缘子串的安装，已包括在软母线安装定额内。

②　支持绝缘子安装分别按安装在户内、户外、单孔、双孔、四孔固定，以"个"为计量单位。

③　穿墙套管安装不分水平、垂直安装，均以"个"为计量单位。

④　软母线安装，指直接由耐张绝缘子串悬挂部分，按软母线截面大小分别以"跨/三相"为计量单位。设计跨距不同时，不得调整。导线、绝缘子、线夹、弧度调节金具等均按施工图设计用量加定额规定的损耗率计算。

⑤ 软母线引下线，指由 T 形线夹或并沟线夹从软母线引向设备的连接线，以"组"为计量单位，每三相为一组；软母线经终端耐张线夹引下（不经 T 形线夹或并沟线夹引下）与设备连接的部分均执行引下线定额，不得换算。

⑥ 两跨软母线间的跳引线安装，以"组"为计量单位，每三相为一组。不论两端的耐张线夹是螺栓式还是压接式，均执行软母线跳线定额，不得换算。

⑦ 设备连接线安装，指两设备间的连接部分。不论引下线、跳线、设备连接线，均应分别按导线截面、三相为一组计算工程量。

⑧ 组合软母线安装，按三相为一组计算。跨距（包括水平悬挂部分和两端引下部分之和）系以 45m 以内考虑，跨度的长与短不得调整，导线、绝缘子、线夹、金具按施工图设计用量加定额规定的损耗率计算。

⑨ 软母线安装预留长度按表 7 - 13 计算。

软母线安装预留长度（单位：m/根） 表 7 - 13

项目	耐张	跳线	引下线、设备连接线
预留长度	2.5	0.8	0.6

⑩ 带型母线安装及带型母线引下线安装包括铜排、铝排，分别以不同截面和片数以"m/单相"为计量单位。母线和固定母线的金具均按设计量加损耗率计算。

⑪ 钢带型母线安装，按同规格的铜母线定额执行，不得换算。

⑫ 母线伸缩接头及铜过滤板安装均以"个"为计量单位。

⑬ 槽型母线安装以"m/单相"为计量单位。槽型母线与设备连接分别以连接不同的设备以"台"为计量单位。槽型母线及固定槽型母线的金具按设计用量加损耗率计算。壳的大小尺寸以"m"为计量单位，长度按设计共箱母线的轴线长度计算。

⑭ 低压（指 380V 以下）封闭式插接母线槽安装分别按导体的额定电流大小以"m"为计量单位，长度按设计母线的轴线长度计算，分线箱以"台"为计量单位，分别以电流大小按设计数量计算。

⑮ 重型母线安装包括铜母线、铝母线，分别按截面大小以母线的成品质量以"t"为计量单位。

⑯ 重型铝母线接触加工面指铸造件需加工接触面时，可以按其接触面大小，分别以"片/单相"为计量单位。

⑰ 硬母线配置安装预留长度按表 7 - 14 的规定计算。

硬母线配置安装预留长度（单位：m/根） 表 7 - 14

序号	项目	预留长度	说明
1	带型、槽型母线终端	0.3	从最后一个支持点算起
2	带型、槽型母线与分支线连接	0.5	分支线预留
3	带型母线与设备连接	0.5	从设备端子接口算起
4	多片重型母线与设备连接	1.0	从设备端子接口算起
5	槽型母线与设备连接	0.5	从设备端子接口算起

⑱ 带型母线、槽型母线安装均不包括支持瓷瓶安装和钢构件配置安装，其工程量应分别按设计成品数量执行本册相应定额。

7.4.3.4 第四章 控制设备及低压电器

（1）定额内容

本章包括控制、继电、模拟及配电屏安装，硅整流柜、可控硅柜、直流屏、控制台、控制箱、成套配电箱、控制开关、熔断器、限位开关、自动开关、电阻器、变阻器、分流器、按钮、电铃的安装，盘柜配线，焊铜接线端子，压铝接线端子、压铜接线端子，铁构件制作、安装，木配电箱制作，配电板制作、安装等内容。

（2）工程量计算规则

① 控制设备及低压电器安装均以"台"为计量单位。以上设备安装均未包括基础槽钢、角钢的制作安装，其工程量应按相应定额另行计算。

② 铁构件制作安装均按施工图设计尺寸，以成品质量"kg"为计量单位。

③ 网门、保护网制作安装，按网门或保护网设计图示的框外围尺寸，以"m²"为计量单位。

④ 盘柜配线分不同规格，以"m"为计量单位。

⑤ 盘、箱、柜的外部进出线预留长度按表 7-15 计算。

盘、箱、柜的外部进出线预留长度（单位：m/根） 表 7-15

序号	项目	预留长度	说明
1	各种箱、柜、盘、板、盒	高+宽	盘面尺寸
2	单独安装的铁壳开关、自动开关、刀开关、启动器、箱式电阻器、变阻器	0.5	从安装对象中心算起
3	继电器、控制开关、信号灯、按钮、熔断器等小电器	0.3	从安装对象中心算起
4	分支接头	0.2	分支线预留

⑥ 配电板制作安装及包铁皮，按配电板图示外形尺寸，以"m²"为计量单位。

⑦ 焊（压）接线端子定额只适用于导线，电缆终端头制作安装定额中已包括压接线端子，不得重复计算。

⑧ 端子板外部接线按设备盘、箱、柜、台的外部接线图计算，以"10 个"为计量单位。

⑨ 盘、柜配线定额只适用于盘上小设备元件的少量现场配线，不适用于工厂的设备修、配、改工程。

7.4.3.5 第五章 蓄电池

（1）定额内容

本章包括蓄电池防震支架安装、碱性蓄电池安装、固定密闭式铜酸蓄电池安装、免维护铅酸蓄电池安装、蓄电池充放电等内容。

（2）工程量计算规则

① 铅酸蓄电池和碱性蓄电池安装，分别按容量大小以单体蓄电池"个"为计量单位，

按施工图设计的数量计算工程量。其定额内已包括了电解液的材料消耗，执行时不得调整。

② 免维护蓄电池安装以"组件"为计量单位，其具体计算如下例：

某项工程设计一组蓄电池为 220V/500A·h，由 12V 的组件 18 个组成，那么就应该套用 12V/500A·h 的定额 18 组件。

③ 蓄电池充放电按不同容量以"组"为计量单位。

7.4.3.6 第六章 电机

（1）定额内容

本章包括发电机反调相机、小型直流电机、小型交流异步电机、小型交流同步电机、小型防爆式电机、小型立式电机、大中型电机、微型电机、变频机组、电磁调速电动机的检查接线，小型电机干燥、大中型电机干燥等内容。

（2）工程量计算规则

① 发电机、调相机、电动机的电气检查接线，均以"台"为计量单位。直流发电机组和多台一串的机组，按单台电机分别执行定额。

② 起重机上的电气设备、照明装置和电缆管线等安装均执行本册的相应定额。

③ 电气安装规范要求每台电机接线均需要配金属软管，设计有规定的按设计规格和数量计算，设计没有规定的，平均每台电机配相应规格的金属软管 1.25m 和与之配套的金属软管专用活接头。

④ 本章的电机检查接线定额，除发电机和调相机外，均不包括电机干燥，发生时其工程量应按电机干燥定额另行计算。电机干燥定额系按一次干燥所需的工、料、机、消耗量考虑的，在特别潮湿的地方，电机需要进行多次干燥，应按实际干燥次数计算。在气候干燥、电机绝缘性能良好、符合技术标准而不需要干燥时，则不计算干燥费用。实行包干的工程可参照以下比例，由有关各方协商而定。

a. 低压小型电机 3kW 以下按 25% 的比例考虑干燥。

b. 低压小型电机 3～220kW 按 30%～50% 考虑干燥。

c. 大中型电机按 100% 考虑一次干燥。

⑤ 电机定额的界限划分：单台电机质量在 3t 以下的为小型电机；单台电机质量在 3～30t 之间的为中型电机；单台电机质量在 30t 以上的为大型电机。

⑥ 小型电机按电机类别和功率大小执行相应定额，大、中型电机不分类别一律按电机质量执行相应定额。

⑦ 电机的安装执行第一册《机械设备安装工程》中的电机安装定额；电机检查接线执行本册定额。

7.4.3.7 第七章 滑触线装置

（1）定额内容

本章包括轻型滑触线、安全节能型滑触线、角钢、扁铜滑触线、圆钢、工字钢滑触线安装、滑触线支架安装、滑触线拉紧装置及挂式支持器制作安装、移动软电缆安装等内容。

（2）工程量计算规则

滑触线安装以"m/单相"为计量单位，其附加和预留长度按表 7-16 计算。

滑触线安装附加和预留长度（单位：m/根）　　　　表 7-16

序号	项　目	预留长度	说　明
1	圆钢、铜母线与设备连接	0.2	从设备接线端子接口起算
2	圆钢、铜滑触线终端	0.5	从最后一个固定点起算
3	角钢滑触线终端	1.0	从最后一个支持点起算
4	扁钢滑触线终端	1.3	从最后一个固定点起算
5	扁钢母线分支	0.5	分支线预留
6	扁钢母线与设备连接	0.5	从设备接线端子接口起算
7	轻轨滑触线终端	0.8	从最后一个支持点起算
8	安全节能及其他滑触线终端	0.5	从最后一个固定点起算

7.4.3.8　第八章　电缆

（1）定额内容

本章包括电缆沟挖填、人工开挖路面；电缆沟铺砂、盖硅及移动盖板；电缆保护管敷设及顶管；桥梁安装；塑料电缆槽、混凝土电缆槽安装；电缆防火涂料、堵洞、隔板及阻燃槽盒安装；电缆防腐、缠石棉绳、刷漆、剥皮；铝芯电力电缆敷设；铜芯电力电缆敷设；户内干包式电力电缆头制作、安装；户内浇注式电力电缆终端头制作、安装；户内热缩式电力电缆终端头制作、安装；户外电力电缆终端头制作、安装；浇注式电力电缆中间头制作、安装；热缩式电力电缆中间头制作、安装；控制电缆敷设；控制电缆头制作、安装等内容。

（2）工程量计算规则

① 直埋电缆的挖、填土（石）方，除特殊要求外，可按表 7-17 计算土方量。

直埋电缆的挖、填土（石）方量　　　　表 7-17

项　目	电缆根数	
	1～2	每增一根
每米沟长挖方量（m³）	0.45	0.153

② 电缆沟盖板揭、盖定额，按每揭或每盖一次以延长米计算，如又揭又盖，则按两次计算。

③ 电缆保护管长度，除按设计规定长度计算外，遇有下列情况，应按以下规定增加保护管长度：

a. 横穿道路，按路基宽度两端各增加 2m。

b. 垂直敷设时，管口距地面增加 2m。

c. 穿过建筑物外墙时，按基础外缘以外增加 1m。

d. 穿过排水沟时，按沟壁外缘以外增加 1m。

④ 电缆保护管埋地敷设，其土方量凡有施工图注明的，按施工图计算；无施工图的，一般按沟深 0.9m、沟宽最外边的保护管两侧边缘外各增加 0.3m 工作面计算。

⑤ 电缆敷设按单根以延长米计算，一个沟内（或架上）敷设三根各长 100m 的电缆，应按 300m 计算，以此类推。

⑥ 电缆敷设长度应根据敷设路径的水平和垂直敷设长度，按表 7-18 规定增加附加度。

电缆敷设预留量 表 7-18

序号	项目名称	预留长度	说　明
1	电缆敷设弛度、波形弯度交叉	2.5%	按全长计算
2	电缆进入建筑物	2.0m	规程规定最小值
3	电缆引入沟内或吊架时引上（下）预留	1.5m	规程规定最小值
4	变电所进线、出线	1.5m	规程规定最小值
5	电力电缆终端头	1.5m	检修余量最小值
6	电缆中间接线盒	两端各留 2.0m	检修余量最小值
7	电缆进控制、保护屏及模拟盘等	高＋宽	按盘面尺寸
8	高压开关柜及低压动力配电盘	2.0m	盘下进出线
9	电缆至电动机	0.5m	不包括接线盒至地坪间距离
10	厂用变压器	3.0m	从地坪起算
11	电缆绕过梁柱等增加长度	按实际算	从地坪起算，按被浇物的断面情况计算
12	电梯电缆与电缆架固定点	每处 0.5m	规范规定最小值

⑦ 电缆终端头及中间头均以"个"为计量单位。电力电缆和控制电缆均按一根电缆有两个终端头考虑。中间电缆头设计有图示的，按设计确定；设计没有规定的，按实际情况计算（或按平均 250m 一个中间头考虑）。

⑧ 桥架安装，以"10m"为计量单位。

⑨ 吊电缆的钢索及拉紧装置，应按本册相应定额外负担另行计算。

⑩ 钢索的计算长度以两端固定点的距离为准，不扣除拉紧装置的长度。

⑪ 电缆敷设及桥架安装，应按定额说明的综合内容范围计算。

7.4.3.9 第九章 防雷及接地装置

（1）定额内容

本章包括接地极（板）制作、安装；接地母线敷设；接地跨接线安装；避雷针制作、安装；半导体少长针消雷装置安装；避雷引下线敷设；避雷网安装等内容。

（2）工程量计算规则

① 接地极制作安装以"根"为计量单位，其长度按设计长度计算。设计无规定时，每根长度按 2.5m 计算。若设计有管帽时，管帽另按加工件计算。

② 接地母线敷设，按设计长度以"m"为计量单位计算工程量。接地母线、避雷线敷设，均按延长米计算，其长度按施工图设计水平和垂直规定长度另加 3.9% 的附加长度（包括转弯、上下波动、避绕障碍物、搭接头所占长度）计算。计算主材费时应另增加规定的损耗率。

③ 接地跨接线以"处"为计量单位，按规程规定凡需作接地跨接线的工程内容，每跨接一次按一处计算，户外配电装置构架均需接地，每个构架按"一处"计算。

④ 避雷针的加工制作、安装，以"根"为计量单位，独立避雷针安装以"基"为计量单位。长度、高度、数量均按设计规定。独立避雷针的加工制作应执行"一般铁件"制作定额或按成品计算。

⑤ 半导体少长针消雷装置安装以"套"为计量单位，按设计安装高度分别执行相应定额。装置本身由设备制造厂成套供货。

⑥ 利用建筑物内主筋作接地引下线安装以"10m"为计量单位，每一柱子内焊接两根主筋考虑，如果焊接主筋数超过两根时，可按比例调整。

⑦ 断接卡子制作安装以"套"为计量单位，按设计规定装设的断接卡子数量计算，接地检查井内的继接卡子安装按每井一套计算。

⑧ 高层建筑物屋顶的防雷接地装置应执行"避雷网安装"定额，电缆支架的接地线安装应执行"户内接地线敷设"定额。

⑨ 均压环敷设以"m"为计量单位，主要考虑利用圈梁内主筋作均压环接地连线，焊接按两根主筋考虑，超过两根时，可按比例调整。长度按设计需要作均压接地的圈梁中心线长度，以延长米计算。

⑩ 钢、铝窗接地以"处"为计量单位（高层建筑六层以上的金属窗设计一般要求接地），按设计规定接地的金属窗数量进行计算。

⑪ 柱子主筋与圈梁连接以"处"为计量单位，每处按两根主筋与两根圈梁钢筋分别焊接连接考虑。如果焊接主筋和圈梁钢筋超过两根时，可按比例调整，需要连接的柱子主筋和圈梁钢筋"处"数按规定设计计算。

7.4.3.10 第十章 10kV以下架空配电线路

（1）定额内容

本章包括工地运输；土石方工程；底盘、拉盘、卡盘安装及电杆防腐；电杆组立；横担安装；拉线制作、安装；导线架设；导线跨越及进户线架设；杆上变配电设备安装等内容。

（2）工程量计算规则

① 工地运输，是指定额内未计价材料从集中材料堆放点或工地仓库运至杆位上的工程运输，分人力运输和汽车运输，以"吨公里"为计量单位。

运输量计算公式如下：

工程运输量＝施工图用量×（1＋损耗率）

预算运输质量＝工程运输量×包装物质量（不需要包装的可不计算包装物质量）

运输质量可按表7－19的规定进行计算。

运输质量表

表 7 - 19

材料名称		单位	运输质量（kg）	备 注
混凝土制品	人工浇制	m³	2600	包括钢筋
	离心浇制	m³	2860	包括钢筋
线材	导线	kg	W×1.15	有线盘
	钢绞线	kg	W×1.07	无线盘
木杆材料		m³	500	包括木横担
金属、绝缘子		kg	W×1.07	
螺栓		kg	W×1.01	

② 无底盘、卡盘的电杆坑，其挖方体积计算公式如下：

$$V=0.8\times0.8\times h$$

式中 h——坑深（m）。

③ 电杆坑的土、石方量按每坑 0.2m³ 计算。

④ 施工操作裕度按底拉盘底宽每边增加 0.1m。

⑤ 各类土质的放坡系数按表 7-20 计算。

各类土质的放坡系数

表 7 - 20

土质	普通土，水坑	坚土	松砂石	泥水、流砂、岩石
放坡系数	1：0.3	1：0.25	1：0.2	不放坡

⑥ 冻土厚度大于 300mm 时，冻土层的挖方量按挖坚土定额乘以系数 2.5。其他土层仍按土质性质执行定额。

⑦ 土方量计算公式

$$V=h/6\left[ab+(a+a_1)\times(b+b_1)+a_1b_1\right]$$

式中 V——土（石）方体积（m³）；

h——坑深（m）；

$a(b)$——坑底宽（m），$a(b)=$ 底拉盘底宽+2×每边操作裕度；

$a_1(b_1)$——坑口宽（m），$a_1(b_1)=a(b)\times2\times h\times$ 边坡系数。

⑧ 杆坑土质按一个坑的主要土质而定，如一个坑大部分为普通土，少量为坚土，则该坑应全部按普通土计算。

⑨ 带卡盘的电杆坑，如原计算的尺寸不能满足卡盘安装时因卡盘超长而增加的土（石）方量，则需另计。

⑩ 底盘、卡盘、拉线盘按设计用量以"块"为计量单位。

⑪ 杆塔组立，区别杆塔形式和高度按设计数量以"根"为计量单位。

⑫ 拉线制作安装按施工图设计规定，区别不同形式，以"根"为计量单位。

⑬ 横担安装按施工图设计规定，区别不同形式和截面，以"根"为计量单位，定额按单根拉线考虑，若安装 V 形、Y 形或双拼型拉线时，按两根计算。拉线长度按设计全根长度计算，设计无规定时可按表 7-21 计算。

拉线长度（单位：m）   表 7 - 21

项 目		普通拉线	V（Y）形拉线	弓形拉线
杆高（m）	8	11.47	22.94	9.33
	9	12.61	25.22	10.10
	10	13.74	27.48	10.92
	11	15.10	30.20	11.82
	12	16.14	32.28	12.62
	13	18.69	37.38	13.42
	14	19.68	39.36	15.12
水平拉线		26.47		

⑭ 导线架设，区别导线类型和不同截面以"km/单线"为计量单位计算。导线预留长度按表 7 - 22 的规定计算。

导线预留长度（单位：m/根）   表 7 - 22

项目名称		长 度
高压	转角	2.5
	分支、终端	2.0
低压	分支、终端	0.5
	交叉跳线转角	1.5
与设备连接		0.5
进户线		2.5

导线长度按线路总长度和预留长度之和计算。计算主材费时应另增加规定的损耗率。

⑮ 导线跨越架设，包括越线架的搭、拆和运输以及因跨越（障碍）施工难度增加而增加的工作量，以"处"为计量单位。每个跨越间距按 50m 以内考虑，大于 50m 而小于100m 时按 2 处计算，以此类推。在计算架线工程量时，不扣除跨越档的长度。

⑯ 杆上变配电设备安装以"台"或"组"为计量单位，定额内包括杆上钢支架及设备的安装工作，但钢支架主材、连引线、线夹金属等应按设计规定另行计算，设备的接地装置安装和调试应按本册相应定额另行计算。

7.4.3.11 第十一章 电气调整试验

（1）定额内容

本章包括发电机、调相机系统调试；电力变压器系统调试；送配电装置系统调度；特殊保护装置调试；自动投入装置调试；中央信号装置、事故照明切换装置、不间断电源调试；母线、避雷器、电容器、接地装置调试；电抗器、消弧线圈、电除尘器调试；硅整流设备、可控硅整流装置调试；普遍小型直流电动机调试；可控硅调速直流电动机系统调试；普通交流同步电动机调试；低压交流异步电动机调试；高压交流异步电动机调试；交流变频调速电动机（AC－AC、AC－DC－AC 系统）调试；微型电机、电加热器调试；电动机组及连锁装置调试；绝缘子、套管、绝缘油、电缆试验等内容。

(2) 工程量计算规则

① 电气调试系统的划分以电气原理系统图为依据。电气设备元件的本体试验均包括在相应定额的系统调试之内，不得重复计算。绝缘子和电缆等单体试验，只在单独试验时使用。在系统调试定额中各工序的调试费用如需单独计算时，可按表 7-23 所列比例计算。

电气调试系统各工序的调试费用   表 7-23

工序 \ 项目比率(%)	发电机、调相机系统	变压器系统	送配电设备系统	电动机系统
一次设备本体试验	30	30	40	30
附属高压二次设备试验	20	30	20	30
一次电流及二次回路检查	20	20	20	20
继电器及仪表试验	30	20	20	20

② 电气调试所需的电力消耗已包括在定额内，一般不另计算。但 10kW 以上电机及发电机的启动调试用的蒸汽、电力和其他动力能源消耗及变压器空载试运转的电力消耗，应另行计算。

③ 供电桥回路的断路器、母线分段断路器，均按独立的送配电设备系统计算调试费。

④ 送配电设备系统调试，系按一侧有一台断路器考虑的，若两侧均有断路器时，则应按两个系统计算。

⑤ 送配电设备系统调试，适用于各种供电回路（包括照明供电路）的系统调试。凡供电回路中带有仪表、继电器、电磁开关等调试元件的（不包括闸刀开关、保险器），均按调试系统计算。移动式电器和以插座连接的家电设备已经厂家调试合格、不需要用户自调的设备均不应计算调试费用。

⑥ 变压器系统调试，以每个电压侧有一台断路器为准。多于一个断路器的按相应电压等级送配电设备系统调试的相应定额另行计算。

⑦ 干式变压器调试，执行相应容量变压器调试定额乘以系数 0.8。

⑧ 特殊保护装置，均已构成一个保护回路为一套，其工程量计算规定如下（特殊保护装置未包括在各系统调试定额之内，应另行计算）：

a. 发电机转子接地保护，按全厂发电机共用一套考虑。

b. 距离保护，按设计规定所保护的送电线路断路器台数计算。

c. 高频保护，按设计规定所保护的送电线路断路器台数计算。

d. 故障录波器的调试，以一块屏为一套系统计算。

e. 失灵保护，按设置该保护的断路器台数计算。

f. 失磁保护，按所保护的电机台数计算。

g. 变流器的断线保护，按交流器台数计算。

h. 小电流接地保护，按装设该保护的供电回路断路器台数计算。

i. 保护检查及打印机调试，按构成该系统的完整回路为一套计算。

⑨ 自动装置及信号系统调试，均包括继电器、仪表等元件本身和二次回路的调整试验，具体规定如下：

a. 备用电源自动投入装置，按连锁机构的个数确定备用电源自投装置系统数。一个备用厂用变压器，作为三段厂用工作母线备用的厂用电源，计算备用电源自动投入装置调试时，应为三个系统。装设自动投入装置的两条互为备用的线路或两台变压器，计算备用电源自动投入装置调试时，应为两个系统。备用电动机自动投入装置亦按此计算。

b. 线路自动重合闸调试系统，按采用自动重合闸装置的线路自动断路器的台数计算系统数。综合重合闸也按此规定计算。

c. 自动调频装置的调试，以一台发电机为一个系统。

d. 同期装置调试，按设计构成一套能完成同期并车行为的装置为一个系统计算。

e. 蓄电池及直流监视系统调试，一组蓄电池按一个系统计算。

f. 事故照明切换装置调试，按设计能完成交直流切换的一套装置为一个调试系统计算。

g. 周波减负荷装置调试时，凡有一个周率断电器，不论带几个回路均按一个调试系统计算。

h. 变送器屏以屏的个数计算。

i. 中央信号装置调试，按每个变电所或配电室为一个调试系统计算工程量。

j. 不间断电源装置调试，按容量以"套"为单位计算。

⑩ 接地网的调试规定如下：

a. 接地网接地电阻的测定。一般发电厂或变电站连为一体的母网，按一个系统计算；母网不与厂区母网相连的独立接地网，另按一个系统计算。大型建筑群各有自己的接地网（接地电阻值设计有要求），虽然在最后也将各接地网联在一起，但应按各自的接地网计算，不能作为一个网，具体应按接地网的试验情况而定。

b. 避雷针接地电阻的测定。每一个避雷针均有单独接地网（包括独立的避雷针、烟囱避雷针等）时，均按一组计算。

c. 独立的接地装置按组计算。如一台柱上变压器有一个独立的接地装置，即按一组计算。

⑪ 避雷器、电容器的调试，按每三相为一组计算；单个装设亦按一组计算，上述设备如在发电机、变压器、输配电线路的系统或回路内，仍应按相应定额另外计算调试费用。

⑫ 高压电气除尘系统调试，按一台升压变压器、一台机械整流器及附属设备为一个系统计算，分别按除尘器除尘的面积范围执行定额。

⑬ 硅整流装置调试，按一套硅整流装置为一个系统计算。

⑭ 普通电动机的调试，分别按电机的控制方式、功率、电压等级，以"台"为计量单位。

⑮ 可控硅调速直流电动机调试以"系统"为计量单位，其调试内容包括可控硅整流装置系统和直流电动机控制回路系统两个部分的调试。

⑯ 交流变频调速电动机调试以"系统"为计量单位，其调试内容包括变频装置系统和交流电动机控制回路系统两个部分的调试。

⑰ 微型电机系指功率在 0.75kW 以下的电机，不分类别，一律执行微电机综合调试定额，以"台"为计量单位。电机功率在 0.75kW 以上的电机调试应按电机类别和功率分别执行相应的调试定额。

⑱ 一般的住宅、学校、办公楼、旅馆、商店等民用电气工程的供电调试应按下列规定：

a. 配电室内带有调试元件的盘、箱、柜和带有调试元件的照明主配电箱，应按供电方式执行相应的"配电设备系统调试"定额。

b. 每个用户房间的配电箱（板）上虽装有电磁开关等调试元件，但如果生产厂家已按固定的常规参数调整好，不需要安装单位进行调试就可直接投入使用的，不得计取调试费用。

c. 民用电度表的调整校验属于供电部门的专业管理，一般皆由用户向供电局订购调试完毕的电度表，不得另外计算调试费用。

⑲ 高标准的高层建筑、高级宾馆、大会堂、体育馆等具有较高控制技术的电气工程（包括照明工程中由程控调光控制的装饰灯具），应按控制方式执行相应的电气调试定额。

7.4.3.12 第十二章 配管、配线

（1）定额内容

本章包括电线管敷设；钢管敷设；防爆钢管敷设；可挠金属套管敷设；塑料管敷设；金属软管敷设；瓷夹板配线；塑料夹板配线；鼓形绝缘子配线；针式绝缘子配线；蝶式绝缘子配线；木槽板配线；塑料槽板配线；塑料护套线明敷设；线槽配线；钢索架设；母线拉紧装置及钢索拉紧装置制作、安装；车间带形母线安装；动力配管混凝土地面刨沟；接线箱安装；接线盒安装等内容。

（2）工程量计算规则

① 各种配管应区别不同敷设方式、敷设位置、管材材质、规格，以"延长米"为计量单位，不扣除管路中间的接线箱（盒）、灯头盒、开关盒所占长度。

② 定额中未包括钢索架设及拉紧装置、接线箱（盒）、支架的制作安装，其工程量应另行计算。

③ 管内穿线的工程量，应区别线路性质、导线材质、导线截面，以单线"延长米"为计量单位计算。线路分支接头线的长度已综合考虑在定额中，不得另行计算。

照明线路中的导线截面大于或等于 $6mm^2$ 时，应执行动力线路穿线相应项目。

④ 线夹配线工程量，应区别线夹材质（塑料、瓷质）、线式（两线、三线）、敷设位置（在木、砖、混凝土中敷设）以及导线规格，以线路"延长米"为计量单位计算。

⑤ 绝缘子配线工程量，应区别绝缘子形式（针式、鼓形、蝶式）、绝缘子配线位置（沿屋架、梁、柱、墙，跨屋架、梁、柱、木结构、顶棚内、砖混凝土结构，沿钢支架及钢索）、导线截面积，以线路"延长米"为计量单位计算。

绝缘子暗配，引下线按线路支持点至顶棚下缘距离的长度计算。

⑥ 槽板配线工程量，应区别槽板材质（木质、塑料）、配线位置（木结构、砖、混凝土）、导线截面、线式（二线、三线），以线路"延长米"为计量单位计算。

⑦ 塑料护套线明敷设工程量，应区别导线截面、导线芯数（二芯、三芯）、敷设位置（木结构、砖混凝土结构、沿钢索），以单根线路每束"延长米"为计量单位计算。

⑧ 线槽配线工程量，应区别导线截面，以单根线路每束"延长米"为计量单位计算。

⑨ 钢索架设工程量，应区别圆钢、钢索直径（φ6、φ9）按图示墙（柱）内缘距离，以"延长米"为计量单位计算，不扣除拉紧装置所占长度。

⑩ 母线拉紧装置及钢索拉紧装置制作安装工程量，应区别母线截面、花篮螺栓直径（12mm、16mm、18mm）以"套"为计量单位计算。

⑪ 车间带形母线安装工程量，应区别母线材质（铝、钢）、母线截面、安装位置（沿屋架、梁柱、墙，跨屋架、梁、柱）以"延长米"为计量单位计算。

⑫ 动力配管混凝土地面刨沟工程量，应区别管子直径，以"延长米"为计量单位计算。

⑬ 接线箱安装工程量，应区别安装形式（明装、暗装）、接线箱半周长，以"个"为计量单位计算。

⑭ 接线盒安装工程量，应区别安装形式（明装、暗装、钢索上）以及接线盒类型，以"个"为计量单位计算。

⑮ 灯具，明、暗开关，插座，按钮等的预留线，已分别综合在相应定额内，不另行计算。

配线进入开关箱、柜、板的预留线，按表7-24规定的长度，分别计入相应的工程量。

配线进入开关箱、柜、板的预留长度（单位：m/根）　　　　表7-24

序号	项　目	预留长度	说　明
1	各种开关箱、柜、板	宽＋高	盘面尺寸
2	单独安装（无箱、盘）的铁壳开关、闸刀开关、启动器、母线槽进出线盒等	0.3	从安装对象中心算起
3	由地坪管子出口引至动力配电箱	1.0	从管口计算
4	电源与管内导线连接（管内穿线与软、硬母线接头）	1.5	从管口计算
5	出户线	1.5	从管口计算

7.4.3.13　第十三章　照明器具

（1）定额内容

本章包括普通灯具安装；装饰灯具安装；荧光灯具安装；工厂灯及防水防尘灯安装；工厂其他灯具安装；医院灯具安装；路灯安装；开关、按钮、插座安装；安全变压器、电铃、风扇安装；盘管风机开关、请勿打扰灯、须刨插座、钥匙取电器安装等内容。

（2）工程量计算规则

① 普通灯具安装的工程量，应区别灯具的种类、型号、规格以"套"为计量单位计算。

② 吊式艺术装饰灯具的工程量，应根据装饰灯具示意图集所示，区别不同装饰物以及灯体直径和灯体垂吊长度，以"套"为计量单位计算。灯体直径为装饰物的最大外缘直径，灯体垂吊长度为灯座到灯梢之间的总长度。

③ 吸顶式艺术装饰灯具安装的工程量，应根据装饰灯具示意图集所示，区别不同装饰物、吸盘的几何形状、灯体直径、灯体周长和灯体垂吊长度，以"套"为计量单位计算。灯体直径为吸盘最大外缘直径；灯体半周长为矩形吸盘的半周长；吸顶式艺术装饰灯具的灯体垂吊长度为吸盘到灯梢之间的总长度。

④ 荧光艺术装饰灯具安装的工程量，应根据装饰灯具示意图集所示，区别不同安装形式和计量单位计算。

a. 组合荧光灯光带安装的工程量，应根据装饰灯具示意图集所示，区别安装形式、灯管数量，以"延长米"为计量单位计算。灯具的设计数量与定额不符时可以按设计量加损耗量调整主材。

b. 内藏组合式灯安装的工程量，应根据装饰灯具示意图集所示，区别灯具组合形式，以"延长米"为计量单位。灯具的设计数量与定额不符时，可根据设计数量加损耗量调整主材。

c. 发光棚安装的工程量，应根据装饰灯具示意图集所示，以"m²"为计量单位，发光棚灯具按设计用量加损耗量计算。

d. 立体广告灯箱、荧光灯光带的工程量，应根据装饰灯具示意图集所示，以"延长米"为计量单位。灯具设计用量与定额不符时，可根据设计数量加损耗量调整主材。

⑤ 几何形状组合艺术灯具安装的工程量，应根据装饰灯具示意图集所示，区别不同安装形式及灯具的不同形式，以"套"为计量单位计算。

⑥ 标志、诱导装饰灯具安装的工程量，应根据装饰灯具示意图集所示，区别不同安装形式，以"套"为计量单位计算。

⑦ 水下艺术装饰灯具安装的工程量，应根据装饰灯具示意图所示，区别不同安装形式，以"套"为计量单位计算。

⑧ 点光源艺术装饰灯具安装的工程量，应根据装饰灯具示意图集所示，区别不同安装形式、不同灯具直径，以"套"为计量单位计算。

⑨ 草坪灯具安装的工程量，应根据装饰灯具示意图集所示，区别不同安装形式，以"套"为计量单位计算。

⑩ 歌舞厅灯具安装的工程量，应根据装饰灯具示意图所示，区别不同灯具形式，分别以"套"、"延长米"、"台"为计量单位计算。

⑪ 荧光灯具安装的工程量，应区别灯具的安装形式、灯具种类、灯管数量，以"套"为计量单位计算。

⑫ 工厂灯及防水防尘灯安装的工程量，应区别不同安装形式，以"套"为计量单位计算。

⑬ 工厂其他灯具安装的工程量，应区别不同灯具类型、安装形式、安装高度，以"套"、"个"、"延长米"为计量单位计算。

⑭ 医院灯具安装的工程量，应区别灯具种类，以"套"为计量单位计算。

⑮ 路灯安装工程，应区别不同臂长、不同灯数，以"套"为计量单位计算。

工厂厂区内、住宅小区内路灯安装执行本册定额，城市道路的路灯安装执行《全国统一市政工程预算定额》。

⑯ 开关、按钮安装的工程量，应区别开关、按钮安装形式，开关、按钮种类，开关

极数以及单控与双控，以"套"为计量单位计算。

⑰ 插座安装的工程量，应区别电源相数、额定电流、插座安装形式、插座插孔个数，以"套"为计量单位计算。

⑱ 安全变压器安装的工程量，应区别安全变压器容量，以"台"为计量单位计算。

⑲ 电铃、电铃号码牌箱安装的工程量，应区别电铃直径、电铃号码牌箱规格（号），以"套"为计量单位计算。

⑳ 门铃安装工程量计算，应区别门铃安装形式，以"个"为计量单位计算。

㉑ 风扇安装的工程量，应区别风扇种类，以"台"为计量单位计算。

㉒ 盘管风机三速开关、请勿打扰灯、须刨插座安装的工程量，以"套"为计量单位计算。

7.4.3.14　第十四章　电梯电气装置

（1）定额内容

本章包括交流手柄操作或按钮控制（半自动）电梯电气安装；交流信号或集选控制（自动）电梯电气安装；直流快速自动电梯电气安装；直流高速自动电梯电气安装；小型杂物电梯电气安装；电厂专用电梯电气安装；电梯增加厅门、自动轿厢门及提升高度等内容。

（2）工程量计算规则

① 交流手柄操纵或按钮控制（半自动）电梯电气安装的工程量，应区别电梯层数、站数，以"部"为计量单位计算。

② 交流信号或集选控制（自动）电梯电气安装的工程量，应区别电梯层数、站数，以"部"为计量单位计算。

③ 直流信号或集选控制（自动）快速电梯电气安装的工程量，应区别电梯层数、站数，以"部"为计量单位计算。

④ 直流集选控制（自动）高速电梯电气安装的工程量，应区别电梯层数、站数，以"部"为计量单位计算。

⑤ 小型杂物电梯电气安装的工程量，应区别电梯层数、站数，以"部"为计量单位计算。

⑥ 电厂专用电梯电气安装的工程量，应区别配合锅炉容量，以"部"为计量单位计算。

⑦ 电梯增加厅门、自动轿厢门及提升高度的工程量，应区别电梯形式、增加自动轿厢门数量、增加提升高度，分别以"个"、"延长米"为计量单位计算。

7.5　电气设备工程的工程量清单计算规则

7.5.1　变压器安装

变压器安装的工程量清单计算规则，应按表 7-25 的规定执行。

项目编码	项目名称	项目特征	计量单位	工程量计算规则	工作内容
030401001	油浸电力变压器	1. 名称 2. 型号 3. 容量（kV·A） 4. 电压（kV） 5. 油过滤要求 6. 干燥要求 7. 基础型钢形式、规格 8. 网门、保护门材质、规格 9. 温控箱型号、规格	台	按设计图示数量计算	1. 本体安装 2. 基础型钢制作、安装 3. 油过滤 4. 干燥 5. 接地 6. 网门、保护门制作、安装 7. 补刷（喷）油漆
030401002	干式变压器				1. 本体安装 2. 基础型钢制作、安装 3. 温控箱安装 4. 接地 5. 网门、保护门制作、安装 6. 补刷（喷）油漆
030401003	整流变压器	1. 名称 2. 型号 3. 容量（kV·A） 4. 电压（kV） 5. 油过滤要求 6. 干燥要求 7. 基础型钢形式、规格 8. 网门、保护门材质、规格			1. 本体安装 2. 基础型钢制作、安装 3. 油过滤 4. 干燥 5. 网门、保护门制作、安装 6. 补刷（喷）油漆
030401004	自耦变压器				
030401005	有载调压变压器				
030401006	电炉变压器	1. 名称 2. 型号 3. 容量（kV·A） 4. 电压（kV） 5. 基础型钢形式、规格 6. 网门、保护门材质、规格			1. 本体安装 2. 基础型钢制作、安装 3. 网门、保护门制作、安装 4. 补刷（喷）油漆
030401007	消弧线圈	1. 名称 2. 型号 3. 容量（kV·A） 4. 电压（kV） 5. 油过滤要求 6. 干燥要求 7. 基础型钢形式、规格			1. 本体安装 2. 基础型钢制作、安装 3. 油过滤 4. 干燥 5. 补刷（喷）油漆

注：变压器油如需试验、化验、色谱分析应按《通用安装工程工程量计算规范》GB 50856—2013 附录 N 措施项目相关项目编码列项。

7.5.2 配电装置安装

配电装置安装的工程量清单计算规则，应按表 7-26 的规定执行。

配电装置安装（编码：030402） 表 7-26

项目编码	项目名称	项目特征	计量单位	工程量计算规则	工作内容
030402001	油断路器	1. 名称 2. 型号 3. 容量（A） 4. 电压等级（kV） 5. 安装条件 6. 操作机构名称及型号 7. 基础型钢规格 8. 接线材质、规格 9. 安装部位 10. 油过滤要求	台		1. 本体安装、调试 2. 基础型钢制作、安装 3. 油过滤 4. 补刷（喷）油漆 5. 接地
030402002	真空断路器				1. 本体安装、调试 2. 基础型钢制作、安装 3. 补刷（喷）油漆 4. 接地
030402003	SF₆断路器				
030402004	空气断路器	1. 名称 2. 型号 3. 容量（A） 4. 电压等级（kV） 5. 安装条件 6. 操作机构名称及型号 7. 接线材质、规格 8. 安装部位		按设计图示数量计算	1. 本体安装、调试 2. 基础型钢制作、安装 3. 补刷（喷）油漆 4. 接地
030402005	真空接触器		组		1. 本体安装、调试 2. 补刷（喷）油漆 3. 接地
030402006	隔离开关				
030402007	负荷开关				
030402008	互感器	1. 名称 2. 型号 3. 规格 4. 类型 5. 油过滤要求	台		1. 本体安装、调试 2. 干燥 3. 油过滤 4. 接地
030402009	高压熔断器	1. 名称 2. 型号 3. 规格 4. 安装部位			1. 本体安装、调试 2. 接地
030402010	避雷器	1. 名称 2. 型号 3. 规格 4. 电压等级 5. 安装部位	组		1. 本体安装 2. 接地
030402011	干式电抗器	1. 名称 2. 型号 3. 规格 4. 质量 5. 安装部位 6. 干燥要求			1. 本体安装 2. 接地

项目编码	项目名称	项目特征	计量单位	工程量计算规则	工作内容
030402012	油浸电抗器	1. 名称 2. 型号 3. 规格 4. 容量（kV·A） 5. 油过滤要求 6. 干燥要求	台		1. 本体安装 2. 油过滤 3. 干燥
030402013	移相及串联电容器	1. 名称 2. 型号 3. 规格 4. 质量 5. 安装部位	个		1. 本体安装 2. 接地
030402014	集合式并联电容器				
030402015	并联补偿电容器组架	1. 名称 2. 型号 3. 规格 4. 结构形式		按设计图示数量计算	1. 本体安装 2. 接地
030402016	交流滤波装置组架	1. 名称 2. 型号 3. 规格	台		
030402017	高压成套配电柜	1. 名称 2. 型号 3. 规格 4. 母线配置方式 5. 种类 6. 基础型钢形式、规格			1. 本体安装 2. 基础型钢制作、安装 3. 补刷（喷）油漆 4. 接地
030402018	组合型成套箱式变电站	1. 名称 2. 型号 3. 容量（kV·A） 4. 电压（kV） 5. 组合形式 6. 基础规格、浇筑材质			1. 本体安装 2. 基础浇筑 3. 进箱母线安装 4. 补刷（喷）油漆 5. 接地

注：1. 空气断路器的储气罐及储气罐至断路器的管路应按《通用安装工程工程量计算规范》GB 50856—2013 附录 H 工业管道工程相关项目编码列项。

2. 干式电抗器项目适用于混凝土电抗器、铁芯干式电抗器、空心干式电抗器等。

3. 设备安装未包括地脚螺栓、浇注（二次灌浆、抹面），如需安装应按现行国家标准《房屋建筑与装饰工程工程量计算规范》GB 50854—2013 相关项目编码列项。

7.5.3 母线安装

母线安装的工程量清单计算规则，应按表 7-27 的规定执行。

母线安装（编码：030403）　　　　　　表 7-27

项目编码	项目名称	项目特征	计量单位	工程量计算规则	工作内容
030403001	软母线	1. 名称 2. 材质 3. 型号 4. 规格 5. 绝缘子类型、规格	m	按设计图示尺寸以单相长度计算（含预留长度）	1. 母线安装 2. 绝缘子耐压试验 3. 跳线安装 4. 绝缘子安装
030403002	组合软母线				

续表

项目编码	项目名称	项目特征	计量单位	工程量计算规则	工作内容
030403003	带形母线	1. 名称 2. 型号 3. 规格 4. 材质 5. 绝缘子类型、规格 6. 穿墙套管材质、规格 7. 穿通板材质、规格 8. 母线桥材质、规格 9. 引下线材质、规格 10. 伸缩节、过渡板材质、规格 11. 分相漆品种	m	按设计图示尺寸以单相长度计算（含预留长度）	1. 母线安装 2. 穿通板制作、安装 3. 支持绝缘子、穿墙套管的耐压试验、安装 4. 引下线安装 5. 伸缩节安装 6. 过渡板安装 7. 刷分相漆
030403004	槽形母线	1. 名称 2. 型号 3. 规格 4. 材质 5. 连接设备名称、规格 6. 分相漆品种	m	按设计图示尺寸以单相长度计算（含预留长度）	1. 母线制作、安装 2. 与发电机、变压器连接 3. 与断路器、隔离开关连接 4. 刷分相漆
030403005	共箱母线	1. 名称 2. 型号 3. 规格 4. 材质	m	按设计图示尺寸以中心线长度计算	1. 母线安装 2. 补刷（喷）油漆
030403006	低压封闭式插接母线槽	1. 名称 2. 型号 3. 规格 4. 容量（A） 5. 线制 6. 安装部位	m	按设计图示尺寸以中心线长度计算	1. 母线安装 2. 补刷（喷）油漆
030403007	始端箱、分线箱	1. 名称 2. 型号 3. 规格 4. 容量（A）	台	按设计图示数量计算	1. 本体安装 2. 补刷（喷）油漆
030403008	重型母线	1. 名称 2. 型号 3. 规格 4. 容量（A） 5. 材质 6. 绝缘子类型、规格 7. 伸缩器及导板规格	t	按设计图示尺寸以质量计算	1. 母线制作、安装 2. 伸缩器及导板制作、安装 3. 支持绝缘子安装 4. 补刷（喷）油漆

注：1. 软母线安装预留长度见表 7-40。
2. 硬母线配置安装预留长度见表 7-41。

7.5.4 控制设备及低压电器安装

控制设备及低压电器安装的工程量清单计算规则，应按表 7-28 的规定执行。

控制设备及低压电器安装（编码：030404）　　　　表 7-28

项目编码	项目名称	项目特征	计量单位	工程量计算规则	工作内容
030404001	控制屏	1. 名称 2. 型号 3. 规格 4. 种类 5. 基础型钢形式、规格 6. 接线端子材质、规格 7. 端子板外部接线材质、规格 8. 小母线材质、规格 9. 屏边规格	台	按设计图示数量计算	1. 本体安装 2. 基础型钢制作、安装 3. 端子板安装 4. 焊、压接线端子 5. 盘柜配线、端子接线 6. 小母线安装 7. 屏边安装 8. 补刷（喷）油漆 9. 接地
030404002	继电、信号屏				
030404003	模拟屏				
030404004	低压开关柜（屏）				1. 本体安装 2. 基础型钢制作、安装 3. 端子板安装 4. 焊、压接线端子 5. 盘柜配线、端子接线 6. 屏边安装 7. 补刷（喷）油漆 8. 接地
030404005	弱电控制返回屏				1. 本体安装 2. 基础型钢制作、安装 3. 端子板安装 4. 焊、压接线端子 5. 盘柜配线、端子接线 6. 小母线安装 7. 屏边安装 8. 补刷（喷）油漆 9. 接地
030404006	箱式配电室	1. 名称 2. 型号 3. 规格 4. 质量 5. 基础规格、浇筑材质 6. 基础型钢形式、规格	套	按设计图示数量计算	1. 本体安装 2. 基础型钢制作、安装 3. 基础浇筑 4. 补刷（喷）油漆 5. 接地

项目编码	项目名称	项目特征	计量单位	工程量计算规则	工作内容
030404007	硅整流柜	1. 名称 2. 型号 3. 规格 4. 容量（A） 5. 基础型钢形式、规格	台	按设计图示数量计算	1. 本体安装 2. 基础型钢制作、安装 3. 补刷（喷）油漆 4. 接地
030404008	可控硅柜	1. 名称 2. 型号 3. 规格 4. 容量（kW） 5. 基础型钢形式、规格			
030404009	低压电容器柜	1. 名称 2. 型号 3. 规格 4. 基础型钢形式、规格 5. 接线端子材质、规格 6. 端子板外部接线材质、规格 7. 小母线材质、规格 8. 屏边规格			1. 本体安装 2. 基础型钢制作、安装 3. 端子板安装 4. 焊、压接线端子 5. 盘柜配线、端子接线 6. 小母线安装 7. 屏边安装 8. 补刷（喷）油漆 9. 接地
030404010	自动调节励磁屏				
030404011	励磁灭磁屏				
030404012	蓄电池屏（柜）				
030404013	直流馈电屏				
030404014	事故照明切换屏				
030404015	控制台	1. 名称 2. 型号 3. 规格 4. 基础型钢形式、规格 5. 接线端子材质、规格 6. 端子板外部接线材质、规格 7. 小母线材质、规格			1. 本体安装 2. 基础型钢制作、安装 3. 端子板安装 4. 焊、压接线端子 5. 盘柜配线、端子接线 6. 小母线安装 7. 补刷（喷）油漆 8. 接地
030404016	控制箱	1. 名称 2. 型号 3. 规格 4. 基础形式、材质、规格 5. 接线端子材质、规格 6. 端子板外部接线材质、规格 7. 安装方式			1. 本体安装 2. 基础型钢制作、安装 3. 焊、压接线端子 4. 补刷（喷）油漆 5. 接地
030404017	配电箱				
030404018	插座箱	1. 名称 2. 型号 3. 规格 4. 安装方式			1. 本体安装 2. 接地

项目编码	项目名称	项目特征	计量单位	工程量计算规则	工作内容
030404019	控制开关	1. 名称 2. 型号 3. 规格 4. 接线端子材质、规格 5. 额定电流（A）	个	按图示数量计算	1. 本体安装 2. 焊、压接线端子 3. 接线
030404020	低压熔断器	1. 名称 2. 型号 3. 规格 4. 接线端子材质、规格	台		
030404021	限位开关				
030404022	控制器				
030404023	接触器				
030404024	磁力启动器				
030404025	Y-△自耦减压启动器				
030404026	电磁铁（电磁制动器）				
030404027	快速自动开关				
030404028	电阻器		箱		
030404029	油浸频敏变阻器		台		
030404030	分流器	1. 名称 2. 型号 3. 规格 4. 容量（A） 5. 接线端子材质、规格	个		
030404031	小电器	1. 名称 2. 型号 3. 规格 4. 接线端子材质、规格	个（套、台）		
030404032	端子箱	1. 名称 2. 型号 3. 规格 4. 安装部位	台		1. 本体安装 2. 接线
030404033	风扇	1. 名称 2. 型号 3. 规格 4. 安装方式			1. 本体安装 2. 调速开关安装
030404034	照明开关	1. 名称 2. 材质 3. 规格 4. 安装方式	个		1. 本体安装 2. 接线
030404035	插座				
030404036	其他电器	1. 名称 2. 规格 3. 安装方式	个（套、台）		1. 安装 2. 接线

注：1. 控制开关包括：自动空气开关、刀型开关、铁壳开关、胶盖刀闸开关、组合控制开关、万能转换开关、风机盘管三速开关、漏电保护开关等。

2. 小电器包括：按钮、电笛、电铃、水位电气信号装置、测量表计、继电器、电磁锁、屏上辅助设备、辅助电压互感器、小型安全变压器等。

3. 其他电器安装指：本节未列的电器项目。

4. 其他电器必须根据电器实际名称确定项目名称，明确描述工作内容、项目特征、计量单位、计算规则。

5. 盘、箱、柜的外部进出电线预留长度见表7-42。

7.5.5 蓄电池安装

蓄电池安装的工程量清单计算规则，应按表7-29的规定执行。

蓄电池安装（编码：030405） 表7-29

项目编码	项目名称	项目特征	计量单位	工程量计算规则	工作内容
030405001	蓄电池	1. 名称 2. 型号 3. 容量（A·h） 4. 防震支架形式、材质 5. 充放电要求	个（组件）	按设计图示数量计算	1. 本体安装 2. 防震支架安装 3. 充放电
030405002	太阳能电池	1. 名称 2. 型号 3. 规格 4. 容量 5. 安装方式	组		1. 安装 2. 电池方阵铁架安装 3. 联调

7.5.6 电机检查接线及调试

电机检查接线及调试的工程量清单计算规则，应按表7-30的规定执行。

电机检查接线及调试（编码：030406） 表7-30

项目编码	项目名称	项目特征	计量单位	工程量计算规则	工作内容
030406001	发电机	1. 名称 2. 型号 3. 容量（kW） 4. 接线端子材质、规格 5. 干燥要求	台	按设计图示数量计算	1. 检查接线 2. 接地 3. 干燥 4. 调试
030406002	调相机				
030406003	普通小型直流电动机				
030406004	可控硅调速直流电动机	1. 名称 2. 型号 3. 容量（kW） 4. 类型 5. 接线端子材质、规格 6. 干燥要求			
030406005	普通交流同步电动机	1. 名称 2. 型号 3. 容量（kW） 4. 启动方式 5. 电压等级（kV） 6. 接线端子材质、规格 7. 干燥要求			

项目编码	项目名称	项目特征	计量单位	工程量计算规则	工作内容
030406006	低压交流异步电动机	1. 名称 2. 型号 3. 容量（kW） 4. 控制保护方式 5. 接线端子材质、规格 6. 干燥要求	台	按设计图示数量计算	1. 检查接线 2. 接地 3. 干燥 4. 调试
030406007	高压交流异步电动机	1. 名称 2. 型号 3. 容量（kW） 4. 保护类别 5. 接线端子材质、规格 6. 干燥要求			
030406008	交流变频调速电动机	1. 名称 2. 型号 3. 容量（kW） 4. 类别 5. 接线端子材质、规格 6. 干燥要求			
030406009	微型电机、电加热器	1. 名称 2. 型号 3. 规格 4. 接线端材质、规格 5. 干燥要求			
030406010	电动机组	1. 名称 2. 型号 3. 电动机台数 4. 联锁台数 5. 接线端子材质、规格 6. 干燥要求	组		
030406011	备用励磁机组	1. 名称 2. 型号 3. 接线端子材质、规格 4. 干燥要求			
030406012	励磁电阻器	1. 名称 2. 型号 3. 规格 4. 接线端子材质、规格 5. 干燥要求	台		1. 本体安装 2. 检查接线 3. 干燥

注：1. 可控硅调速直流电动机类型指一般可控硅调速直流电动机、全数字式控制可控硅调速直流电动机。
　　2. 交流变频调速电动机类型指交流同步变频电动机、交流异步变频电动机。
　　3. 电动机按其质量划分为大、中、小型：3t 以下为小型，3～30t 为中型，30t 以上为大型。

7.5.7 滑触线装置安装

滑触线装置安装的工程量清单计算规则，应按表7-31的规定执行。

滑触线装置安装（编码：030407）　　　　　　　　　　表7-31

项目编码	项目名称	项目特征	计量单位	工程量计算规则	工作内容
030407001	滑触线	1. 名称 2. 型号 3. 规格 4. 材质 5. 支架形式、材质 6. 移动软电缆材质、规格、安装部位 7. 拉紧装置类型 8. 伸缩接头材质、规格	m	按设计图示尺寸以单相长度计算（含预留长度）	1. 滑触线安装 2. 滑触线支架制作、安装 3. 拉紧装置及挂式支持器制作、安装 4. 移动软电缆安装 5. 伸缩接头制作、安装

注：1. 支架基础铁件及螺栓是否浇注需说明。
　　2. 滑触线安装预留长度见表7-43。

7.5.8 电缆安装

电缆安装的工程量清单计算规则，应按表7-32的规定执行。

电缆安装（编码：030408）　　　　　　　　　　表7-32

项目编码	项目名称	项目特征	计量单位	工程量计算规则	工作内容
030408001	电力电缆	1. 名称 2. 型号 3. 规格 4. 材质 5. 敷设方式、部位 6. 电压等级（kV） 7. 地形	m	按设计图示尺寸以长度计算（含预留长度及附加长度）	1. 电缆敷设 2. 揭（盖）盖板
030408002	控制电缆				
030408003	电缆保护管	1. 名称 2. 材质 3. 规格 4. 敷设方式		按设计图示尺寸以长度计算	保护管敷设
030408004	电缆槽盒	1. 名称 2. 材质 3. 规格 4. 型号			槽盒安装
030408005	铺砂、盖保护板（砖）	1. 种类 2. 规格			1. 铺砂 2. 盖板（砖）

项目编码	项目名称	项目特征	计量单位	工程量计算规则	工作内容
030408006	电力电缆头	1. 名称 2. 型号 3. 规格 4. 材质、类型 5. 安装部位 6. 电压等级（kV）	个	按设计图示数量计算	1. 电力电缆头制作 2. 电力电缆头安装 3. 接地
030408007	控制电缆头	1. 名称 2. 型号 3. 规格 4. 材质、类型 5. 安装方式			
030408008	防火堵洞		处	按设计图示数量计算	安装
030408009	防火隔板	1. 名称 2. 材质 3. 方式 4. 部位	m²	按设计图示尺寸以面积计算	
030408010	防火涂料		kg	按设计图示尺寸以质量计算	
030408011	电缆分支箱	1. 名称 2. 型号 3. 规格 4. 基础形式、材质、规格	台	按设计图示数量计算	1. 本体安装 2. 基础制作、安装

注：1. 电缆穿刺线夹按电缆头编码列项。
2. 电缆井、电缆排管、顶管，应按现行国家标准《市政工程工程量计算规范》GB 50857—2013 相关项目编码列项。
3. 电缆敷设预留长度及附加长度见表 7-44。

7.5.9 防雷及接地装置安装

防雷及接地装置安装的工程量清单计算规则，应按表 7-33 的规定执行。

防雷及接地装置（编码：030409） 表 7-33

项目编码	项目名称	项目特征	计量单位	工程量计算规则	工作内容
030409001	接地极	1. 名称 2. 材质 3. 规格 4. 土质 5. 基础接地形式	根（块）	按设计图示数量计算	1. 接地极（板、桩）制作、安装 2. 基础接地网安装 3. 补刷（喷）油漆

项目编码	项目名称	项目特征	计量单位	工程量计算规则	工作内容
030409002	接地母线	1. 名称 2. 材质 3. 规格 4. 安装部位 5. 安装形式	m	按设计图示尺寸以长度计算（含附加长度）	1. 接地母线制作、安装 2. 补刷（喷）油漆
030409003	避雷引下线	1. 名称 2. 材质 3. 规格 4. 安装部位 5. 安装形式 6. 断接卡子、箱材质、规格			1. 避雷引下线制作、安装 2. 断接卡子、箱制作、安装 3. 利用主钢筋焊接 4. 补刷（喷）油漆
030409004	均压环	1. 名称 2. 材质 3. 规格 4. 安装形式			1. 均压环敷设 2. 钢铝窗接地 3. 柱主筋与圈梁焊接 4. 利用圈梁钢筋焊接 5. 补刷（喷）油漆
030409005	避雷网	1. 名称 2. 材质 3. 规格 4. 安装形式 5. 混凝土块强度等级			1. 避雷网制作、安装 2. 跨接 3. 混凝土块制作 4. 补刷（喷）油漆
030409006	避雷针	1. 名称 2. 材质 3. 规格 4. 安装形式、高度	根	按设计图示数量计算	1. 避雷针制作、安装 2. 跨接 3. 补刷（喷）油漆
030409007	半导体少长针消雷装置	1. 型号 2. 高度	套		本体安装
030409008	等电位端子箱、测试板	1. 名称 2. 材质 3. 规格	台（块）		
030409009	绝缘垫		m²	按设计图示尺寸以展开面积计算	1. 制作 2. 安装
030409010	浪涌保护器	1. 名称 2. 规格 3. 安装形式 4. 防雷等级	个	按设计图示数量计算	1. 本体安装 2. 接线 3. 接地
030409011	降阻剂	1. 名称 2. 类型	kg	按设计图示以质量计算	1. 挖土 2. 施放降阻剂 3. 回填土 4. 运输

注：1. 利用桩基础作接地极，应描述桩台下桩的根数，每桩台下需焊接柱筋根数，其工程量按柱引下线计算；利用基础钢筋作接地极按均压环项目编码列项。
2. 利用柱筋作引下线的，需描述柱筋焊接根数。
3. 利用圈梁筋作均压环的，需描述圈梁筋焊接根数。
4. 使用电缆、电线作接地线的，应按表7-32及表7-35相关项目编码列项。
5. 接地母线、引下线、避雷网附加长度见表7-45。

7.5.10 10kV 以下架空配电线路安装

10kV 以下架空配电线路安装的工程量清单计算规则，应按表 7-34 的规定执行。

10kV 以下架空配电线路（编码：030410） 表 7-34

项目编码	项目名称	项目特征	计量单位	工程量计算规则	工作内容
030410001	电杆组立	1. 名称 2. 材质 3. 规格 4. 类型 5. 地形 6. 土质 7. 底盘、拉盘、卡盘规格 8. 拉线材质、规格、类型 9. 现浇基础类型、钢筋类型、规格，基础垫层要求 10. 电杆防腐要求	根（基）	按设计图示数量计算	1. 施工定位 2. 电杆组立 3. 土（石）方挖填 4. 底盘、拉盘、卡盘安装 5. 电杆防腐 6. 拉线制作、安装 7. 现浇基础、基础垫层 8. 工地运输
030410002	横担组装	1. 名称 2. 材质 3. 规格 4. 类型 5. 电压等级（kV） 6. 瓷瓶型号、规格 7. 金具品种规格	组		1. 横担安装 2. 瓷瓶、金具组装
030410003	导线架设	1. 名称 2. 型号 3. 规格 4. 地形 5. 跨越类型	km	按设计图示尺寸以单线长度计算（含预留长度）	1. 导线架设 2. 导线跨越及进户线架设 3. 工地运输
030410004	杆上设备	1. 名称 2. 型号 3. 规格 4. 电压等级（kV） 5. 支撑架种类、规格 6. 接线端子材质、规格 7. 接地要求	台（组）	按设计图示数量计算	1. 支撑架安装 2. 本体安装 3. 焊压接线端子、接线 4. 补刷（喷）油漆 5. 接地

注：1. 杆上设备调试，应按表 7-38 相关项目编码列项。
　　2. 架空导线预留长度见表 7-46。

7.5.11 配管、配线

配管、配线的工程量清单计算规则，应按表 7-35 的规定执行。

配管、配线（编码：030411） 表 7-35

项目编码	项目名称	项目特征	计量单位	工程量计算规则	工作内容
030411001	配管	1. 名称 2. 材质 3. 规格 4. 配置形式 5. 接地要求 6. 钢索材质、规格			1. 电线管路敷设 2. 钢索架设（拉紧装置安装） 3. 预留沟槽 4. 接地
030411002	线槽	1. 名称 2. 材质 3. 规格	m	按设计图示尺寸以长度计算	1. 本体安装 2. 补刷（喷）油漆
030411003	桥架	1. 名称 2. 型号 3. 规格 4. 材质 5. 类型 6. 接地方式			1. 本体安装 2. 接地
030411004	配线	1. 名称 2. 配线形式 3. 型号 4. 规格 5. 材质 6. 配线部位 7. 配线线制 8. 钢索材质、规格	m	按设计图示尺寸以单线长度计算（含预留长度）	1. 配线 2. 钢索架设（拉紧装置安装） 3. 支持体（夹板、绝缘子、槽板等）安装
030411005	接线箱	1. 名称 2. 材质 3. 规格 4. 安装形式	个	按设计图示数量计算	本体安装
030411006	接线盒				

注：1. 配管、线槽安装不扣除管路中间的接线箱（盒）、灯头盒、开关盒所占长度。
2. 配管名称指电线管、钢管、防爆管、塑料管、软管、波纹管等。
3. 配管配置形式指明配、暗配、吊顶内、钢结构支架、钢索配管、埋地敷设、水下敷设、砌筑沟内敷设等。
4. 配线名称指管内穿线、瓷夹板配线、塑料夹板配线、绝缘子配线、槽板配线、塑料护套配线、线槽配线、车间带形母线等。
5. 配线形式指照明线路，动力线路，木结构，顶棚内，砖、混凝土结构，沿支架、钢索、屋架、梁、柱、墙，以及跨屋架、梁、柱。
6. 配线保护管遇到下列情况之一时，应增设管路接线盒和拉线盒：(1) 管长度每超过 30m，无弯曲；(2) 管长度每超过 20m，有 1 个弯曲；(3) 管长度每超过 15m，有 2 个弯曲；(4) 管长度每超过 8m，有 3 个弯曲。垂直敷设的电线保护管遇到下列情况之一时，应增设固定导线用的拉线盒：(1) 管内导线截面为 50mm² 及以下，长度每超过 30m；(2) 管内导线截面为 70~95mm²，长度每超过 20m；(3) 管内导线截面为 120~240mm²，长度每超过 18m。在配管清单项目计量时，设计无要求时上述规定可以作为计量接线盒、拉线盒的依据。
7. 配管安装中不包括凿槽、刨沟，应按表 7-37 相关项目编码列项。
8. 配线进入箱、柜、板的预留长度见表 7-47。

7.5.12 照明器具安装

照明器具安装的工程量清单计算规则，应按表 7-36 的规定执行。

照明器具安装（编码：030412）　　　　　　　　　　表 7-36

项目编码	项目名称	项目特征	计量单位	工程量计算规则	工作内容
030412001	普通灯具	1. 名称 2. 型号 3. 规格 4. 类型	套	按设计图示数量计算	本体安装
030412002	工厂灯	1. 名称 2. 型号 3. 规格 4. 安装形式			
030412003	高度标志（障碍）灯	1. 名称 2. 型号 3. 规格 4. 安装部位 5. 安装高度			
030412004	装饰灯	1. 名称 2. 型号 3. 规格 4. 安装形式			
030412005	荧光灯				
030412006	医疗专用灯	1. 名称 2. 型号 3. 规格			
030412007	一般路灯	1. 名称 2. 型号 3. 规格 4. 灯杆材质、规格 5. 灯架形式及臂长 6. 附件配置要求 7. 灯杆形式（单、双） 8. 基础形式、砂浆配合比 9. 杆座材质、规格 10. 接线端子材质、规格 11. 编号 12. 接地要求			1. 基础制作、安装 2. 立灯杆 3. 杆座安装 4. 灯架及灯具附件安装 5. 焊、压接线端子 6. 补刷（喷）油漆 7. 灯杆编号 8. 接地
030412008	中杆灯	1. 名称 2. 灯杆的材质及高度 3. 灯架的型号、规格 4. 附件配置 5. 光源数量 6. 基础形式、浇筑材质 7. 杆座材质、规格 8. 接线端子材质、规格 9. 铁构件规格 10. 编号 11. 灌浆配合比 12. 接地要求			1. 基础浇筑 2. 立灯杆 3. 杆座安装 4. 灯架及灯具附件安装 5. 焊、压接线端子 6. 铁构件安装 7. 补刷（喷）油漆 8. 灯杆编号 9. 接地

项目编码	项目名称	项目特征	计量单位	工程量计算规则	工作内容
030412009	高杆灯	1. 名称 2. 灯杆高度 3. 灯架形式（成套或组装、固定或升降） 4. 附件配置 5. 光源数量 6. 基础形式、浇筑材质 7. 杆座材质、规格 8. 接线端子材质、规格 9. 铁构件规格 10. 编号 11. 灌浆配合比 12. 接地要求	套	按设计图示数量计算	1. 基础浇筑 2. 立灯杆 3. 杆座安装 4. 灯架及灯具附件安装 5. 焊、压接线端子 6. 铁构件安装 7. 补刷（喷）油漆 8. 灯杆编号 9. 升降机构接线调试 10. 接地
030412010	桥栏杆灯	1. 名称 2. 型号 3. 规格 4. 安装形式			1. 灯具安装 2. 补刷（喷）油漆
030412011	地道涵洞灯				

注：1. 普通灯具包括圆球吸顶灯、半圆球吸顶灯、方形吸顶灯、软线吊灯、座灯头、吊链灯、防水吊灯、壁灯等。
　　2. 工厂灯包括工厂罩灯、防水灯、防尘灯、碘钨灯、投光灯、泛光灯、混光灯、密闭灯等。
　　3. 高度标志（障碍）灯包括烟囱标志灯、高塔标志灯、高层建筑屋顶障碍指示灯等。
　　4. 装饰灯包括吊式艺术装饰灯、吸顶式艺术装饰灯、荧光艺术装饰灯、几何型组合艺术装饰灯、标志灯、诱导装饰灯、水下（上）艺术装饰灯、点光源艺术灯、歌舞厅灯具、草坪灯具等。
　　5. 医疗专用灯包括病房指示灯、病房暗脚灯、紫外线杀菌灯、无影灯等。
　　6. 中杆灯是指安装在高度小于或等于19m的灯杆上的照明器具。
　　7. 高杆灯是指安装在高度大于19m的灯杆上的照明器具。

7.5.13　附属工程

附属工程的工程量清单计算规则，应按表7-37的规定执行。

附属工程（编码：030413）　　　　　　　　　　　　　　　表7-37

项目编码	项目名称	项目特征	计量单位	工程量计算规则	工作内容
030413001	钢构件	1. 名称 2. 材质 3. 规格	kg	按设计图示尺寸以质量计算	1. 制作 2. 安装 3. 补刷（喷）油漆
030413002	凿（压）槽	1. 名称 2. 规格 3. 类型 4. 填充（恢复）方式 5. 混凝土标准	m	按设计图示尺寸以长度计算	1. 开槽 2. 恢复处理
030413003	打洞（孔）	1. 名称 2. 规格 3. 类型 4. 填充（恢复）方式 5. 混凝土标准	个	按设计图示数量计算	1. 开孔、洞 2. 恢复处理

项目编码	项目名称	项目特征	计量单位	工程量计算规则	工作内容
030413004	管道包封	1. 名称 2. 规格 3. 混凝土强度等级	m	按设计图示尺寸以长度计算	1. 灌注 2. 养护
030413005	人（手）孔砌筑	1. 名称 2. 规格 3. 类型	个	按设计图示数量计算	砌筑
030413006	人（手）孔防水	1. 名称 2. 类型 3. 规格 4. 防水材质及做法	m²	按设计图示尺寸以防水面积计算	防水

注：铁构件适用于电气工程的各种支架、铁构件的制作安装。

7.5.14 电器调整试验

电器调整试验的工程量清单计算规则，应按表7-38的规定执行。

电器调整试验（编码：030414）　　　　　　　　　　表7-38

项目编码	项目名称	项目特征	计量单位	工程量计算规则	工作内容
030414001	电力变压器系统	1. 名称 2. 型号 3. 容量（kV·A）	系统	按设计图示系统计算	系统调试
030414002	送配电装置系统	1. 名称 2. 型号 3. 电压等级（kV） 4. 类型			
030414003	特殊保护装置	1. 名称 2. 类型	台（套）	按设计图示数量计算	调试
030414004	自动投入装置		系统（台、套）		
030414005	中央信号装置	1. 名称 2. 类型	系统（台）	按设计图示系统计算	
030414006	事故照明切换装置		系统		
030414007	不间断电源	1. 名称 2. 类型 3. 容量			
030414008	母线	1. 名称 2. 电压等级（kV）	段	按设计图示数量计算	
030414009	避雷器		组		
030414010	电容器				

项目编码	项目名称	项目特征	计量单位	工程量计算规则	工作内容
030414011	接地装置	1. 名称 2. 类别	1. 系统 2. 组	1. 以系统计量，按设计图示系统计算 2. 以组计量，按设计图示数量计算	接地电阻测试
030414012	电抗器、消弧线圈		台	按设计图示数量计算	调试
030414013	电除尘器	1. 名称 2. 型号 3. 规格	组		
030414014	硅整流设备、可控硅整流设备	1. 名称 2. 类别 3. 电压（V） 4. 电流（A）	系统	按设计图示系统计算	
030414015	电缆试验	1. 名称 2. 电压等级（kV）	次 （根、点）	按设计图示数量计算	试验

注：1. 功率大于 10kW 电动机及发电机的启动调试用的蒸汽、电力和其他动力能源消耗及变压器空载试运转的电力消耗及设备需烘干处理应说明。

2. 配合机械设备及其他工艺的单体试车，应按《通用安装工程工程量计算规范》GB 50856—2013 附录 N 措施项目相关项目编码列项。

3. 计算机系统调试应按《通用安装工程工程量计算规范》GB 50856—2013 附录 F 自动化控制仪表安装工程相关项目编码列项。

7.5.15 其他相关问题说明

其他相关问题说明，应按表 7-39 的规定执行。

其他相关问题说明 表 7-39

序号	说　明
1	电气设备安装工程适用于 10kV 以下变配电设备及线路的安装工程、车间动力电气设备及电气照明、防雷及接地装置安装、配管配线、电气调试等
2	挖土、填土工程，应按现行国家标准《房屋建筑与装饰工程工程量计算规范》GB 50854—2013 相关项目编码列项
3	开挖路面，应按现行国家标准《市政工程工程量计算规范》GB 50857—2013 相关项目编码列项
4	过梁、墙、楼板的钢（塑料）套管，应按《通用安装工程工程量计算规范》GB 50856—2013 附录 K 采暖、给水排水、燃气工程相关项目编码列项
5	除锈、刷漆（补刷漆除外）、保护层安装，应按《通用安装工程工程量计算规范》GB 50856—2013 附录 M 刷油、防腐蚀、绝热工程相关项目编码列项
6	由国家或地方检测验收部门进行的检测验收应按《通用安装工程工程量计算规范》GB 50856—2013 附录 N 措施项目编码列项

软母线安装预留长度（单位：m/根）　　　　　　表 7 - 40

项目	耐张	跳线	引下线、设备连接线
预留长度	2.5	0.8	0.6

硬母线配置安装预留长度（单位：m/根）　　　　　　表 7 - 41

序号	项　目	预留长度	说　明
1	带形、槽形母线终端	0.3	从最后一个支持点算起
2	带形、槽形母线与分支线连接	0.5	分支线预留
3	带形母线与设备连接	0.5	从设备端子接口算起
4	多片重型母线与设备连接	1.0	从设备端子接口算起
5	槽形母线与设备连接	0.5	从设备端子接口算起

盘、箱、柜的外部进出线预留长度（单位：m/根）　　　　　　表 7 - 42

序号	项　目	预留长度	说　明
1	各种箱、柜、盘、板、盒	高+宽	盘面尺寸
2	单独安装的铁壳开关、自动开关、刀开关、启动器、箱式电阻器、变阻器	0.5	从安装对象中心算起
3	继电器、控制开关、信号灯、按钮、熔断器等小电器	0.3	从安装对象中心算起
4	分支接头	0.2	分支线预留

滑触线安装预留长度（单位：m/根）　　　　　　表 7 - 43

序号	项　目	预留长度	说　明
1	圆钢、铜母线与设备连接	0.2	从设备接线端子接口算起
2	圆钢、铜滑触线终端	0.5	从最后一个固定点算起
3	角钢滑触线终端	1.0	从最后一个支持点算起
4	扁钢滑触线终端	1.3	从最后一个固定点算起
5	扁钢母线分支	0.5	分支线预留
6	扁钢母线与设备连接	0.5	从设备接线端子接口算起
7	轻轨滑触线终端	0.8	从最后一个支持点算起
8	安全节能及其他滑触线终端	0.5	从最后一个固定点算起

电缆敷设预留及附加长度　　　　　　表 7 - 44

序号	项　目	预留（附加）长度	说　明
1	电缆敷设弛度、波形弯度、交叉	2.5%	按电缆全长计算
2	电缆进入建筑物	2.0m	规范规定最小值
3	电缆进入沟内或吊架时引上（下）预留	1.5m	规范规定最小值
4	变电所进线、出线	1.5m	规范规定最小值
5	电力电缆终端头	1.5m	检修余量最小值

序号	项　目	预留（附加）长度	说　明
6	电缆中间接线盒	两端各留 2.0m	检修余量最小值
7	电缆进控制、保护屏及模拟盘、配电箱等	高＋宽	按盘面尺寸
8	高压开关柜及低压配电盘、箱	2.0m	盘下进出线
9	电缆至电动机	0.5m	从电动机接线盒算起
10	厂用变压器	3.0m	从地坪算起
11	电缆绕过梁柱等增加长度	按实计算	按被绕物的断面情况计算增加长度
12	电梯电缆与电缆架固定点	每处 0.5m	规范规定最小值

接地母线、引下线、避雷网附加长度（单位：m）　　　　表 7-45

项　目	附加长度	说　明
接地母线、引下线、避雷网附加长度	3.9%	按接地母线、引下线、避雷网全长计算

架空导线预留长度（单位：m/根）　　　　表 7-46

项　目		预留长度
高压	转角	2.5
	分支、终端	2.0
低压	分支、终端	0.5
	交叉跳线转角	1.5
与设备连线		0.5
进户线		2.5

配线进入箱、柜、板的预留长度（单位：m/根）　　　　表 7-47

序号	项　目	预留长度（m）	说　明
1	各种开关箱、柜、板	高＋宽	盘面尺寸
2	单独安装（无箱、盘）的铁壳开关、闸刀开关、启动器、线槽进出线盒等	0.3	从安装对象中心算起
3	由地面管子出口引至动力接线箱	1.0	从管口计算
4	电源与管内导线连接（管内穿线与软、硬母线接点）	1.5	从管口计算
5	出户线	1.5	从管口计算

7.6　电气设备工程预算编制实例

【例 1】 某工程层高 3.2m，其室内电气照明工程如图 7-10 所示。配电箱 XRM 的盘面尺寸为 250mm×120mm，其安装高度为距地 1.5m。插座安装高度为距地 0.3m，开关安装高度为距地 1.5m。照明配线采用 BV-2.5 线，穿 PVC15 的塑料管，插座配线采用 BV-3×4 线，穿 PVC20 的塑料管，沿墙面、天棚和地面暗敷设。试进行：（1）计算该工程的工程量；（2）套用全国统一安装工程预算定额及地区基价；（3）编制工程量清单（电源进户线不算）。

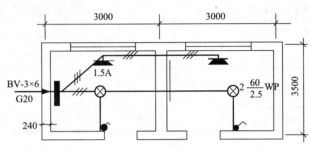

图 7-10　某房间照明平面图

【解】一、计算工程量

1. 统计照明灯具、开关、插座的配电箱的数量

（1）照明灯具为普通软线吊灯，共 2 套。

（2）开关为暗装单控开关，共 2 个。

（3）插座为暗装单相插座，共 2 个。

（4）配电箱一台。

2. 计算配管、配线工程量

（1）配管工程量

① 配电箱→灯具、开关 PVC15

为方便后面计算配线工程量时，在统计配管工程量时，将穿两根线的配管和穿三根线的配管分开计算。

a. 穿三根线的配管工程量

（3.2−1.5−0.12）（配电箱顶面至顶棚的高度）＋3.0（从图中量取配电箱至第二道墙中心线的水平距离）＝4.58m

b. 穿两根线的配管工程量

1.5（第二道纵墙中心线至第二套灯具的水平距离）＋1.75（每套灯具至安装开关墙面的水平距离）×2（2个开关）＋（3.2−1.5）（顶棚至开关的垂直距离）×2（2个开关）＝8.40m

② 配电箱→插座、PVC20 穿三根线的配管工程量

1.5（配电箱底距地面的距离）＋2.30（配电箱至第一个插座水平距离）＋0.3（插座距地面的距离）×2＋3.0（两插座间水平距离）＝7.40m

③ 配管合计 PVC15 暗敷设

4.58＋8.40＝12.98m

PVC20 暗敷设 7.40m

（2）配线工程量 BV-2.5mm²

4.58（穿三根线的配管量）×3（导线根数）＋8.40（穿两根线的配管量）×2（导线

根数）＋（0.12＋0.25）（配电箱预留长度）×3（导线根数）＝31.65m

（3）配线工程量 BV－4mm²

7.40（穿三根线的配管量）×3（导线根数）＋（0.12＋0.25）（配电箱预留长度）×3（导线根数）＝23.31m

二、套定额及地区基价

将以上工程量，套入全国统一安装工程预算定额第二册及甘肃省兰州市地区基价，具体结果见表7-48。

某照明工程预算表　　表7-48

定额编号	工程（项目）名称	工程量		价值（元）		其中（元）					
		定额单位	数量	基价	合价	人工费		材料费		机械费	
						单价	金额	单价	金额	单价	金额
2－263	配电箱安装 250×120	台	1.00	72.58	72.58	32.12	32.12	40.46	40.46		
2－1143	配管暗装 PVC15	100m	0.13	246.89	32.05	228.44	29.65	18.45	2.39		
2－1144	配管暗装 PVC20	100m	0.07	272.37	20.16	253.92	18.79	18.45	1.37		
2－1172	管内穿线 BV－2.5mm²	100m	0.32	41.16	13.03	21.41	6.78	19.75	6.25		
2－1173	管内穿线 BV－4mm²	100m	0.23	34.40	8.02	14.99	3.49	19.41	4.52		
2－1377	插座盒安装	10个	0.20	19.82	3.96	9.63	1.93	10.19	2.04		
2－1378	开关盒安装	10个	0.20	15.00	3.00	10.28	2.06	4.72	0.94		
2－1389	普通软线吊灯安装	10套	0.20	92.29	18.46	20.13	4.03	72.16	14.43		
2－1637	单联单控暗开关安装	10套	0.20	20.15	4.03	18.20	3.64	1.95	0.39		
2－1668	单相三孔暗插座安装	10套	0.20	24.63	4.93	19.48	3.90	5.15	1.03		
合　　计				180.21		106.38		73.83			

注：本表中未计主材价。

三、编制工程量清单

依据工程量清单计价规范的规定，编制本工程的分部分项工程量清单（见表7-49）。

分部分项工程量清单表　　表7-49

工程名称：某照明工程　　　　标段：　　　　　　第　页　共　页

序号	项目编码	项目名称	项目特征描述	计量单位	工程数量
1	030404017001	配电箱	1. 名称：照明配电箱 2. 型号：XRM 3. 规格：250×120 4. 安装方式：暗装，底边距地1.5m	台	1
2	030411001001	配管	1. 名称：穿线管 2. 材质：PVC 3. 规格：DN15 4. 配置形式：暗装	m	12.98

序号	项目编码	项目名称	项目特征描述	计量单位	工程数量
3	030411001002	配管	1. 名称：穿线管 2. 材质：PVC 3. 规格：DN20 4. 配置形式：暗装	m	7.40
4	030411004001	配线	1. 名称：铜芯塑料绝缘线 2. 配线形式：照明线路穿管 3. 型号：BV 4. 规格：2.5mm² 5. 材质：铜芯	m	31.65
5	030411004002	配线	1. 名称：铜芯塑料绝缘线 2. 配线形式：照明线路穿管 3. 型号：BV 4. 规格：4mm² 5. 材质：铜芯	m	23.31
6	030412001001	普通灯具	1. 名称：软线吊灯 2. 型号：8602 3. 规格：25W 4. 类型：悬挂安装	套	2
7	030404034001	照明开关	1. 名称：单相单控双联暗开关 2. 材质：塑料 3. 规格：250V/10A，86 型 4. 安装方式：暗装	个	2
8	030404035001	插座	1. 名称：单相三级暗插座 2. 材质：塑料 3. 规格：250V/10A，86 型三级 4. 安装方式：暗装	个	2

【例 2】 图 7-11 为某锅炉房动力配电工程图，设计说明如下：

1. 循环泵、炉排风机、液位计等处管线管口高出地坪 0.5m，鼓风机、引风机电机处管口高出地坪 2m，所有电机和液位计处的预留线均为 1.0m，管路旁括号内数据为该管的水平长度（单位：m）。

2. 动力配电箱为暗装，底边距地面 1.4m，箱体尺寸为：400mm（宽）×300mm（高）×200mm（厚）。

3. 电源进户线不计算。（注：本题为 2001 年造价工程师案例考试题）

问题：（1）计算该工程的工程量；（2）套用全国统一安装工程预算定额及地区基价；（3）编制分部分项工程量清单。

一、工程量计算

1. 统计配电箱数量

从图中可见该系统，安装动力配电箱一台。

2. 计算配管、配线工程量

（1）配管工程量

① DN20 焊接钢管暗敷设

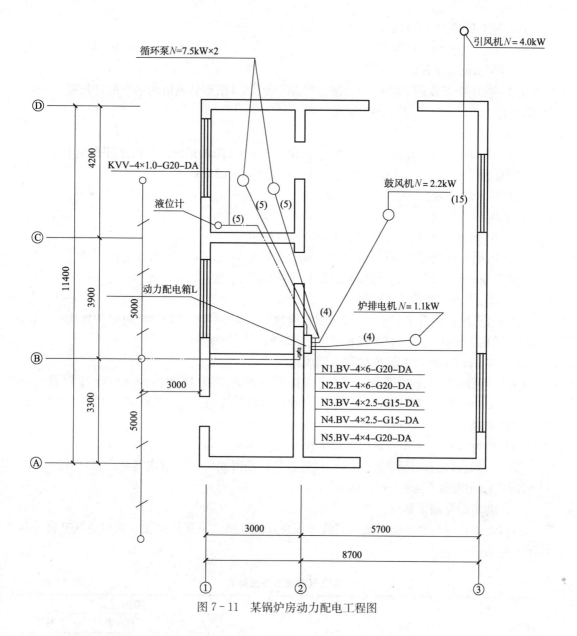

图 7-11 某锅炉房动力配电工程图

a. 液位计配管工程量

1.4（配电箱安装高度）＋0.2（配管埋深）＋5.0（图示液位计的水平配管长度）＋0.2（配管埋深）＋0.5（已知液位计的安装高度）＝7.3m

b. 循环泵配管工程量

［1.4（配电箱安装高度）＋0.2（配管埋深）＋5.0（图示液位计的水平配管长度）＋0.2（配管埋深）＋0.5（已知循环泵的安装高度）］×2（循环泵数量）＝14.6m

c. 引风机配管工程量

1.4（配电箱安装高度）＋0.2（配管埋深）＋15.0（图示引风机的水平配管长度）＋0.2（配管埋深）＋2.0（已知引风机的安装高度）＝18.8m

d. DN20 焊接钢管小计：7.3＋14.6＋18.8＝40.7m

② DN15 焊接钢管暗敷设

a. 鼓风机配管工程量

1.4（配电箱安装高度）＋0.2（配管埋深）＋4.0（图示鼓风机的水平配管长度）＋0.2（配管埋深）＋0.5（已知鼓风机的安装高度）＝7.8m

b. 排烟风机配管工程量

1.4（配电箱安装高度）＋0.2（配管埋深）＋4.0（图示排烟风机的水平配管长度）＋0.2（配管埋深）＋0.5（已知排烟风机的安装高度）＝6.3m

c. DN15 焊接钢管小计：7.8＋6.3＝14.1m

（2）配线工程量

① BV－6mm² 用于循环泵配线

14.6（循环泵配管工程量）×4（配线根数）＋［（0.4＋0.3）（配电箱预留线）＋1.0（已知循环泵预留线）］×2（循环泵数量）×4（配线根数）＝72.0m

② BV－4mm² 用于引风机配线

18.8（引风机配管工程量）×4（配线根数）＋［（0.4＋0.3）（配电箱预留线）＋1.0（已知引风机预留线）］×4（配线根数）＝82.0m

③ BV－2.5mm² 用于鼓风机和排烟风机配线

［7.8（鼓风机配管工程量）＋6.3（排烟风机配管工程量）］×4（配线根数）＋［（0.4＋0.3）（配电箱预留线）＋1.0（已知风机预留线）］×4（配线根数）×2（鼓风机和排烟风机数量）＝70.0m

（3）电缆 KVV×1 工程量用于液位计

［7.3（液位计配管工程量）＋1.0（已知液位计预留线）＋2.0（电缆敷设预留长度）］×（1＋2.5%）（电缆敷设驰度）＝10.56m

二、套定额及地区基价

将以上工程量，套入全国统一安装工程预算定额第二册及甘肃省兰州市地区基价，具体结果见表 7-50。

某电气安装工程预算表 　　　　　　　　　　　　表 7-50

定额编号	工程（项目）名称	工程量		价值（元）		其中（元）					
		定额单位	数量	基价	合价	人工费		材料费		机械费	
						单价	金额	单价	金额	单价	金额
2－263	配电箱安装 400×300	台	1.00	72.58	72.58	32.12	32.12	40.46	40.46		
2－672	KVV4×1 电缆敷设	100m	0.11	154.09	16.27	85.07	8.98	69.02	7.29		
2－1008	焊接钢管 DN15 暗敷设	100m	0.14	236.63	33.36	144.52	20.38	92.11	12.99	24.80	
2－1009	焊接钢管 DN20 暗敷设	100m	0.41	259.23	105.51	154.15	62.74	105.08	42.77	24.80	
2－1172	管内穿线 BV－2.5mm²	100m	0.70	41.16	28.81	21.41	14.99	19.75	13.83		
2－1173	管内穿线 BV－4mm²	100m	0.82	34.40	28.21	14.99	12.29	19.41	15.92		
2－1174	管内穿线 BV－6mm²	100m	0.72	0.00	0.00		0.00		0.00		
合　　计					284.74		151.50		133.24		

注：本预算表中未计主材价。

三、编制工程量清单

依据工程量清单计价规范的规定，编制本工程的分部分项工程量清单（见表7-51）。

分部分项工程量清单与计价表 表7-51

工程名称：某照明工程　　　　　　标段：　　　　　　　　　第　页　共　　页

序号	项目编码	项目名称	项目特征描述	计量单位	工程数量
1	030404017001	配电箱	1. 名称：动力配电箱 2. 型号：L 3. 规格：400×300 4. 安装方式：暗装，底边距地1.4m	台	1
2	030408001001	电力电缆	1. 名称：聚氯乙烯护套铜芯控制电缆 2. 型号：KVV4×1 3. 材质：铜芯 4. 敷设方式、部位：室内 5. 电压等级（kV）：1	m	10.56
3	030411001001	配管	1. 名称：穿线管 2. 材质：焊接钢管 3. 规格：DN15 4. 配置形式：暗装	m	14.10
4	030411001002	配管	1. 名称：穿线管 2. 材质：焊接钢管 3. 规格：DN20 4. 配置形式：暗装	m	40.70
5	030411004001	配线	1. 名称：铜芯塑料绝缘线 2. 配线形式：动力线路穿管 3. 型号：BV 4. 规格：2.5mm² 5. 材质：铜芯	m	70.00
6	030411004002	配线	1. 名称：铜芯塑料绝缘线 2. 配线形式：动力线路穿管 3. 型号：BV 4. 规格：4mm² 5. 材质：铜芯	m	82.00
7	030411004003	配线	1. 名称：铜芯塑料绝缘线 2. 配线形式：动力线路穿管 3. 型号：BV 4. 规格：6mm² 5. 材质：铜芯	m	72.00

习　题

1. 某照明工程如图7-12所示，试计算其工程量。

该工程层高3.2m，配电箱板面尺寸为250mm×120mm，插座安装高度为0.3m，开关、配电箱安装高度均为1.5m，照明回路线为BV-2.5mm²线穿PVC15配管，插座回路线BV-3×4mm²线穿PVC20配管，沿墙面和顶棚暗敷。

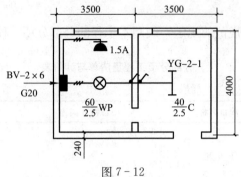

图 7 - 12

2. 某照明工程如图 7 - 13 所示，试计算其工程量。

该照明工程，从 8 轴线算起。层高 4m，吊顶高 3.2m；照明回路线为 BV－2.5mm² 线穿 PVC15 配管，插座回路线 BV－3×4mm² 线穿 PVC20 配管；晶片组合吸顶灯一套，双方筒乳白壁灯两套，高 2m；插座安装高度为 0.3m，开关安装高度为 1.5m，从顶棚处接引入线。

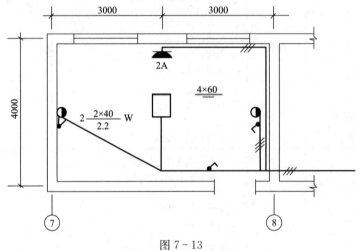

图 7 - 13

3. 据图 7 - 14 计算安装工程量，并编制工程量清单。

已知该工程配电箱、板把开关安装距地 1.5m，箱高 400mm，宽 500mm，房屋层高 2.8m，壁灯安装高距顶 200mm。

定型照明配电箱

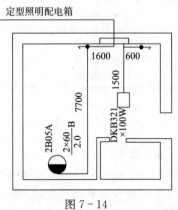

图 7 - 14

4. 试计算识图例题的图7-7、图7-8照明工程量，并编制工程量清单。

5. 图7-15为某锅炉房防雷工程图，试计算工程量。

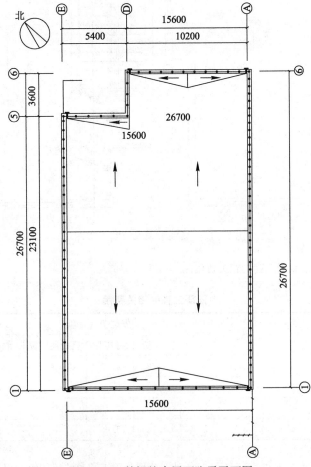

图7-15 某锅炉房屋面防雷平面图

6. 图7-16为某工程有线电视系统图，根据所学知识进行识图练习。

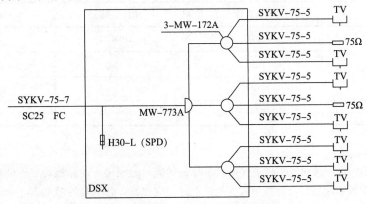

图7-16 某工程有线电视系统图

7. 某别墅局部照明系统回路如图7-17所示。

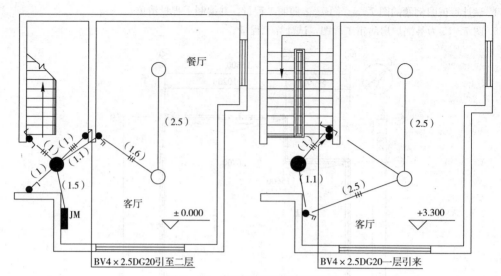

图 7-17　某别墅局部照明工程图

表 7-52 的数据为该照明工程的相关费用。

照明工程的相关费用　　　　　　　　　　　　　　表 7-52

序号	项目名称	计量单位	安装费（元）			主材	
			人工费	材料费	机械使用费	单价（元）	损耗率（%）
1	镀锌钢管暗配 DN20	m	1.28	0.32	0.18	3.50	3
2	照明线路管内穿线 BV—2.5mm²	m	0.23	0.18	0	1.50	16
3	暗装接线盒	个	1.05	2.15	0	3.00	2
4	暗装开关盒	个	1.12	1.00	0	3.00	2

管理费和利润分别按人工费的 65% 和 35% 计。分部分项工程量清单的统一编码如表 7-53 所示。

分部分项工程量清单的编码　　　　　　　　　　　　表 7-53

项目编码	项目名称	项目编码	项目名称
030411001	配管	030404031	小电器
030411004	配线	030412004	装饰灯
030404017	配电箱	030412001	普通灯具
030404019	控制开关	030404016	控制箱

问题：

（1）根据图示内容和《建设工程工程量清单计价规范》的规定，计算相关工程量和编制分部分项工程量清单。将配管和配线的计算式填入答题纸上的相应位置，并填写答题纸表"分部分项工程量清单表"。

（2）假设镀锌钢管 DN20 暗配和管内穿绝缘导线 BV-2.5mm² 清单工程量分别为 30m 和 80m，依据上述相关费用数据计算以上两个项目的综合单价，并分别填写答题纸表和"分部分项工程量清单综合单价计算表"。

(3) 依据问题（2）中计算所得的数据进行综合单价分析，将电气配管（镀锌钢管 DN20 暗配）和电气配线（管内穿绝缘导线 BV‑2.5mm²）两个项目的综合单价及其组成计算后填写答题纸"分部分项工程量清单综合单价分析表"。

（计算过程和结果均保留两位小数。）（注：本题为 2006 年造价工程师考试题）

8. 某化工厂合成车间动力安装工程，如图 7‑18 所示。

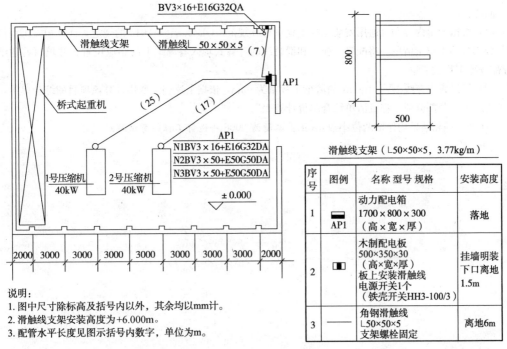

图 7‑18　合成车间动力平面图

已知条件如下：

(1) AP1 为定型动力配电箱，电源由室外电缆引入，基础型钢采用 10 号槽钢（单位质量为 10kg/m）。

(2) 所有埋地管标高均为－0.200m，其至 AP1 动力配电箱出口处的管口高出地坪 0.1m，设备基础顶标高为＋0.500m，埋地管管口高出基础顶面 0.1m，导线出管口后的预留长度为 1m，并安装 1 根同口径 0.8m 长的均金属软管。

(3) 木制配电板引至滑触线的管、线与其电源管、线相同，其至滑触线处管口标高为＋6.000m，导线出管口后的预留长度为 1m。

(4) 滑触线支架采用螺栓固定，两端设置信号灯。滑触线伸出两端支架的长度为 lm。

(5) 表中数据为计算该动力工程的相关费用：

项目名称	计量单位	安装费（元）			主材	
		人工费	材料费	机械使用费	单价（元）	损耗率（%）
管内穿线动力线路 BV‑16mm²	m	0.64	0.76	0	5.80	5

管理费和利润分别按人工费的 55% 和 45% 计。

(6) 分部分项工程量清单的统一编码为：

项目编码	项目名称	项目编码	项目名称
030407001	滑触线	030411001	配管
030404017	配电箱	030411004	配线
030404019	控制开关	030406006	低压交流异步电动机

问题：

（1）根据图示内容和《通用安装工程工程量计算规范》GB 50856—2013 的规定，计算相关工程量和编制分部分项工程量清单。将配管、配线和滑触线的计算式填入答题纸上的相应位置，并填写答题纸的"分部分项工程量清单"。

（2）假设管内穿线 BV-16mm² 的清单工程量为 60m，依据上述相关费用计算该项目的综合单价，并填入答题纸"分部分项工程量清单综合单价计算表"。

（计算过程和结果均保留两位小数）（注：本题为 2008 年造价工程师考试题）

第8章　建筑智能化工程预算编制方法与原理

8.1　建筑智能化工程施工规定

智能建筑是以建筑物为平台，兼备信息设施系统、信息化应用系统、建筑设备管理系统、公共安全系统等，集结构、系统、服务、管理及其优化组合为一体，向人们提供安全、高效、便捷、节能、环保、健康的建筑环境。智能建筑符合可持续发展的生态和谐发展理念，具有广阔的发展空间。

建筑智能化工程又称弱电系统工程，主要指通信自动化（CA）、楼宇自动化（BA）、办公自动化（OA）、消防自动化（FA）和保安自动化（SA），简称5A。包括的系统有：综合布线系统工程，计算机应用、网络系统工程，有线电视、卫星接收系统工程，建筑设备监控系统工程，扩声、背景音乐系统工程，电源与电子设备防雷接地安装工程，停车场管理系统工程，楼宇安全防范系统工程，住宅（小区）智能化工程。

8.1.1　综合布线系统工程

综合布线系统（GCS）是建筑物或建筑群内部之间的集成化通用传输网络，它利用双绞线、同轴电缆或光缆来传输智能化建筑内的信息。它是智能化建筑物内连接各类信息的基础设施，能使建筑物或建筑群内部的语音、图像和数据通信设备、信息交换设备、建筑物物业管理及建筑物自动化管理设备等系统之间彼此相连，也能使建筑物内通信网络设备与外部的通信网络相联。

8.1.1.1　施工要求

综合布线系统工程常用的材料有双绞电缆、同轴电缆、光缆和各类连接件，如配线架、跳线架、终接盒等。

（1）桥架及线槽安装时，应按施工图划线定位，安装后左右偏差不应超过50mm，每米水平度偏差不应超过2mm，垂直度偏差不应超过3mm。

（2）当线路较长或弯曲较多时，应加装拉线盒（箱）或加大管径，便于线缆布放。

（3）金属桥架、线槽及金属管各段之间应保持连接良好，安装牢固；采用吊顶支撑柱布放缆线时，支撑点宜避开地面沟槽和线槽位置，支撑应牢固。

（4）机柜、机架安装后，垂直度偏差不应大于3mm。

（5）各类配线部件安装在活动地板内或地面上时，应固定在接线盒内。

（6）信息插座模块明装底盒的固定方法根据施工现场条件而定，各种插座面板应有标识，以颜色、图形、文字表示所接终端设备业务类型。

8.1.1.2　电缆传输系统施工规定

（1）线缆敷设施工要求

线缆布放应自然平直，不应拧绞，不得有接头；在线缆进出桥架部位、转弯处应绑扎固定；垂直桥架内线缆绑扎固定点间隔不宜大于 1.5m。线管出线口与设备接线端子之间应采用金属软管连接，金属软管长度不宜超过 2m。

线缆布放时要留有余量以适应终接、检测和变更；距信息点最近的一个接线盒穿线时宜留有不小于 0.15mm 的余量；在穿越建筑物变形缝时，也应留置相适应的补偿余量。电源线、综合布线系统缆线应分隔布放。线缆经过桥架、管线拐弯处，应保证线缆紧贴底部，且不应悬空、不受牵引力。在桥架的拐弯处应采取绑扎或其他形式固定。线缆弯曲半径应符合施工规定。

（2）线缆的终接

① 线缆终接应符合以下要求：

线缆在终接前，必须核对线缆标识内容是否正确；线缆中间不应有接头；终接处必须牢固、接触良好。对绞电缆与连接器件连接应认准线号、线位色标，不得颠倒和错接。

② 对绞电缆与终接应符合以下要求：

每对对绞线应保持扭绞状态，对不同的屏蔽对绞线或屏蔽电缆，屏蔽层应采用不同的端接方法。应对编织层或金属箔与汇流导线进行有效的端接。

8.1.1.3 光缆传输系统施工规定

（1）光缆布线施工要求

光缆布放前应核对规格、型号、数量等与设计规定是否相符；开盘后应先检查光缆端头封装是否良好。光缆的布放应平直，不得产生扭绞、打圈，不应受外力挤压和损伤。光缆与其他管线间应保持一定间距，与其他弱电线缆应分管布放，各线缆间的最小净距应符合设计要求。并且布放时应留有余量，在设备端预留长度一般为 5～10m，有特殊要求时应按设计要求预留长度。光缆以直线敷设为宜，如有拐弯，光缆弯曲半径不宜小于光缆外径的 10 倍。

（2）光缆的终接

① 光纤与连接器件连接可采用尾纤熔焊、现场研磨和机械连接方式，光纤与光纤连接可采用熔接和光连接子（机械）连接方式。

② 采用光纤连接盘对光纤进行连接、保护，在连接盘中光纤的弯曲半径应符合安装工艺要求。光纤熔接处应加以保护和固定。

③ 各类跳线缆线和连接器件间接触应良好，连接无误，标志齐全。

8.1.2 计算机应用、网络系统工程

计算机网络是指将分散在不同地理位置、具有独立功能的计算机系统和设备，通过通信设备和通信线路互连起来，由网络软件实现信息交换和网络资源共享的一种计算机系统。

（1）准备工作

① 按照与用户签订的合同的要求，检查所购设备是否符合合同条款；

② 按照网络方案中的设计要求，安装定位交换机、路由器、服务器等网络设备；

③ 为已安装的设备加电，验证设备是否可以正常工作。

（2）安装、调试、设置流程

① 中心交换机

对中心交换机的设置主要是对于端口、链路状态进行预先设定，并根据网络规划情况

划分 VLAN（虚拟局域网），对三层交换机还要进行路由设置，以保证网络用户之间能够通畅地进行信息交流。

② 二级交换机

对于二级交换机的设置相对来说比较简单，只需进行端口（PORT）、链路（LINK）工作状态的设置即可，在二级交换机上也需要划分 VLAN。

③ 终端

网络中的终端包括网络打印机、普通打印机、用户计算机（PC）、网络服务器、网络存储设备、光盘读写设备等。对于这些终端设备的安装主要包括安装操作系统、安装接口卡（网卡）、安装设备驱动软件、设置终端的网络参数（IP 地址）。

④ 网络应用

网络应用主要包括安全、管理信息系统、办公自动化、邮件、WWW、DNS 等。最后，进行网络互联设备的调试。

8.1.3 有线电视、卫星接收系统工程

8.1.3.1 有线电视系统工程

有线电视系统主要由信号接收系统、前端系统、信号传输系统和用户传输与分配系统四部分组成。

（1）前端设备的安装调试

前端设备安装要符合设计施工图和一般工艺技术要求。前端设备的调整主要是对各部件信号电平的调整，其他技术指标一般不单独对前端设备进行调试。前端设备调整的顺序是天线放大器、前端信号处理设备、前端输出及辅助设备。

（2）干线传输系统的架设与调试

干线传输部分的调整包括两方面的内容：首先，进行供电系统的调整；然后，是干线放大器的输入输出电平调整（含自动电平控制、自动斜率控制、电平倾斜、温度补偿的调整）以及分支电平的调整。

干线调整主要是电平的调整。首先，测量接前端第一级干线的放大器输入电平是否满足设计规定的干线传输电平（线路均衡后的电平）要求。再逐级调整放大器的输出，使其达到设计要求，直到干线的最末级。

（3）用户分配网络的安装调试

用户系统的安装原则是：

① 保证各用户、各频道电平基本一致。

② 不破坏室内美观，电缆、终端盒布局合理、安装美观。

③ 尽量满足用户要求。

④ 避开热源及电力线（按规定安装）。

⑤ 便于检查维修。

用户分配网络的调整，主要是调整用户放大器的输出电平，除此之外要观看用户视听效果，并排除各部件、电缆的质量问题及连接问题。各部分调整完毕、系统运行一段时间后，还要对整个系统进行一次系统调试测试，系统方能验收并交付使用。

8.1.3.2 卫星通信系统工程

卫星通信就是利用人造卫星作为中继站，进行地球上包括地面、海洋和空中的无线电台、站之间的通信。

（1）设备组成

卫星地球站的主要组成设备包括天线、馈线设备、发射设备、接收设备、终端设备、天线跟踪伺服设备、电源设备、监控设备等。

卫星通信站的设备包括天馈系统、伺服系统、信标接收机、低噪声放大单元、高功率放大单元、上变频器、下变频器、本振源、终端设备（包括信源编码、解码、多路复用、信道调制、解调、多址连接等）、按需分配控制器、监控设备、配电柜、不间断电源等。

卫星电视接收站由天线馈线、高频头、分路器、卫星电视接收机（模拟及数字式）、制式转换器、电视监视器等组成。

（2）卫星地球站设备安装工程分类

根据设备的功能和复杂性，可将卫星地球站设备安装工程分为卫星通信站和卫星单收站两大类。

卫星通信站是同时具有接收和发射功能的具有上下行链路的地球站。它包括国际通信的枢纽站、监控站，以及国内通信的中央大站，也包括中小型站。卫星单收站是只能接收，不具有发射功能的地球站。它包括卫星监测、卫星气象、卫星 GPS 定位、卫星电视接收等。

8.1.4 建筑设备监控系统工程

建筑设备监控系统，通常也被称为楼宇自动控制系统（BAS），是建筑智能化系统的重要组成部分。建筑设备监控系统的任务是自动监测和控制建筑内的机电设备，实现机电设备的控制和管理，从而营造出安全、舒适、节能的建筑环境。它将建筑内的空调与冷热源系统监控、给水排水系统监控、动力和照明监控、电梯和扶梯监控以及能源计量管理等子系统纳入统一的监控和管理平台，做到运行安全、可靠，节省能源和人力。

建筑设备监控系统的硬件一般由中央管理工作站、通信网络、现场控制机、传感器与执行机构四个部分组成。

8.1.4.1 建筑设备监控系统设备的安装

（1）控制台、网络控制器、服务器、工作站等控制中心设备；

（2）温度、湿度、压力、压差、流量、空气质量等各类传感器；

（3）电动风阀、电动水阀、电磁阀等执行器；

（4）现场控制器等。

8.1.4.2 主控项目的规定

（1）传感器、执行器接线盒的引入口不宜朝上，当不可避免时应采取密封措施；

（2）传感器、执行器的安装应严格按照说明书的要求进行，接线应按照接线图和设备说明书进行，配线应整齐，不宜交叉并应固定牢靠，端部均应标明编号；

（3）水管型温度传感器、水管压力传感器、水流开关、水管流量计应安装在水流平稳的直管段，应避开水流流束死角且不宜安装在管道焊缝处；

（4）风管型温、湿度传感器，压力传感器，空气质量传感器应安装在风管的直管段且气流流束稳定的位置，且应避开风管内通风死角；

（5）仪表电缆电线的屏蔽层，应在控制室仪表盘柜侧接地，同一回路的屏蔽层应具有可靠的电气连续性，不应浮空或重复接地。

8.1.4.3 一般项目的规定

（1）现场设备（如传感器、执行器、控制箱柜）的安装质量应符合设计要求；

（2）控制器箱接线端子板的每个接线端子，接线不得超过两根；

（3）传感器、执行器均不应被保温材料遮盖；

（4）风管压力、温度、湿度及空气质量、速度等传感器和压差开关应在风管保温完成并经吹扫后安装；

（5）传感器、执行器宜安装在光线充足、方便操作的位置；应避免安装在有振动、潮湿、易受机械损伤、有强电磁场干扰、高温的位置；

（6）传感器、执行器安装过程中不应敲击、振动，安装应牢固、平正；传感器、执行器的各种构件间应连接牢固、受力均匀，并应作防锈处理；

（7）水管型温度传感器、水管型压力传感器、蒸汽压力传感器、水流开关的安装宜与工艺管道安装同时进行；水管型压力、压差传感器，蒸汽压力传感器，水流开关，水管流量计等安装套管的开孔与焊接，应在工艺管道的防腐、衬里、吹扫和压力试验前进行；

（8）风机盘管温控器与其他开关并列安装时，高度差应小于 1mm，在同一室内，其高度差应小于 5mm；

（9）室外的阀门及执行器应有防晒、防雨措施；

（10）用电仪表的外壳、仪表箱和电缆槽、支架、底座等正常不带电的金属部分，均应作保护接地，仪表及控制系统的信号回路接地、屏蔽接地应共用接地。

8.1.5 扩声、背景音乐系统工程

在建筑智能化系统中，扩声、背景音乐系统是创造良好、轻松的外部环境不可缺少的一部分，一般包括背景音乐、公共广播、紧急消防广播等。

8.1.5.1 设备安装

扩声系统通常由四部分组成：传声器及节目源设备、前级控制台、信号放大和处理设备、扬声器和电源。

（1）桥架、管线敷设

① 室外广播传输线缆应穿管埋地或在电缆沟内敷设，室内广播传输线缆应穿管或用线槽敷设。

② 功率传输线缆应用专用线槽和线管敷设，绝缘电压等级应与其额定传输电压相容，其接头不得裸露，电位不等的接头应分别进行绝缘处理；传输线缆应减少接头数量，接头应妥善包扎并放在检查盒内。

③ 当广播系统具备消防应急广播功能时，广播系统分区与消防系统分区应一致且采用阻燃线槽、阻燃线管和阻燃线缆敷设。

（2）扬声器的安装

① 广播扬声器的高度及其水平指向和垂直指向应根据声场设计及现场情况确定，扬声器的声辐射应指向广播服务区；应避免安装不当而产生回声。

② 扬声器与广播线路之间的接头应接触良好，不同电位的接头应分别绝缘，宜采用压接套管和压接工具连接。

③ 扬声器的安装固定应安全、可靠。安装扬声器的路杆、桁架、墙体、顶棚和紧固件应具有足够的承载能力。

④ 室外安装的广播扬声器应采取防潮、防雨和防霉措施，在有盐雾、硫化物等污染区安装时，应采取防腐蚀措施。

（3）功率放大器和扬声器箱的连接

① 阻抗匹配，功放输出负载阻抗要和扬声器阻抗相匹配。

② 阻尼系数，要注意导线电阻，以减少传输损耗，常用无氧铜 RVS（2×4）专用导线。

③ 功率匹配，一般功放平均功率与扬声器功率相适应，功放最大功率是平均功率的十倍至几十倍不等。

（4）其他设备宜安装在监控室（或机房）内的控制台、机柜或机架之上；如无监控室（或机房），则控制台、机柜或机架应安装在安全和便于操控的位置上。

（5）机柜、机架内设备的布置应使值班人员从座位上能看清大部分设备的正面，并应能方便、迅速地对各设备进行操作和调节、监视各设备的运行显示信号。

8.1.5.2 系统调试

（1）通电调试时，应先将所有设备的旋钮旋到最小位置，并应按由前级到后级的次序，逐级通电开机；

（2）所有音源的输入均应调节到适当的大小，并应对各个广播分区进行音质试听，根据检查结果进行初步调试；

（3）广播扬声器安装完毕后，应逐个广播分区进行检测和试听；

（4）应对各个广播分区以及整个系统进行功能检查，并根据检查结果进行调整，应使系统的应急功能符合设计要求；

（5）应有计划地反复模拟正常的运行操作，操作结果应符合设计要求；

（6）系统调试持续加电时间不应少于 24h；

（7）应对系统电声性能指标进行测试，并在测试的基础上进行调整，系统电声性能指标应符合设计要求。

8.1.6 电源与电子设备防雷接地安装工程

8.1.6.1 防雷装置安装工程

防雷工程是一种系统工程，要将外部防雷装置和内部防雷装置整体考虑。建筑物防雷包括如下几项重要因素：接闪功能、分流影响、均衡电位、屏蔽作用和合理布线。

8.1.6.2 接地设备安装

（1）接地体

接地体垂直长度不应小于 2.5m，间距不宜小于 5m；接地体埋深不宜小于 0.6m；接地体距建筑物距离不应小于 1.5m。

（2）接地线

① 利用建筑物结构主筋作接地线时，与基础内主筋焊接，根据主筋直径大小确定焊

接根数,但不得少于2根;

② 引至接地端子的接地线应采用截面积不小于4mm²的多股铜线。

(3) 当接地装置由多根水平或垂直接地体组成时,为了减小相邻接地体的屏蔽作用,接地体的间距一般为5m,相应的利用系数约为0.75～0.85。接地装置埋设深度一般不小于0.6m。

(4) 利用建筑物钢筋混凝土中的主筋作为引下线时,当钢筋直径大于等于16mm时,应利用2根钢筋作为引下线;当钢筋直径小于16mm时,应利用不少于4根钢筋作为引下线。

(5) 等电位联结安装应符合下列规定:

① 建筑物总等电位联结端子板接地线应从接地装置直接引入,各区域的总等电位联结装置应相互连通;

② 应在接地装置两处引连接导体与室内总等电位接地端子板相连接,接地装置与室内总等电位连接带的连接导体截面积,铜质接地线不应小于50mm²,钢质接地线不应小于80mm²;

③ 等电位接地端子板之间应采用螺栓连接,铜质接地线的连接应采用焊接或压接,钢质接地线的连接应采用焊接;

④ 每个电气设备的接地应采用单独的接地线与接地干线相连;

⑤不得利用蛇皮管、管道保温层的金属外皮或金属网及电缆金属护层作接地线;不得将桥架、金属线管作接地线。

8.1.6.3 综合管线的防雷与接地的规定

(1) 金属桥架与接地干线连接应不少于2处。

(2) 非镀锌桥架间连接板的两端跨接铜芯接地线,截面积不应小于4mm²。

(3) 镀锌钢管应以专用接地卡件跨接,跨接线应采用截面积不小于4mm²的铜芯软线。非镀锌钢管采用螺纹连接时,连接处的两端应焊接跨接地线。

(4) 铠装电缆的屏蔽层在入户处应与等电位端子排连接。

8.1.6.4 安全防范系统的防雷与接地

(1) 信号线路浪涌保护器安装,安防系统视频信号、控制信号浪涌保护器应分别安装在前端摄像机处和机房内。浪涌保护器SPD输出端与被保护设备的端口相连。其他线路也应安装相应的浪涌保护器,保护机房设备不受雷电破坏。

(2) 室外独立安装的摄像机,通过增加避雷针的办法,让摄像机处于避雷针的保护范围内,用于防范直击雷。

(3) 立杆内的电源线和信号线必须穿在两端接地的金属管内,从而起到屏蔽的作用。防雷及接地系统安装完毕,应测试接地电阻。

8.1.7 停车场管理系统工程

停车场综合管理系统的主要功能和作用是为汽车出入口通道管理、停车计费、车库内外行车信号指示、库内车位空额显示诱导等。

8.1.7.1 停车场出入口设备安装

停车场出入口设备包括:车辆检测器/计数器、车型分类仪/车牌识别装置、通行卡读写机、电动栏杆、对讲分机、停车计费显示器/语音报价器、收据打印机、出入口控制机等。

（1）出入口检测系统安装

① 红外线检测

检测设备的安装应符合产品说明书要求。两组检测装置的距离及高度应符合设计要求，设计无要求时，两组检测装置的距离一般为(1.5±0.1)m，安装高度一般为(0.7±0.02)m。收、发装置应相互对准，光轴上不允许有固定障碍物且避免阳光直射。

② 唤醒感应线圈检测

感应线圈应随管路敷设时预埋，可采用木楔固定，也可采用预留沟槽的方法安装。线圈规格、型号、安装位置及埋深应符合设计或产品技术要求。感应线圈至机箱处的线缆应采用金属管保护，并固定牢固。距离感应线圈水平0.5m、垂直0.1m范围内不应有任何金属物或其他电气线缆，防止干扰。两组感应线圈之间的距离应符合设计要求。设计无要求时，距离大于1m为宜。

（2）通行卡读写机、电动栏杆安装

通行卡读写机、电动栏杆的安装应根据设备的安装尺寸制作混凝土基础，并埋入地脚螺栓，然后将设备固定在地脚螺栓上，固定应牢固、不倾斜。

8.1.7.2 显示与引导子系统

主要功能是：标明停车场位置和路径诱导、表明出入口位置、显示停车场总的泊位占用情况（空满情况）、显示停车场具体泊位使用情况、停车场内部通行路径诱导等。

该子系统由下列设备组成：停车场标志牌、出入口标志板、出入口通行灯、停车场空满显示板、场内车位显示板、通行路径诱导信息牌、通行信号灯。

落地式满位指示器可用地脚螺栓或膨胀螺栓固定在混凝土基座上，壁挂式满位指示器安装高度宜大于2.1m。

8.1.7.3 安全监控子系统

主要功能是：实时监视场内车辆通行和停放情况；及时检测场内交通事故、安全隐患，确保场内通行安全；防止车辆被盗以及防止逃费和杜绝舞弊现象。该子系统由下列设备构成：车位检测器、图像抓拍装置、一氧化碳检测器（CO计）、烟雾透过率检测器（VI计）、各种安全报警器。

8.1.7.4 中心计算机管理子系统

主要功能是：汇总出入口控制机所采集的所有信息和数据，对进出停车场的车辆进行调度管理，接受大系统管理中心的指令，进行数据交换和信息传输等。

该子系统通常由以下设备构成：中心服务器、磁盘阵列；各种工作站；各种打印机；视频切换矩阵、硬盘录像机、监视器组；模拟地图屏和大屏幕图形显示器；控制台、对讲主机、遥控摄像机控制键盘等。

8.1.7.5 通信传输子系统

主要功能是：为停车场管理系统内部的数据、图像、语音等信息提供准确、及时的传输通道；如果需要，还可以提供与大系统的通信接口。停车场管理系统的通信传输介质一般采用市话电缆、双绞线、同轴电缆或光缆。

该子系统主要由以下设备构成：局域网网络设备，如路由器、以太网交换机等；视频光端机、数据视频光端机或视频复用光端机等；内部对讲设备，包括对讲分机和主机；图像编码/解码器等。

8.1.8　楼宇安全防范系统工程

安全防范系统是指运用防盗报警、出入口控制、电视监控、访客对讲、电子巡更等技术或设备完成建筑物保安功能的系统。

8.1.8.1　金属线槽、钢管及线缆的敷设

（1）金属线槽、钢管及线缆的敷设应符合设计图纸的要求及相关标准和规范的规定。

（2）线缆回路应进行绝缘测试。

（3）地线、电源线应按规定连接，电源线与信号线分槽或分管敷设，以防干扰。

8.1.8.2　视频安防监控系统的安装

（1）摄像机、云台和解码器的安装

摄像机及镜头安装前应通电检测，工作应正常；确定摄像机的安装位置时应考虑设备自身安全，其视场不被遮挡；架空线入云台时，滴水弯的弯度不应小于电（光）缆的最小弯曲半径；安装室外摄像机、解码器应采取防雨、防腐、防雷措施。

（2）光端机、编码器和设备箱的安装

光端机或编码器应安装在摄像机附近的设备箱内，设备箱应具有防尘、防水、防盗功能；视频编码器安装前应与前端摄像机连接测试，图像传输与数据通信正常后方可安装；设备箱内设备排列应整齐、走线应有标识和线路图。

8.1.8.3　入侵报警系统设备的安装

（1）探测器应安装牢固，探测范围内应无障碍物；室外探测器的安装位置应在干燥、通风、不积水处，并应有防水、防潮措施。

（2）磁控开关宜装在门或窗内，安装应牢固、整齐、美观。

（3）振动探测器安装位置应远离电机、水泵和水箱等振动源；玻璃破碎探测器安装位置应靠近保护目标；红外对射探测器安装时接收端应避开太阳直射光，避开其他大功率灯光直射，应顺光方向安装。

（4）紧急按钮安装位置应隐蔽、便于操作、安装牢固。

8.1.8.4　出入口控制系统设备的安装

（1）识读设备的安装位置应避免强电磁辐射源、潮湿、有腐蚀性等恶劣环境。

（2）控制器、读卡器不应与大电流设备共用电源插座；控制器宜安装在弱电间等便于维护的地点；读卡器类设备完成后应加防护结构面，并应能防御破坏性攻击和技术开启；控制器与读卡机间的距离不宜大于50m。

（3）配套锁具安装应牢固，启闭应灵活。

（4）红外光电装置应安装牢固，收、发装置应相互对准，并应避免太阳光直射。

（5）信号灯控制系统安装时，警报灯与检测器的距离不应大于15m。

（6）使用人脸、眼纹、指纹、掌纹等生物识别技术进行识读的出入口控制系统设备的安装，应符合产品技术说明书的要求。

8.1.9　住宅（小区）智能化工程

住宅（小区）智能化系统设备包括内容较多，本节包括内容主要是家居智能控制器、智能箱、智能布线箱、管理中心设备的安装、接线，以及家居智能系统调试、小区家居智

能系统调试、管理中心调试、小区智能系统试运行及验证测试。

智能控制箱的安装分为明装和暗装两种，在定额中只含箱体安装，如箱内设备需现场安装，则应按相应定额执行。智能布线箱的安装也分为明装和暗装两种，在定额中只含箱体安装，跳线及线缆接头制作，见"综合布线"相关章节。

智能布线箱内设备通常为配线架、网络设备和有线电视的分支设备，配线架、网络设备的安装与调试见本节内容，有线电视的分支设备的安装和调试见"有线电视系统"相关章节。小区家居智能系统的联网安装参照"建筑设备监控系统"相关章节。

家居智能系统调试指每户的家居智能设备的调试。小区家居智能系统调试指小区内多户的家居智能设备的联调，不含单户的家居智能设备的调试。管理中心调试指系统联调，按不同的子系统分类。

8.1.9.1 住宅、小区三表远程计量系统

三表（或称四表、五表）远程计量系统在住宅小区智能系统中是与住户密切相关的一个智能化系统。三表远程计量系统一般可分为四个部分：前端数据采集装置、数据采集处理装置、传输线路、中心控制平台。

（1）前端数据采集装置

前端数据采集装置指的是具有脉冲或电信号输出的水表、电表、气表等计量装置。

（2）中心控制平台

住宅小区三表远程计量系统的中心控制平台就是通常所指的物业管理中心计算机。物业中心计算机接收各家庭智能终端采集的计量数据，由能耗管理软件做处理，输出计量结果，实现读表、计费、交费的服务。

8.1.9.2 住宅小区电器自动化系统

电器自动化是指家庭中心的家用电器设备通过集中化、遥控化和异地远程控制调节，实现对这些家用电器设备的状态进行监视、控制和调节。特点在于充分利用了现有家庭网络资源，并且系统可通过不同的接口（网关）终端与各种外部网络，如公用电话网、小区局域网以及 Internet 网等的互联。

（1）系统结构

家用电器自动化系统主要由系统操作平台、传输网络和电器控制子系统组成。

（2）电器控制子系统应用功能

家用电器控制子系统是家用电器自动化系统的核心，根据所控制的对象和功能的不同可分为：电器开关控制、红外遥控、家电程序控制。其中，电器开关控制的设备包括：电灯、电风扇、电暖器、电热水器等；红外遥控的对象有：电视机、空调机、录像机、遥控窗帘等；家电程序控制可分为定时控制、程序互控以及模拟控制等。

8.2 建筑智能化工程施工图

8.2.1 建筑智能化工程施工图常用图例

建筑智能化工程大多采用统一的图形符号并加注文字符号绘制，因此熟悉各个设备、元件的图例是绘制和阅读施工图的基础（见表 8-1～表 8-5）。

序号	名 称	图例符号	序号	名 称	图例符号
1	自动交换设备 SPC—程控交换机 PABX—程控用户交换机 C—集团电话主机	⊞ ★	16	家居配线箱	AHD
2	总配线架	MDF	17	分线盒的一般符号	(半圆形符号)
3	光纤配线架	ODF	18	分线盒 加注： N−B∤d∕D C N—编号； B—容量； C—线序； D—设计用户数； d—现在用户数	简化图形（┴ 符号）
4	中间配线架	IDF			
5	综合布线建筑物配线架（有跳线连接）形式一	BD ⋈	19	室内分线盒	(半圆带竖线符号)
6	综合布线建筑物配线架（有跳线连接）形式二	BD ⋈	20	室外分线盒	(半圆带竖线符号)
7	综合布线楼层配线架（有跳线连接）形式一	FD ⋈	21	分线箱的一般符号	(五边形符号)
8	综合布线楼层配线架（有跳线连接）形式二	FD ⋈	22	分线箱的一般符号	简化图形（╫ 符号）
9	综合布线建筑群配线架	CD	23	壁龛分线箱	(矩形符号)
10	综合布线建筑物配线架	BD	24	壁龛分线箱简化符号	简化图形 W（╫ 符号）
11	综合布线楼层配线架	FD	25	架空交接箱，加 GL 表示光缆架空交接箱	⊠
12	集线器	HUB	26	落地交接箱，加 GL 表示光缆落地交接箱	⊠
13	交换机	SW	27	壁龛交接箱，加 GL 表示光缆壁龛交接箱	⬥（填充⊠）
14	集合点	CP	28	电话机，一般符号	(梯形符号)
15	光纤连接盘	LIU			

序号	名　称	图例符号	序号	名　称	图例符号
29	内部对讲设备		36	综合布线 n 孔信息插座，n 为信息孔数量	nTO 形式一
30	电话信息插座	TP 形式一	37	综合布线 n 孔信息插座，n 为信息孔数量	nTO 形式二
31	电话信息插座	TP 形式二	38	多用户信息插座	MUTO
32	数据信息插座	TD 形式一	39	直通型人孔	
33	数据信息插座	TD 形式二	40	局前人孔	
34	综合布线信息插座	TO 形式一	41	斜通型人孔	
35	综合布线信息插座	TO 形式二	42	四通型人孔	

有线电视及卫星电视接收系统图例　　　　　　　　　　表 8-2

序号	名　称	图例符号	序号	名　称	图例符号
1	天线，一般符号		9	固定衰减器	A
2	带矩形波导馈线的抛物面天线		10	可变衰减器	A
3	有本地天线引入的前端，符号表示一条馈线支路		11	调制器、解调器一般符号	
4	无本地天线引入的前端，符号表示一条输入和一条输出通路		12	解调器	
5	放大器、中继器一般符号	形式一	13	调制器	
6	三角形指向传输方向	形式二	14	调制解调器	
7	均衡器		15	混合网络	
8	可变均衡器		16	彩色电视接收机	

序号	名　称	图例符号	序号	名　称	图例符号
17	分配器，一般符号表示两路分配器		23	混合器，一般符号	
18	三分配器		24	定向耦合器，一般符号	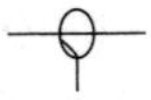
19	四分配器		25	电视插座	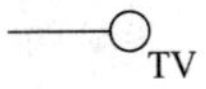 TV 形式一
20	信号分支，一般符号；图中表示一个信号分支	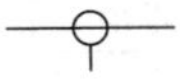	26	电视插座	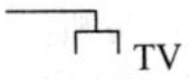 TV 形式二
21	二分支器	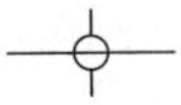	27	匹配终端	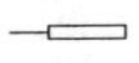
22	四分支器	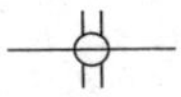			

广播系统图例　　　　　　　　　　　　　　　表 8-3

序号	名　称	图例符号	序号	名　称	图例符号
1	传声器，一般符号		7	光盘式播放机	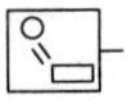
2	扬声器，一般符号		8	调谐器、无线电接收机	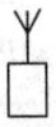
3	扬声器，需注明扬声器安装形式时在符号"★"处用下述文字标注： C—吸顶式安装扬声器 R—嵌入式安装扬声器 W—壁挂式安装扬声器	★	9	放大器，一般符号	
			10	放大器，需注明放大器安装形式时在符号"★"处用下述文字标注： A—扩大机 PRA—前置放大器 AP—功效放大器	 ★
4	嵌入式安装扬声器箱		11	传声器插座	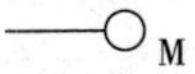 M 形式一
5	扬声器箱、音箱、声柱	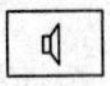	12	传声器插座	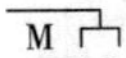 M 形式二
6	号筒式扬声器				

序号	名 称	图例符号	序号	名 称	图例符号
1	摄像机		19	红外摄像机	
2	带云台的摄像机		20	红外照明灯	
3	半球形摄像机		21	红外带照明灯摄像机	
4	带云台的球形摄像机		22	视频服务器	
5	有室外防护罩的摄像机		23	电视监视器	
6	有室外防护罩带云台的摄像机		24	彩色电视监视器	
7	彩色摄像机		25	录像机	
8	带云台的彩色摄像机		26	读卡器	
9	网络摄像机		27	键盘读卡器	
10	带云台的网络摄像机		28	保安巡逻打卡器	
11	彩色转黑白摄像机		29	紧急脚挑开关	
12	半球彩色摄像机		30	紧急按钮开关	
13	半球彩色转黑白摄像机		31	压力垫开关	
14	半球带云台彩色摄像机		32	门磁开关	
15	全球彩色摄像机		33	压敏探测器	
16	全球彩色转黑白摄像机		34	玻璃破碎探测器	
17	全球带云台彩色摄像机		35	振动探测器	
18	全球带云台彩色转黑白摄像机		36	易燃气体探测器	

序号	名 称	图例符号	序号	名 称	图例符号
37	被动红外入侵探测器	◁IP	55	时间信号发生器	TG
38	微波入侵探测器	◁M	56	声、光报警箱	⊗◁
39	被动红外/微波双技术探测器	◁IP/M	57	监视立柜	MR
40	主动红外探测器	Tx—IR—Rx	58	监视墙屏	MS
41	遮挡式微波探测器	Tx—M—Rx	59	指纹识别器	⌒
42	埋入线电场扰动探测器	□—L—□	60	人像识别器	◯
43	弯曲或振动电缆探测器	□—C—□	61	眼纹识别器	⊖
44	激光探测器	□—LO—□	62	磁力锁	◇U
45	楼宇对讲系统主机	[○]	63	电锁按键	Ⓔ
46	对讲电话分机	[▯]	64	电控锁	◇EL
47	可视对讲机	[▯]	65	电、光信号转换器	E/O
48	可视对讲摄像机	[▯]	66	光、电信号转换器	O/E
49	可视对讲户外机	[▱]	67	数字硬盘录像机	DVR
50	解码器	DEO	68	保安电话	S
51	视频顺序切换器（X—几路输入；Y—几路输出）	↑Y VS X	69	防区扩展模块 A—报警主机；P—巡更点；D—探测器	D P A
52	图像分割器（X—画面数）	⊞X	70	报警控制主机 D—报警信号；K—控制键盘；S—串行接口；R—继电器触点（报警输出）	R D K S
53	视频分配器（X—输入；Y—几路输出）	↑Y VD ↑X	71	报警中继数据处理机	P
54	视频补偿器	VA	72	传输发送、接收器	Tx/Rx

序号	名　称	图例符号	序号	名　称	图例符号
1	温度传感器	—□T□—	19	计数控制开关，动合触点	
2	压力传感器	—□P□—	20	流体控制开关，动合触点	
3	湿度传感器	—□M□—	21	气体控制开关，动合触点	
4	压差传感器	—□PD□—	22	相对湿度控制开关，动合触点	%H₂O
5	流量测量元件（＊为位号）	GE/＊	23	建筑自动化控制器	BAC
6	流量变送器（＊为位号）	GT/＊	24	直接数字控制器	DDC
7	液位变送器（＊为位号）	LT/＊	25	热能表	HM
8	压力变送器（＊为位号）	PI/＊	26	燃气表	GM
9	温度变送器（＊为位号）	TT/＊	27	水表	WM
10	湿度变送器（＊为位号）	MT/＊	28	电度表	Wh
11	位置变送器（＊为位号）	GT/＊	29	粗效空气过滤器	
12	速率变送器（＊为位号）	ST/＊	30	中效空气过滤器	
13	相差变送器（＊为位号）	PDT/＊	31	高效空气过滤器	
14	电流变送器（＊为位号）	IT/＊	32	空气加热器	
15	电压变送器（＊为位号）	UT/＊	33	空气冷却器	
16	电能变送器（＊为位号）	ET	34	空气加热、冷却器	
17	模拟/数字变送器	A/D	35	板式换热器	
18	数字/模拟变送器	D/A	36	电加热器	

序号	名　称	图例符号	序号	名　称	图例符号
37	加湿器		41	卧式暗装风机盘管	
38	立式明装风机盘管		42	电动比例调节平衡阀	
39	立式暗装风机盘管		43	电动对开多叶调节风阀	
40	卧式明装风机盘管		44	电动蝶阀	

8.2.2　建筑智能化工程图组成

建筑智能化工程图一般由设计说明、平面图、系统图和详图组成。

8.2.2.1　图纸目录、设计说明、图例、材料设备明细表

（1）图纸目录包括序号、图名、图纸编号、图纸数量等内容，是清点和查阅图纸的依据。

（2）设计说明是施工图的纲领，主要阐述图纸中阐述不清、不能表达或没必要用图表示的内容，一般包括设计依据、工程概况、施工方法、设备安装标准、安装方法、工艺要求及规范等。

（3）图例也叫图形符号，是用来表示设备或概念的图形、标记或字符。

（4）材料设备明细表包括建筑智能化设备安装工程所用设备和材料的名称、型号、规格、数量、要求等。

8.2.2.2　平面图

平面图表明了各种建筑智能化设备和元件的平面布置、安装方式和相互关系，是建筑智能化设备安装的主要施工依据。

8.2.2.3　系统图

系统图是由图例、符号、线路组成的概略表示系统或分系统基本组成、相互关系及主要特征的示意图，一般只表示建筑智能化设备中各元件的连接关系，不表示元件的具体情况、安装位置。它包括综合布线系统图、有线电视系统图、安全防范系统图、停车场管理系统图等。

8.2.2.4　详图

当建筑智能化设备中某些具体部位、元件的结构、做法、安装工艺要求无法在平面图和系统图中表达清楚时，可将该部分用较大比例画出，称为详图。详图可以画在同一张图纸上，也可以单独画在另一张图纸上，用索引号和详图符号来反映基本图与详图之间的关系。

8.2.3　建筑智能化工程图识读方法

8.2.3.1　识图方法

（1）建筑智能化各子系统的实施是依附于建筑物本体实现的，智能化子系统之间以

及智能化子系统与建筑设备等专业之间都是相互关联的，比如设备的布置与土建平面布置、立面布置有关，安装方法与墙体结构有关。因此，不能把建筑智能化设备工程孤立起来，应将建筑智能化设备工程图与有关的土建工程图、安装工程图等对应起来阅读。

（2）熟悉建筑智能化设备各种图形符号、文字符号，理解其含义和相互关系。

（3）熟悉基本知识和工程图的特点。建筑智能化设备平面图是用投影的方法和图形符号绘制的，图形符号无法反映设备的尺寸，位置也不一定是按比例给定的。

（4）了解有关建筑智能化设备安装工程的标准和规范。有些安装等方面的技术要求和安装方法在有关的国家标准和规范、规程中有明确规定，因此有些图纸只在说明中注明参照标准图集或规范等。

（5）查阅标准图集。详图通常采用标准图集，学会查阅标准图集，有助于了解某些具体部位或元件的结构或具体安装方法。

8.2.3.2 识图程序

阅读建筑智能化设备工程图时一般遵循以下顺序。

（1）阅读图纸目录

了解工程名称、项目内容、设计日期、图纸内容和数量等。

（2）阅读设计说明

了解工程总体概况、设计依据等，了解设备安装方式、施工注意事项等。

（3）系统图

了解系统的基本组成，主要是设备、元件等连接关系及它们的规格、型号、参数等，掌握系统的组成情况。

（4）平面图

了解设备安装位置、线路敷设部位、敷设方法以及所用导线型号、规格、数量、电线管的管径大小等内容。

（5）详图

阅读详图，了解设备的具体安装要求和做法。

（6）材料设备明细表

阅读建筑智能化工程图的一个重要目的是为了编制工程预结算和施工方案，项目使用材料、设备的名称、规格、数量等是编制计价文件和施工方案的重要参考。

8.2.4 建筑智能化工程图实例

8.2.4.1 综合布线系统工程

（1）系统图

图8-1所示为典型单独住宅的家居布线系统图，家居布线的要点是每户中心点设置多媒体配线箱。一般的家居布线要求按照两个等级来设定方案，等级一提供可满足电信服务最低要求的通用布线系统，该等级可提供电话、CATV和数据服务。等级二提供可满足基础、高级和多媒体电信服务的通用布线系统，该等级可支持当前和正在发展的电信服务。每一家庭都必须设定一个分界点或一个辅助分离插座来连接到终端的设备。

（2）平面图

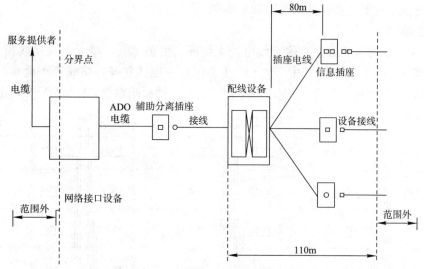

图 8-1 某单独住宅综合布线系统图

　　每一个家庭里都必须安装一个配线箱（DD），配线箱是一个交叉连接的配线架，配线架安装于适合安装及维修的地方，配线架主要提供用户增加、改动或更改服务，并提供连接端口给予外间服务供应商提供不同的系统应用。如图 8-2 和图 8-3 所示，配线箱引出的线缆端接室内所有的电缆、跳线、插座及设备连线等。

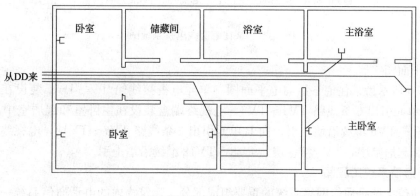

图 8-2 某单独住宅综合布线二层平面图

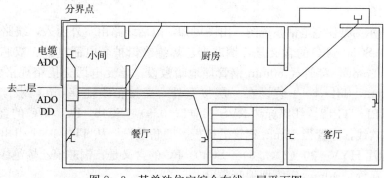

图 8-3 某单独住宅综合布线一层平面图

8.2.4.2 有线电视工程图

有线电视工程图主要包括系统图和平面图。

(1) 系统图

图 8-4 所示为某 6 层住宅的有线电视系统图。由图可知，单元电视接线箱规格均为 400mm×650mm×160mm，其中 TV-1-1 装设在一层接室外，接线箱距地 0.5m，每个接线箱引出 12 条线路：TV1～TV12，穿钢管沿墙、楼板暗敷设，由 220V 交流电源供电。

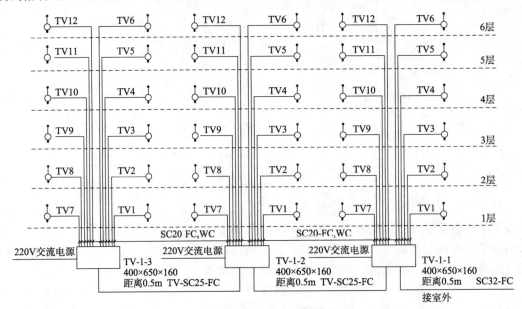

图 8-4 某住宅有线电视系统图

(2) 平面图

图 8-5 所示为某住宅一层弱电平面图。单元电视接线箱 TV-1-1 装设在楼梯间墙上，向 A 单元引出 6 条线路 TV1～TV6，电视终端盒装设在主卧室和起居室中，TV1 接一层，TV2～TV6 继续沿墙上引；向 B 单元引出 6 条线路 TV7～TV12，电视终端盒装设在主卧室和起居室中，TV7 接一层，TV8～TV12 继续沿墙上引。

8.2.4.3 通信系统工程图

电话通信系统是通信网络系统的重要组成部分。建筑物内的电话通信系统一般由中心机房、传输线路和用户终端三部分组成。

(1) 系统图

图 8-7 所示为某住宅电话系统图。由图可知，电话线路由室外引入，线路标注 HYQ-50（2×0.5）-SC50-FC 的含义是：铜芯聚乙烯绝缘铅护套电话电缆、双芯、每根电缆芯截面积为 0.5mm², 穿管径 50mm 钢管埋地暗敷设。单元电话交接箱规格为 400mm×650mm×160mm，TP-1-1 装设在一层接室外，交接箱距地 0.5m，每个交接箱引出 12 条线路：TP1～TP12。线路标注 RVS-1（2×0.5）-SC15-FC，WC 的含义是：铜芯双绞塑料连接软线，穿管径 15mm 钢管沿楼板、墙暗敷设。从 TP-1-1 引出一条线路至 TP-1-2，标注 HYV-30（2×0.5）-SC40-FC 的含义是：铜芯聚乙烯绝缘聚氯乙烯护套电话电缆，穿管径 40mm 钢管埋地暗敷设。

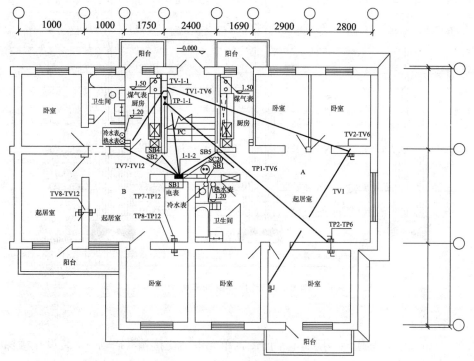

图 8-5　某住宅一层弱电平面图

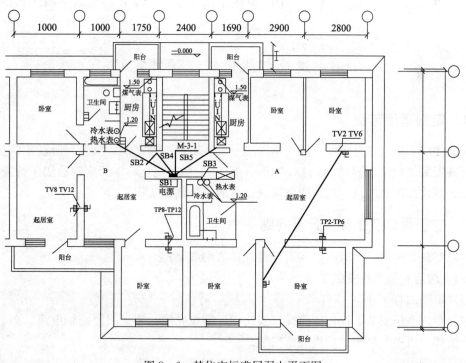

图 8-6　某住宅标准层弱电平面图

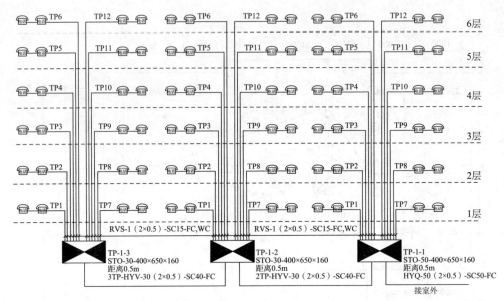

图 8-7　某住宅电话系统图

（2）平面图

如图 8-5 所示，某住宅一层弱电平面图，单元电话交接箱 TP-1-1 装设在楼梯间上，向 A 单元引出 6 条线路 TP1～TP6，电话插座装设在主卧室和起居室中，TP1 接一层，TP2～TP6 继续沿墙上引；向 B 单元引出 6 条线路 TP7～TP12，电话插座装设在主卧室和起居室中，TP7 接一层，TP8～TP12 继续沿墙上引。其余各层电话平面图如图 8-6 所示。

8.3　建筑智能化工程预算定额

8.3.1　定额适用范围

根据住房和城乡建设部发布的《全国统一安装工程预算定额》第十三册《建筑智能化系统设备安装工程》（编号为 GYD—213—2003）的相关规定，本册定额适用于智能大厦、智能小区新建和扩建项目中的智能化系统设备的安装调试工程。

8.3.2　定额内容及工程量计算规则

本册定额共十章，定额内容及工程量计算规则如下：

8.3.2.1　综合布线系统安装工程

（1）定额内容

综合布线系统安装工程包括敷设双绞线缆、敷设光缆、架设漏泄同轴电缆、敷设电话线和广播线，机柜、机架、抗震底座安装。

（2）定额说明

① 本章不包括内容：钢管、PVC 管、桥架、线槽敷设工程、管道工程、杆路工程、

设备基础工程和直埋式光缆的填挖土工程，若发生时执行第二册《电气设备安装工程》定额和建筑工程定额有关子目。

② 本章双绞线布放定额是按六类以下（含六类）系统编制的，六类以上的布线系统工程所用定额子目的综合工日的用量按增加 20％计列。

③ 在已建顶棚内敷设线缆时，所用定额子目的综合工日的用量按增加 80％计列。

（3）工程量计算规则

① 双绞线缆、光缆、漏泄同轴电缆、电话线和广播线敷设、穿放、明布放以"m"计算。电缆敷设按单根延长米计算，如一个架上敷设 3 根各长 100m 的电缆，应按 300m 计算，以此类推。电缆附加及预留的长度是电缆敷设长度的组成部分，应计入电缆长度工程量之内。电缆进入建筑物预留长度 2m；电缆进入沟内或吊架上引上（下）预留 1.5m；电缆中间接头盒，预留长度两端各留 2m。

② 制作跳线以"条"为计量单位，卡接双绞线缆以"对"为计量单位，跳线架、配线架安装以"条"为计量单位。

③ 安装各类信息插座、过线（路）盒、信息插座（接线盒）、光缆终端盒和跳块连接以"个"为计量单位。

④ 双绞线缆测试以"链路"和"信息点"为计量单位，光纤测试以"链路"或"芯"为计量单位。

⑤ 光纤连接以"芯"（磨制法以"端口"）为计量单位。

⑥ 布放尾纤以"根"为计量单位。

⑦ 室外架设架空光缆以"m"为计量单位。

⑧ 光缆接续以"头"为计量单位。

⑨ 制作光缆成端接头以"套"为计量单位。

⑩ 安装漏泄同轴电缆接头以"个"为计量单位。

⑪ 成套电话组线箱、机柜、机架、抗震底座安装以"台"为计量单位。

⑫ 安装电话出线口、中途箱、电话电缆架空引入装置以"个"为计量单位。

8.3.2.2 通信系统设备安装工程

（1）定额内容

通信系统设备安装工程包括铁塔、天线和馈线系统的安装、调试，微波无线接入通信设备安装、调试，卫星通信甚小口径地面站（VSAT）设备安装、调试，移动通信设备安装、调试，光纤数字传输设备安装、调试，程控交换机安装、调试，会议电话、会议电视设备安装。

（2）定额说明

① 铁塔的安装工程定额是在正常的气候条件下施工取定的，本定额不包括铁塔基础施工、预埋件的埋设及防雷接地施工。楼顶铁塔架设，综合工日上调 25％。

② 安装通信天线：

a. 楼顶增高架上安装天线按楼顶铁塔上安装天线处理。

b. 铁塔上安装天线，不论有、无操作平台均执行本定额。

c. 安装天线的高度均指天线底部距塔（杆）座的高度。

d. 天线在楼顶铁塔上吊装，是按照楼顶距地面 20m 以下考虑的，楼顶距地面高度超过 20m 的吊装工程，按照册说明的高层建筑施工增加费用计算。

③ 光纤通信。光纤传输设备安装与调测定额 10Gb/s、2.5Gb/s、622Mb/s 系统按 1+0 状态编制。当系统为 1+1 状态时，TM 终端复用器每端增加 2 个工日，ADM 分插复用器每端增加 4 个工日。

④ 会议电话和会议电视的音频终端执行第七章有关定额，视频终端定额执行楼宇安全防范系统设备安装工程相关定额。

⑤ 有关电话线、广播线的布放定额，执行综合布线系统安装工程的相关定额。

（3）工程量计算规则

① 铁塔架设，以"t"为计量单位。

② 天线安装、调试，以"副"（天线加边加罩以"面"）为计量单位。

③ 馈线安装、调试，以"条"为计量单位。

④ 微波无线接入系统基站设备、用户站设备安装、调试，以"台"为计量单位。

⑤ 微波无线接入系统联调，以"站"为计量单位。

⑥ 卫星通信甚小口径地面站（VSAT）中心站设备安装、调试，以"台"为计量单位。

⑦ 卫星通信甚小口径地面站（VSAT）端站设备安装、调试、中心站站内环测及全网系统对测，以"站"为计量单位。

⑧ 移动通信天馈系统安装、调试，直放站设备、基站系统调试以及全系统联网调试，以"站"为计量单位。

⑨ 光纤数字传输设备安装、调试，以"端"为计量单位。

⑩ 程控交换机安装、调试，以"部"为计量单位。

⑪ 程控交换机中继线调试，以"路"为计量单位。

⑫ 会议电话、电视系统设备安装、调试，以"台"为计量单位。

⑬ 会议电话、电视系统联网测试，以"系统"为计量单位。

8.3.2.3 计算机网络系统设备安装工程

（1）定额内容

计算机网络系统设备安装工程包括终端和附属设备安装，网络系统设备安装、调试。

（2）定额说明

① 本章有关线缆敷设定额执行第二章有关定额。电源、防雷接地定额执行第八章有关定额。本定额不包括支架、基座制作和机柜的安装，发生时，执行第二册《电气设备安装工程》相关定额。

② 试运行超过 1 个月，每增加 1 天，则综合工日、仪器仪表台班的用量分别增加 3%。

（3）工程量计算规则

① 计算机网络终端和附属设备安装，以"台"为计量单位。

② 网络系统设备、软件安装、调试，以"台（套）"为计量单位。

③ 局域网交换机系统功能调试，以"个"为计量单位。

④ 网络调试、系统试运行、验收测试，以"系统"为计量单位。

8.3.2.4 建筑设备监控系统安装工程

（1）定额内容

建筑设备监控系统安装工程包括多表远传系统、楼宇自控系统安装。

（2）定额说明

① 本章定额适用于楼宇建筑设备监控系统安装调试工程。其中包括多表远传系统、楼宇自控系统。

② 本章定额不包括设备的支架、支座制作，发生时，执行电气设备安装工程的相关定额。

③ 有关线缆布放按综合布线工程执行。

④ 全系统调试费，按人工费的30%计取。

（3）工程量计算规则

① 基表及控制设备、第三方设备通信接口安装、抄表采集系统安装与调试，以"个"为计量单位。

② 中心管理系统调试、控制网络通信设备安装、控制器安装、流量计安装与调试，以"台"为计量单位。

③ 楼宇自控中央管理系统安装、调试，以"系统"为计量单位。

④ 楼宇自控用户软件安装、调试，以"套"为计量单位。

⑤ 温（湿）度传感器、压力传感器、电量变送器和其他传感器及变送器，以"支"为计量单位。

⑥ 阀门及电动执行机构安装、调试，以"个"为计量单位。

8.3.2.5 有线电视系统安装工程

（1）定额内容

有线电视系统设备安装工程包括前端设备安装、调试，干线设备安装、调试，分配网络安装。

（2）定额说明

① 本章定额适用于有线广播电视、卫星电视、闭路电视系统设备的安装调试工程。

② 本章天线在楼顶上吊装，是按照楼顶距地面20m以下考虑的，楼顶距地面高度超过20m的吊装工程，按照高层建筑施工增加费用计取。

（3）工程量计算规则

① 电视共用天线安装、调试，以"副"为计量单位。

② 敷设天线电缆，以"m"为计量单位。

③ 制作天线电缆接头，以"头"为计量单位。

④ 电视墙安装、前端射频设备安装、调试，以"套"为计量单位。

⑤ 卫星地面站接收设备、光端设备、有线电视系统管理设备、播控设备安装、调试，以"台"为计量单位。

⑥ 干线设备、分配网络安装、调试，以"个"为计量单位。

8.3.2.6 扩声、背景音乐系统安装工程

（1）定额内容

扩声、背景音乐系统设备安装工程包括扩声系统设备安装、调试；背景音乐系统设备安装、调试。

（2）定额说明

① 本章定额包括扩声和背景音乐系统设备安装调试工程。

② 调音台种类表示程式：

"1"为调音台输入路数；"2"为立体声输入路数；"3"为编组输出路数；"4"为主输出路数。

③ 有关布线定额按第二章综合布线系统工程的定额执行。

④ 本章设备按成套购置考虑。

⑤ 扩声全系统联调费，按人工费的30%计取。

⑥ 背景音乐全系统联调费，按人工费的30%计取。

（3）工程量计算规则

① 扩声系统设备安装、调试，以"台"为计量单位。

② 扩声系统设备试运行，以"系统"为计量单位。

③ 背景音乐系统设备安装、调试，以"台"为计量单位。

④ 背景音乐系统联调、试运行，以"系统"为计量单位。

8.3.2.7 电源与电子设备防雷接地装置安装工程

（1）定额内容

电源与电子设备防雷接地装置包括电源，电子设备防雷接地系统安装。值得注意的是，本章防雷、接地装置定额仅适用于电子设备防雷接地工程，且本章防雷、接地装置按电源与电子设备成套供应考虑。建筑物、构筑物的防雷接地，变配电系统接地，设备接地以及避雷针的接地装置执行第二册《电气设备安装工程》消耗量定额有关项目。

（2）定额说明

① 本章定额适用于弱电系统设备自主配置的电源，包括太阳能电池、柴油发电机组、开关电源。

② 有关建筑电力电源、蓄电池、不间断电源布放电源线缆，按电气设备安装工程的相关定额执行。

③ 太阳能电池安装，已含吊装太阳能电池组件的工作，使用中不论吊装高度，执行同一定额标准；安装柴油发电机组定额，不包括设备基础。

④ 电子设备防雷接地系统：

本章防雷、接地定额适用于电子设备防雷、接地安装工程。建筑防雷、接地定额执行电气设备安装工程的有关定额。

防雷、接地装置按成套供应考虑。

（3）工程量计算规则

① 太阳能电池方阵铁架安装，以"m"为计量单位。

② 太阳能电池、柴油发电机组安装，以"组"为计量单位。

③ 柴油发电机组体外排气系统、柴油箱、机油箱安装，以"套"为计量单位。

④ 开关电源安装、调试，整流器、其他配电设备安装，以"台"为计量单位。

⑤ 天线铁塔防雷接地装置安装，以"处"为计量单位。

⑥ 电子设备防雷接地装置、接地模块安装，以"个"为计量单位。

⑦ 电源避雷器安装，以"台"为计量单位。

8.3.2.8 停车场管理系统设备安装工程

（1）定额内容

停车场管理系统设备安装包括车辆检测识别设备安装、调试，出入口设备安装、调试，显示和信号设备安装、调试，监控管理中心设备安装、调试，系统调试，共五节内容。

（2）定额说明

① 本章设备按成套购置考虑，在安装时如需配套材料，由设计按实计列。

② 有关摄像系统设备安装、调试，按本册第十章有关定额执行。

③ 有关电缆布放按本册第二章有关定额执行。

④ 本章分系统联调包括：车辆检测识别设备系统、出/入口设备系统、显示和信号设备系统、监控管理中心设备系统。

⑤ 全系统联调费，按人工费的30%计取。

（3）工程量计算规则

① 车辆检测识别设备、出入口设备、显示和信号设备、监控管理中心设备安装、调试，以"套"为计量单位。

② 系统调试和全系统联调，以"系统"为计量单位。

8.3.2.9 楼宇安全防范系统设备安装工程

（1）定额内容

楼宇安全防范系统设备安装工程包括：入侵报警设备安装、出入口控制设备安装、电视监控设备安装、安全防范分系统调试、安全防范系统工程试运行。

（2）定额说明

① 定额适用于新建楼宇安全防范系统设备安装工程。楼宇安全防范系统工程包括：入侵报警、出入口控制、电视监控设备安装系统工程。

② 定额中设备按成套购置考虑。

③ 安全防范全系统联调费，按人工费的35%计取。

（3）工程量计算规则

① 入侵报警器（室内外、周界）设备安装工程，以"套"为计量单位。

②出入口控制设备安装工程，以"台"为计量单位。

③电视监控设备安装工程，以"台"（显示装置以"m²"）为计量单位。

④分系统调试、系统集成调试，以"系统"为计量单位。

8.3.2.10 住宅（小区）智能化系统设备安装工程

（1）定额内容

住宅（小区）智能化系统设备安装工程包括：家居控制系统设备安装、家居智能化系统设备调试、小区智能化系统设备调试、小区智能化系统试运行。

（2）定额说明

① 有关综合布线、通信设备、计算机网络、家居三表、有线电视设备、背景音乐设备、防雷接地装置、停车场设备、安全防范设备等的安装、调试，参照本册相应定额子目。

② 本章设备按成套购置考虑。

（3）工程量计算规则

① 住宅（小区）智能化设备安装工程，以"台"为计量单位。

② 住宅（小区）智能化设备系统调试，以"套"（管理中心调试以"系统"）为计量单位。

③ 小区智能化系统试运行、测试，以"系统"为计量单位。

8.3.3 套用定额应注意的问题

（1）电源线敷设、控制电缆敷设、电缆托架铁件制作、电线槽安装、桥架安装、电线管敷设、动力控制设备、应急照明控制设备、应急照明器具、电动机接线检查、电缆沟工程、电缆保护管敷设，执行第二册《电气设备安装工程》相关项目。

（2）通信工程中的立杆工程、天线基础、土石方工程、建筑物防雷及接地系统工程，执行第二册《电气设备安装工程》和其他相关定额。

（3）为配合业主或认证单位验收测试而发生的费用，在合同中协商确定。

（4）本册定额设备、天线、铁塔安装工程按成套购置考虑，包括构件、标准件、附件和设备内部连线。

（5）本定额中的工作内容已说明了主要的施工工序，次要工序虽未说明，但均已包括在内。

8.4 建筑智能化工程的工程量清单计算规则

8.4.1 计算机应用、网络系统工程

计算机应用、网络系统工程工程量清单项目设置、项目特征描述的内容、计量单位及工程量计算规则，应按表8-6的规定执行。

计算机应用、网络系统工程（编码：030501） 表8-6

项目编码	项目名称	项目特征	计量单位	工程量计算规则	工作内容
030501001	输入设备	1. 名称 2. 类别 3. 规格 4. 安装方式	台	按设计图示数量计算	1. 本体安装 2. 单体调试
030501002	输出设备				
030501003	控制设备	1. 名称 2. 类别 3. 路数 4. 规格			
030501004	存储设备	1. 名称 2. 类别 3. 规格 4. 容量 5. 通道数			
030501005	插箱、机柜	1. 名称 2. 类别 3. 规格			1. 本体安装 2. 接电源线、保护地线、功能地线

项目编码	项目名称	项目特征	计量单位	工程量计算规则	工作内容
030501006	互联电缆	1. 名称 2. 类别 3. 规格	条	按设计图示数量计算	制作、安装
030501007	接口卡	1. 名称 2. 类别 3. 传输数率	台（套）		1. 本体安装 2. 单体调试
030501008	集线器	1. 名称 2. 类别 3. 堆叠单元量			
030501009	路由器	1. 名称 2. 类别 3. 规格			
030501010	收发器				
030501011	防火墙				
030501012	交换机	1. 名称 2. 功能 3. 层数			
030501013	网络服务器	1. 名称 2. 类别 3. 规格			1. 本体安装 2. 插件安装 3. 接信号线、电源线、地线
030501014	计算机应用、网络系统接地	1. 名称 2. 类别 3. 规格	系统		1. 安装焊接 2. 检测
030501015	计算机应用、网络系统系统联调	1. 名称 2. 类别 3. 规格			系统调试
030501016	计算机应用、网络系统试运行	1. 名称 2. 类别 3. 用户数			试运行
030501017	软件	1. 名称 2. 类别 3. 规格	套		1. 安装 2. 调试 3. 试运行

8.4.2 综合布线系统工程

综合布线系统工程工程量清单项目设置、项目特征描述的内容、计量单位及工程量计算规则，应按表 8-7 的规定执行。

项目编码	项目名称	项目特征	计量单位	工程量计算规则	工作内容
030502001	机柜、机架	1. 名称 2. 材质 3. 规格 4. 安装方式	台	按设计图示数量计算	1. 本体安装 2. 相关固定件的连接
030502002	抗震底座		个		1. 本体安装 2. 底盒安装
030502003	分线接线箱（盒）				
030502004	电视、电话插座	1. 名称 2. 安装方式 3. 底盒材质、规格			
030502005	双绞线缆	1. 名称 2. 规格 3. 线缆对数 4. 敷设方式	m	按设计图示尺寸以长度计算	1. 敷设 2. 标记 3. 卡接
030502006	大对数电缆				
030502007	光缆				
030502008	光纤束、光缆外护套	1. 名称 2. 规格 3. 安装方式			1. 气流吹放 2. 标记
030502009	跳线	1. 名称 2. 类别 3. 规格	条	按设计图示数量计算	1. 插接跳线 2. 整理跳线
030502010	配线架	1. 名称 2. 规格 3. 容量	个（块）		安装、打接
030502011	跳线架				
030502012	信息插座	1. 名称 2. 类别 3. 规格 4. 安装方式 5. 底盒材质、规格			1. 端接模块 2. 安装面板
030502013	光纤盒	1. 名称 2. 类别 3. 规格 4. 安装方式			
030502014	光纤连接	1. 方法 2. 模式	芯（端口）		1. 接续 2. 测试
030502015	光缆终端盒	光缆芯数	个		
030502016	布放尾纤	1. 名称 2. 规格 3. 安装方式	根		本体安装
030502017	线管理器		个		
030502018	跳块				安装、卡接
030502019	双绞线缆测试	1. 测试类别 2. 测试内容	链路（点、芯）		测试
030502020	光纤测试				

8.4.3 自动化系统工程

自动化系统工程工程量清单项目设置、项目特征描述的内容、计量单位及工程量计算规则，应按表8-8的规定执行。

建筑设备自动化系统工程（编码：030503）　　　　　　表8-8

项目编码	项目名称	项目特征	计量单位	工程量计算规则	工作内容
030503001	中央管理系统	1. 名称 2. 类别 3. 功能 4. 控制点数量	系统（套）	按设计图示数量计算	1. 本体组装、连接 2. 系统软件安装 3. 单体调整 4. 系统联调 5. 接地
030503002	通信网络控制设备	1. 名称 2. 类别 3. 规格	台（套）		1. 本体安装 2. 软件安装 3. 单体调试 4. 联调联试 5. 接地
030503003	控制器	1. 名称 2. 类别 3. 功能 4. 控制点数量			
030503004	控制箱	1. 名称 2. 类别 3. 功能 4. 控制器、控制模块规格、体积 5. 控制器、控制模块数量			1. 本体安装、标识 2. 控制器、控制模块组装 3. 单体调试 4. 联调联试 5. 接地
030503005	第三方通信设备接口	1. 名称 2. 类别 3. 接口点数			1. 本体安装、连接 2. 接口软件安装、调试 3. 单体调试 4. 联调联试
030503006	传感器	1. 名称 2. 类别 3. 功能 4. 控制	支（台）		1. 本体安装和连接 2. 通电检查 3. 单体调整测试 4. 系统联调
030503007	电动调节阀执行机构		个		1. 本体安装和连接 2. 单体测试
030503008	电动、电磁阀门				
030503009	建筑设备自控化系统调试	1. 名称 2. 类别 3. 功能 4. 控制点数量	台（户）		整体调试
030503010	建筑设备自控化系统试运行	名称	系统		试运行

8.4.4 建筑信息综合管理系统工程

建筑信息综合管理系统工程工程量清单项目设置、项目特征描述的内容、计量单位及工程量计算规则，应按表8-9的规定执行。

建筑信息综合管理系统工程（编号：030504）　　　　表8-9

项目编码	项目名称	项目特征	计量单位	工程量计算规则	工作内容
030504001	服务器	1. 名称 2. 类别 3. 规格 4. 安装方式	台	按设计图示数量计算	安装调试
030504002	服务器显示设备				
030504003	通信接口输入输出设备		个		本体安装、调试
030504004	系统软件	1. 测试类别 2. 测试内容	套	按系统所需集成点数及图示数量计算	安装、调试
030504005	基础应用软件				
030504006	应用软件接口				
030504007	应用软件二次		项（点）		按系统点数进行二次软件开发和定制、进行调试
030504008	各系统联动试运行		系统		调试、试运行

8.4.5 有线电视、卫星接收系统工程

有线电视、卫星接收系统工程工程量清单项目设置、项目特征描述的内容、计量单位及工程量计算规则，应按表8-10的规定执行。

有线电视、卫星接收系统工程（编号：030505）　　　　表8-10

项目编码	项目名称	项目特征	计量单位	工程量计算规则	工作内容
030505001	共用天线	1. 名称 2. 规格 3. 电视设备箱型号规格 4. 天线杆、基础种类	副	按设计图示数量计算	1. 电视设备箱安装 2. 天线杆基础安装 3. 天线杆安装 4. 天线安装
030505002	卫星电视天线、馈线系统	1. 名称 2. 规格 3. 地点 4. 楼高 5. 长度			安装、调测

项目编码	项目名称	项目特征	计量单位	工程量计算规则	工作内容
030505003	前端机柜	1. 名称 2. 规格	个	按设计图示数量计算	1. 本体安装 2. 连接电源 3. 接地
030505004	电视墙	1. 名称 2. 监视器数量	套		1. 机架、监视器安装 2. 信号分配系统安装 3. 连接电源 4. 接地
030505005	射频同轴电缆	1. 名称 2. 规格 3. 敷设方式	m	按设计图示尺寸以长度计算	线缆敷设
030505006	同轴电缆接头	1. 规格 2. 方式	个		电缆接头
030505007	前端射频设备	1. 名称 2. 类别 3. 频道数量	套		1. 本体安装 2. 单体调试
030505008	卫星地面站接收设备	1. 名称 2. 类别			1. 本体安装 2. 单体调试 3. 全站系统调试
030505009	光端设备安装、调试	1. 名称 2. 类别 3. 容量	台	按设计图示数量计算	
030505010	有线电视系统管理设备	1. 名称 2. 类别			1. 本体安装 2. 单体调试
030505011	播控设备安装、调试	1. 名称 2. 功能 3. 规格			
030505012	干线设备	1. 名称 2. 功能 3. 安装位置			
030505013	分配网络	1. 名称 2. 功能 3. 规格 4. 安装方式	个		1. 本体安装 2. 电缆接头制作、布线 3. 单体调试
030505014	终端调试	1. 名称 2. 功能			调试

8.4.6 音频、视频系统工程

音频、视频系统工程工程量清单项目设置、项目特征描述的内容、计量单位及工程量计算规则，应按表 8-11 的规定执行。

音频、视频系统工程（编码：030506） 表 8-11

项目编码	项目名称	项目特征	计量单位	工程量计算规则	工作内容
030506001	扩声系统设备	1. 名称 2. 类别 3. 规格 4. 安装方式	台	按设计图示数量计算	1. 本体安装 2. 单体调试
030506002	扩声系统调试	1. 名称 2. 类别 3. 功能	只（副、台、系统）		1. 设备连接构成系统 2. 调试、达标 3. 通过 DSP 实现多种功能
030506003	扩声系统试运行	1. 名称 2. 试运行时间	系统		试运行
030506004	背景音乐系统设备	1. 名称 2. 类别 3. 规格 4. 安装方式	台		1. 本体安装 2. 单体调试
030506005	背景音乐系统调试	1. 名称 2. 类别 3. 功能 4. 公共广播语言清晰度及相应声学特性指标要求	台（系统）		1. 设备连接构成系统 2. 试听、调试 3. 系统试运行 4. 公共广播达到语言清晰度及相应声学特性指标
030506006	背景音乐系统试运行	1. 名称 2. 试运行时间	系统		试运行
030506007	视频系统设备	1. 名称 2. 类别 3. 规格 4. 功能、用途 5. 安装方式	台		1. 本体安装 2. 单体调试
030506008	视频系统调试	1. 名称 2. 类别 3. 功能	系统		1. 设备连接构成系统 2. 调试 3. 达到相应系统设计标准 4. 实现相应系统设计功能

8.4.7 安全防范系统工程

安全防范系统工程工程量清单项目设置、项目特征描述的内容、计量单位及工程量计算规则，应按表8-12的规定执行。

安全防范系统工程（编码：030507）　　　　　　　　　　　　表8-12

项目编码	项目名称	项目特征	计量单位	工程量计算规则	工作内容
030507001	入侵探测设备	1. 名称 2. 类别 3. 探测范围 4. 安装方式	套	按设计图示数量计算	1. 本体安装 2. 单体调试
030507002	入侵报警控制器	1. 名称 2. 类别 3. 路数 4. 安装方式			
030507003	入侵报警中心显示设备	1. 名称 2. 类别 3. 安装方式			
030507004	入侵报警信号传输设备	1. 名称 2. 类别 3. 功率 4. 安装方式			
030507005	出入口目标识别设备	1. 名称 2. 规格	台		
030507006	出入口控制设备				
030507007	出入口执行机构设备	1. 名称 2. 类别 3. 规格			
030507008	监控摄像设备	1. 名称 2. 类别 3. 安装方式			
030507009	视频控制设备	1. 名称 2. 类别 3. 路数 4. 安装方式	台（套）		
030507010	音频、视频及脉冲分配器				
030507011	视频补偿器	1. 名称 2. 通道量			
030507012	视频传输设备	1. 名称 2. 类别 3. 规格			
030507013	录像设备	1. 名称 2. 类别 3. 规格 4. 存储容量、格式			

项目编码	项目名称	项目特征	计量单位	工程量计算规则	工作内容
030507014	显示设备	1. 名称 2. 类别 3. 规格	1. 台 2. m²	1. 以台计量，按设计图示数量计算 2. 以平方米计量，按设计图示面积计算	1. 本体安装 2. 单体调试
030507015	安全检查设备	1. 名称 2. 规格 3. 类别 4. 程式 5. 通道数	台（套）	1. 以台计量，按设计图示数量计算 2. 以平方米计算，按设计图示面积计算	
030507016	停车场管理设备	1. 名称 2. 类别 3. 规格			
030507017	安全防范分系统调试	1. 名称 2. 类别 3. 通道数	系统	按设计内容	各分系统调试
030507018	安全防范全系统调试	系统内容			1. 各分系统的联动、参数设置 2. 全系统联调
030507019	安全防范系统工程试运行	1. 名称 2. 类别			系统试运行

8.4.8 相关问题及说明

（1）土方工程，应按现行国家标准《房屋与装饰工程工程量计算规范》GB 50854—2013 相关项目编码列项。

（2）开挖路面工程，应按现行国家标准《市政工程工程量计算规范》GB 50857—2013 相关项目编码列项。

（3）配管工程，线槽，桥架，电气设备，电器元件，接线箱、盒，电线，接地系统，凿（压）槽，打孔，打洞，人孔，手孔，立杆工程，应按电气设备安装工程相关项目编码列项。

（4）蓄电池组、六孔管道、专业通信系统工程，应按通信设备及线路工程相关项目编码列项。

（5）机架等项目的除锈、刷油应按刷油、防腐蚀、绝热工程相关项目编码列项。

（6）如主项项目工程与综合项目工程量不对应，项目特征应描述综合项目的型号、规格、数量。

（7）由国家或地方检测验收部门进行的检测验收应按措施项目相关项目编码列项。

8.5 建筑智能化工程预算编制实例

【例1】如图 8-8 所示，某三层公寓，层高 3.2m，电话总分线盒 XF601-20 装在二楼楼梯间，电话线用 HBV-2×1，线管均采用 $DN20$ 的 PVC 管，暗敷设，TP 插座的安装高度为 0.4m。试编制本工程的安装工程量清单。

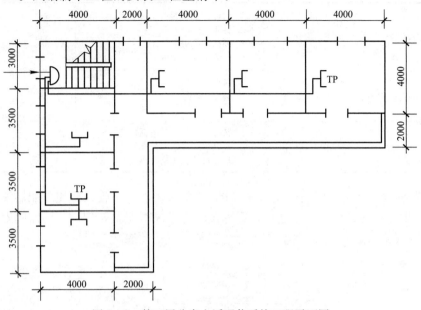

图 8-8 某三层公寓电话通信系统工程平面图

【解】根据已知条件，计算工程量如表 8-13 和表 8-14 所示。

工程量计算表   表 8-13

序号	分部分项工程名称	单位	数量
1	电话分线盒 XF601-20	个	1
2	接线箱 XF601-20	个	1
3	电话插座盒暗装	10 个	1.8
4	电话插座安装	10 个	1.8
5	接线盒暗装	10 个	1.2
6	PVC20 管暗敷	10m	14.81
7	电话线 HBV-2×1	100m	2.139

分部分项工程量清单表   表 8-14

序号	项目编码	项目名称	项目特征描述	计量单位	工程量
1	030502003001	分线接线箱（盒）	1. 名称：电话总分线盒 2. 材质：PC 3. 型号：XF601-20 4. 安装方式：暗装	个	2
2	030502003002	分线接线箱（盒）	1. 名称：接线盒 2. 材质：PC 3. 规格：86×86 4. 安装方式：暗装	个	12

序号	项目编码	项目名称	项目特征描述	计量单位	工程量
3	030411001001	配管	1. 名称：电线管 2. 材质：PVC 3. 规格：DN20 4. 安装方式：暗配	m	148.10
4	030502005001	双绞线缆	1. 名称：电话线 2. 型号：HBV－2×1 3. 安装方式：管内穿放	m	213.90
5	030502004001	电视、电话插座	1. 名称：一位二芯电话插座 2. 安装方式：明装 3. 底盒材质、规格：PC、86×86	个	18

【例 2】 某五层住宅，层高 3.2m，CATV 共用天线，线路放大器和分配器安装在第三层，各户用射频线 SYV－75－9 连接，穿焊接钢管 DN15 暗敷，用户 TV 插座安装高度为 0.8m，暗设（见图 8－9）。试计算该工程的安装工程量并编制工程量清单。

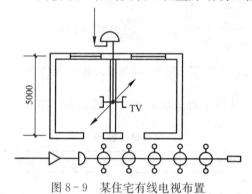

图 8－9　某住宅有线电视布置

【解】 根据已知条件，计算工程量如表 8－15 和表 8－16 所示。

工程量计算表　　　　　　　　　　　　　　　表 8－15

序号	分部分项工程名称	单位	数量
1	电视线路放大器	10 个	0.1
2	线路分配器	10 个	0.1
3	接线箱	个	1
4	电源插座安装	10 个	0.1
5	接线盒暗装	10 个	0.2
6	焊接钢管 DN15 暗敷	10m	3.7
7	管穿射频线 SYV－75－9	100m	0.39
8	电视插座安装	10 个	1.0
9	电视插座盒安装	10 个	1.0
10	二分支器安装	10 个	0.5
11	电视线路终端调试	户	10

序号	项目编码	项目名称	项目特征描述	计量单位	工程量
1	030505001001	共用天线	1. 名称：CATV 共用天线 2. 规格：75Ω 同轴电缆 3. 电视设备箱型号：CATV - Ⅲ	副	1
2	030505012001	干线设备	1. 名称：电视线路放大器 2. 型号：SDAMP - 1 - 10/10 3. 安装位置：室内	个	1
3	030505012002	干线设备	1. 名称：线路分配器 2. 型号：SB - 306 3. 安装位置：室内	个	1
4	030505012003	干线设备	1. 名称：二分支器 2. 型号：SB - 208 3. 安装位置：室内	个	5
5	030411001001	配管	1. 名称：电线管 2. 材质：焊接钢管 3. 规格：DN15 4. 配置形式：暗配	m	37.00
6	030505005001	射频同轴电缆	1. 名称：射频线 2. 型号：SYV - 75 - 9 3. 安装方式：管内穿放	m	39.00
7	030505006001	同轴电缆接头	1. 名称：射频线接头 2. 型号 RP - SMA - 3 3. 连接方式：纽接	个	23
8	030502004001	电视、电话插座	1. 名称：一位一进二出电视插座 2. 型号：86 型 EZ86TVA 3. 安装方式：明装 4. 底盒材质：PC	个	10
9	030404035001	插座	1. 规格：单相三级明插座 2. 材质：PC 3. 规格：B5/10S 86 型 3 极 250V/10A 4. 安装方式：明装	个	1
10	030502003001	分线接线箱（盒）	1. 名称：接线箱 2. 材质：PC 3. 规格：300×400 4. 安装方式：暗装	个	1
11	030502003002	分线接线箱（盒）	1. 名称：接线盒 2. 材质：PC 3. 规格：86×86 4. 安装方式：暗装	个	2
12	030505014001	终端调试	电视线路终端调试	个	10

习　题

1. 如图 8-10 所示，某五层住宅楼，层高 2.8m。FZ 公用电视天线前端箱安装在屋面，用射频线 SYV-75-9 明敷设，用户 TV 插座安装高度为 0.6m。试计算该工程的安装工程量。

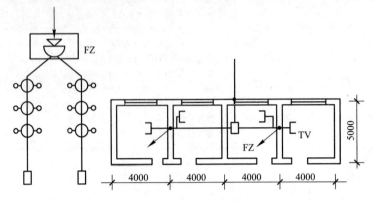

图 8-10　某五层住宅有线电视工程图

2. 某工程的接地装置，如图 8-11 所示，建筑物室内外高差为 0.3m。室内接地母线为 $\phi6$ 镀锌圆钢，接地极用 L50×5 的角钢制作，长度为 3000mm，接地母线敷于墙上，距地面高度为 0.3m；室外接地母线为镀锌扁钢　25×4，埋设于自然地面下 1.4m 处。试计算该工程的安装工程量。

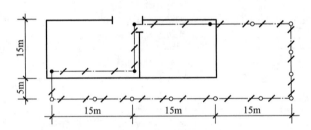

图 8-11　某工程防雷接地装置安装工程平面图

3. 某移动通信设备安装工程

(1) 工程概况：铁塔架设土建基础工程已完工。

(2) 工程内容：安装调试以下设备

① 全向天线 L4.5m（在地面铁塔挂高 60m）　　　　1 副

② 布放射频同轴电缆 7/8″以下　　　　　　　　　40m

③ 安装放大器　　　　　　　　　　　　　　　　1 个

④ 基站、天线、馈线系统调试　　　　　　　　　1 副

⑤ 基站设备安装（落地式）　　　　　　　　　　1 台

⑥ 安装信道板（载频）　　　　　　　　　　　　6 个

⑦ 基站系统调试（5 个载频）　　　　　　　　　1 站

(3) 其他

① 施工地点距施工单位<25m；

② 操作高度<5m；

③ 措施费综合取定为人工费的 40%；

④ 间接费：企业管理费为人工费的 50%，规费综合费率为人工费的 20%；

⑤ 利润为人工费的 60%；

⑥ 税金＝(直接费＋间接费＋利润)×3.41%。

试计算安装工程费。

4. 某住宅小区智能化系统设备安装工程

(1) 工程概况：某小区家居智能控制系统扩建工程，线缆已敷设好，设备固定基础已具备设备安装要求。

(2) 工程内容：安装调试以下设备

① 家居报警控制装置	50 台
② 家居三表计量与远程传输装置	50 台
③ 家居电气监控装置（明装）	50 台
④ 家居智能控制箱	50 台
⑤ 家居控制管理中心设备安装调试	1 台

(3) 其他

① 施工地点距施工单位＜25m；

② 操作高度＜5m；

③ 措施费综合取定为人工费的 40%；

④ 间接费：企业管理费为人工费的 50%，规费综合费率为人工费的 20%；

⑤ 利润为人工费的 60%；

⑥ 税金＝(直接费＋间接费＋利润)×3.41%。

试计算安装工程费。

第9章 刷油、防腐蚀、绝热工程预算编制方法与原理

9.1 刷油、防腐蚀、绝热工程施工规定

9.1.1 常用刷油、防腐蚀、绝热材料

9.1.1.1 刷油防腐蚀材料

金属材料在外部条件作用下，产生化学作用和电化学作用，使之遭到破坏或发生质变的过程，即称为腐蚀。腐蚀对设备和管道的危害很大，它能缩短管道和设备的使用寿命，造成很大的经济损失，故必须对金属材料进行防腐蚀处理。

防腐蚀材料包括油漆涂料、玻璃钢及其制品、橡胶制品、塑料制品、陶瓷制品、耐酸石材、耐酸胶泥等。

（1）油漆涂料

① 组成

油漆涂料的组成可分为三部分，即主要成膜物质、次要成膜物质和辅助成膜物质。主要成膜物质有油料、天然树脂和合成树脂。天然树脂是指沥青、生漆、天然橡胶等。合成树脂是指环氧树脂、酚醛树脂、聚氨酯树脂、乙烯类树脂、过氯乙烯树脂和含氟树脂等，它们都是常用的耐蚀涂料中的主要成膜物质。次要成膜物质主要指颜料。防锈颜料主要用在底漆中起防锈作用。体质颜料和着色颜料可以在不同程度上提高涂层的耐候性、抗渗性、耐磨性和物理机械强度等。辅助成膜物质指溶剂和其他辅助材料。

② 分类

油漆（涂料）可以分为着色颜料、防锈颜料和体质颜料三种。着色颜料主要是使涂料有色彩并增加涂膜厚度，提高涂膜耐久性，常用的有锌白、炭黑、锌黄等；防锈颜料使涂料具有防锈能力，常用的有红丹粉、铅粉、氧化铁红等；体质颜料能使涂料增加厚度，提高耐磨和耐久性能，常用的有硫酸钡、大白粉、滑石粉等。另外，还要在涂料内加入适当的挥发粉（稀释剂），用以溶解或稀释涂料，稀释剂有溶解成膜物质的能力，常用的有松香水、二甲苯、丙酮等。涂料中不加颜料的为清漆，加入颜料的为色漆。

③ 涂料的编号

涂料的编号由三部分组成：第一部分为成膜物质代号；第二部分为涂料基本名称代号；第三部分为同类品种油漆序号，如 S062 表示聚氨酯底漆第 2 号产品。

（2）常用油漆涂料

油漆与涂料，从广义上说均为涂料，采用油漆涂料防腐蚀的特点是：油漆涂料品种多，选择范围广，适应性强。一般可不受设备形状及大小的限制，使用方便，适宜现场施工，价格低廉。

防锈漆和底漆涂料按其所起的作用，可分成底漆和面漆两种。施工时，先用底漆打底，再用面漆罩面。防锈漆和底漆都具有防锈的功能。主要区别在于：底漆的颜料较多，可以打磨，漆料着重于对物面的附着力，而防锈漆偏重于满足耐水、耐碱等性能的要求。

① 生漆（大漆）。生漆为灰褐色黏稠液体，具有耐酸性、耐溶剂性、抗水性、耐油性、耐磨性和附着力很强等优点；缺点是不耐强碱及强氧化剂。漆膜干燥时间较长，毒性较大，一般用于地下管道的涂刷。

② 漆酚树脂漆。漆酚树脂漆是生漆经脱水缩聚用有机溶剂稀释而成。它改变了生漆的毒性大、干燥慢、施工不便等缺点，但仍保持生漆的其他优点，适用于大型快速施工的需要。漆酚树脂漆可喷涂也可涂刷，一般采用涂刷。

③ 酚醛树脂漆。酚醛树脂漆是以酚醛树脂溶于有机溶剂中，并加入适量的增韧剂和填料配制而成。酚醛树脂漆具有良好的电绝缘性和耐油性，能耐60％硫酸、盐酸、一定浓度的醋酸和磷酸，大多数盐类和有机溶剂等介质的腐蚀。但不耐强氧化剂和碱，且漆膜较脆，温差变化大时易开裂，与金属附着力较差，在生产中应用受到一定限制。

④ 环氧—酚醛漆。环氧—酚醛漆是由环氧树脂和酚醛树脂溶于有机溶剂中（如二甲苯、醋酸丁酯、环己酮等）配制而成。环氧—酚醛漆是热固性涂料，其漆膜兼有环氧和酚醛两者的长处，即既有环氧树脂良好的机械性能和耐碱性，又有酚醛树脂的耐酸、耐溶和电绝缘性。

⑤ 环氧树脂涂料。环氧树脂涂料是由环氧树脂、有机溶剂、增韧剂和填料配制而成，在使用时再加入一定量的固化剂。按其成膜要求不同，可分为冷固型环氧树脂涂料和热固型环氧树脂涂料。目前，常用的环氧树脂有6101、601和634。环氧树脂涂料具有良好的耐腐蚀性、耐碱性和耐磨性。

⑥ 过氯乙烯漆。过氯乙烯漆是以过氯乙烯树脂为主要成膜材料借溶剂挥发干燥的涂料，应用广泛，它具有良好的耐工业大气、耐海水、耐酸、耐油、耐盐雾、防霉、防燃烧等性能，但不耐酚类、酮类、脂类和苯类等有机溶剂介质的腐蚀；缺点是不耐光、易老化，而且不耐磨和不耐强烈的机械冲击。

⑦ 沥青漆。沥青漆系用天然沥青或石油沥青和干性油溶于有机溶剂而得。沥青漆由于价格低廉，使用较多。它在常温下能耐氧化氨、二氧化硫、三氧化硫、氨气、酸雾、氯气、低浓度的无机盐和浓度40％以下的碱、海水、土壤、盐类溶液以及酸性气体等介质腐蚀，但不耐油类、醇类、脂类、烃类等有机溶剂和强氧化剂等介质腐蚀。

⑧ 呋喃树脂漆。呋喃树脂漆是以糠醛为主要原料制成的。它具有优良的耐酸性、耐碱性及耐温性，同时原料来源广泛，价格较低。呋喃树脂漆不宜直接涂覆在金属或混凝土表面上，必须用其他涂料作为底漆。呋喃树脂漆能耐大部分有机酸、无机酸、盐类等介质的腐蚀，并有良好的耐碱性、耐有机溶剂性，优良的耐水性、耐油性，但不耐强氧化性介质的腐蚀。

⑨ 聚氨基甲酸酯漆。聚氨基甲酸酯漆是以甲苯二异氰酸酯为主要原料的新型漆。它具有良好的耐化学腐蚀性、耐油性、耐磨性和附着力；漆膜韧性和电绝缘性均较好。

⑩ 无机富锌漆。无机富锌漆是以锌粉及水玻璃为主配制而成的。施工简单，价格便宜。它具有良好的耐水性、耐油性、耐溶剂性及耐干湿交替的盐雾。适用于海水、清水、

海洋大气、工业大气和油类等介质。

⑪ 环氧银粉涂料。环氧银粉涂料是以铝粉作为填料与冷固环氧树脂漆配制成的一种涂料，一般常作为喷银层、无机富锌涂料面漆使用。

⑫ KJ-130涂料。KJ-130涂料具有耐溶剂，耐酸、碱、盐、油类及农药的腐蚀等优点，还有柔韧性大、光泽度高、附着力较好等特点。此种涂料可刷涂或喷涂，在室温条件下自然干燥，也可以加热100℃烘干。

⑬ 重防腐涂料SIC。重防腐涂料SIC为单组分包装厚型涂料。

（3）新型塑料涂料

塑料涂料是一种新型的防腐蚀涂料。它具有优良的耐腐蚀性能。塑料涂料主要有聚乙烯涂料、聚氯乙烯涂料、氯化聚醚涂料、聚三氟氯乙烯涂料和氟-46涂料。

① 聚乙烯涂料具有优良的耐酸性、耐碱性、耐磨性、耐冲击性和可挠性，在室温下不溶于大部分有机溶剂，在较高温度下则溶于脂肪族、芳香族及其他卤素衍生物中。聚乙烯涂料的使用温度一般为60~80℃。施工方法有火焰喷涂、沸腾床喷涂和静电喷涂。

② 氟-46涂料为四氟乙烯和六氟丙烯的共聚物，它具有优良的耐腐蚀性能，对强酸、强碱及强氧化剂，即使在高温下也不发生任何作用。它的耐热性稍次于聚四氟乙烯涂料，耐寒性很好。

（4）玻璃钢衬里

玻璃钢衬里内由于玻璃纤维的增强作用，一般都具有较高的机械强度和整体性，受到机械碰击等，不容易出现损伤。

玻璃钢的种类很多，均以掺合的合成树脂命名，常用的有环氧玻璃钢、聚酯玻璃钢、环氧酚醛玻璃钢、环氧煤焦油玻璃钢、环氧呋喃玻璃钢和酚醛呋喃玻璃钢等。玻璃钢衬里结构应具有耐蚀、耐渗以及与基体表面有较好的粘结强度等方面的性能。一般玻璃钢的衬里层由底层、腻子层、增强层和面层四部分构成。

（5）橡胶衬里

用作化工衬里的橡胶是生胶经过硫化处理而成。经过硫化后的橡胶具有一定的耐热性能、耐腐蚀性能，且机械强度高。它可分为软橡胶、半硬橡胶和硬橡胶三种。橡胶硫化后具有优良的耐腐蚀性能，除强氧化剂（如硝酸、浓硫酸、铬酸）及某些溶剂（如苯、二硫化碳、四氯化碳等）外，耐大多数无机酸、有机酸、碱、各种盐类及酸类介质的腐蚀。

热硫化橡胶板衬里的选择原则主要应考虑腐蚀介质的操作条件及具体施工的可能性。

（6）耐酸砖、板衬里

耐酸砖、板衬里，是一种比较老式的防腐蚀手段。它主要是采用耐腐蚀胶泥将耐酸砖、板贴砌在金属表面上形在一层较厚的保护层，达到防止介质对金属表面腐蚀的作用。常用的砖、板衬里有：酚醛胶泥衬瓷砖、瓷板，不透性石墨板和水玻璃胶泥衬辉绿岩板、瓷砖和瓷板。耐酸砖、板衬里层的主要性能是由耐腐蚀胶泥和耐酸砖、板两个条件决定的。

选择砖、板衬里时主要应考虑：砖、板材的性能（耐腐蚀性、温差急变性、耐磨性和导热性等）；胶合剂的性能（如耐腐蚀性、粘结强度和耐温性等）；衬里结构；合理的施工方法；原材料的来源及成本。

衬里设备的使用范围主要取决于胶合剂及砖、板材的性能。如水玻璃胶泥衬辉绿岩板最高使用温度一般为190℃。酚醛胶泥衬瓷砖、瓷板及不透性石墨板最高使用温度一般为150℃。如有不透性底层，应考虑底层材料的受热情况。

9.1.1.2 绝热材料

绝热材料是指质量较轻、导热率小、吸潮及吸水率低并具有一定强度、无腐蚀作用的材料。

（1）绝热材料的分类

① 按材质分：可分为有机材料和无机材料两大类。

热力设备及管道保温用的材料多为无机绝热材料，此类材料具有不腐烂、不燃烧、耐高温等特点。例如，石棉、硅藻土、珍珠岩、玻璃纤维、泡沫混凝土和硅酸钙等。

低温保冷工程多用有机绝热材料，此类材料具有表观密度小、导热系数小、原料来源广、不耐高温、吸湿时易腐烂等特点。例如，软木、聚苯乙烯泡沫塑料、聚氨基甲酸酯、聚氨酯泡沫塑料、毛毡、羊毛毡等。

② 按适用温度分：可分为高温用、中温用和低温用绝热材料三类。

高温用绝热材料，使用温度可在700℃以上。这类纤维质材料有硅酸铝纤维、硅纤维等；多孔质材料有硅藻土、蛭石加石棉和耐热胶粘剂等制品。

中温用绝热材料，使用温度在100～700℃之间。中温用纤维质材料有石棉、矿渣棉和玻璃纤维等；多孔质材料有硅酸钙、膨胀珍珠岩、蛭石和泡沫混凝土等。

低温用绝热材料，适用于温度在100℃以下的保冷工程中。

③ 按材料形状分：可分为软质材料、硬质材料、半硬质材料和散状材料。

④ 按施工方法不同分：可分为湿抹式绝热材料、填充式绝热材料、绑扎式绝热材料、包裹及缠绕式绝热材料和浇灌式绝热材料。

湿抹式即将石棉、石棉硅藻土等保温材料，加水调合泥涂抹在热力设备及管道的外表面上。

填充式是在设备或管道外面做成罩子，其内部填充绝热材料，如填充矿渣棉、玻璃棉等。

绑扎式是将一些预制保温板或管壳放在设备或管道外面，然后用钢丝绑扎，外面再涂保护层材料。属于这类的材料有石棉制品、膨胀珍珠岩制品、膨胀蛭石制品和硅酸钙制品等。

包裹及缠绕式即把绝热材料做成毡状或绳状，直接包裹或缠绕在被绝缘的物体上。属于这类的材料有矿渣棉毡、玻璃棉毡以及石棉绳和稻草绳等材料。

浇灌式是将发泡材料在现场浇灌入被保温的管道、设备的模壳中，经现场发泡成保温（冷）层结构。也有直接喷涂在管道、设备的外壁上，瞬时发泡，形成保温（冷）层。

（2）绝热材料的要求

选用绝热材料时，应满足下列要求：

① 导热系数小。只有导热系数小的材料才能作为绝热材料，导热系数越小，则绝热效果越好。

② 密度小。多孔性绝热材料的密度小。一般绝热材料的密度应小于600kg/m³。选用密度小的绝热材料，对于架空敷设的管道可以减轻支承构架的荷载，节约工程费用。

③ 具有一定的机械强度。绝热材料的抗压强度不应小于0.3MPa。只有这样才能保证

绝热材料及制品在本身自重及外力作用下不产生变形或破坏，才能更好地满足使用及施工要求。

④ 吸水率小。绝热材料吸水后，其结构中各气孔内的空气被水排挤出去，由于水的导热系数比空气的导热系数大 24 倍，因此吸水后的绝热材料的绝热性能变差，所以在选用绝热材料时应当注意。

⑤ 不易燃烧且耐高温。绝热材料在高温作用下，不应改变其性能甚至于着火燃烧，尤其对于温度较高的过热蒸汽管道保温时，要选用耐高温的绝热材料。

⑥ 施工方便和价格低廉。为了满足绝热工程施工方便的要求，尽可能选用各种绝热材料制品，如保温板、管壳及毛毡等，并尽可能做到就地取材和就近取材，以减少运输过程中的损坏和运输费用，从而节约投资。

9.1.2 刷油、防腐蚀、绝热工程施工技术

9.1.2.1 除锈工程

金属表面的锈蚀一般划分为微锈、轻锈、中锈和重锈四个类别。

除锈在刷油、防腐蚀工程中是一项重要工序，除锈结果的好坏直接关系到刷油、防腐蚀层的效果，尤其对于涂层，其与基体的机械性粘合和附着，直接影响着涂层的破坏、剥落和脱层。

除锈的目的是为了除净金属表面锈蚀和杂质、增加金属表面的粗糙程度、增强漆膜或防腐蚀层与表面的粘结强度。除锈的方法主要有：手工（或人工）除锈、半机械（或电动工具）除锈、化学除锈、机械喷砂除锈、除锈剂除锈等。

（1）手工（或人工）除锈。手工除锈方法是采用砂布（砂纸）、铲刀、手把钢丝刷子以及手锤等简单工具，以擦磨、铲、刷、敲的方式将金属表面上的锈蚀及杂质除掉，达到除锈的目的。这种方法除锈质量差，施工简单，一般适用于设备、管道外表面、金属结构刷油工程和无法再采用机械除锈的二次除锈部位。

（2）半机械（或电动工具）除锈。半机械除锈方法是采用电动（风动）刷轮或各式除锈机进行的除锈。这种除锈方法的除锈质量比手工除锈好，施工方便，一般适用于不易使用喷砂（或喷丸）除锈的刷油及防腐蚀工程，其除锈效率比人工除锈高。

（3）化学除锈。化学除锈又叫酸洗除锈，是将浓度较低的无机酸刷涂或喷涂在金属表面上，使锈蚀及油脂等杂质被酸溶蚀掉而达到除锈目的的一种除锈方法。适用于小面积除锈或结构复杂及无法采用机械除锈的刷油及防腐蚀工程，其除锈质量比手工除锈好，效率高。

（4）机械喷砂除锈。机械喷砂除锈又叫机械喷射除锈，是采用机械的方法以无油压缩空气为动力将干燥的石英砂、河砂或者金刚砂喷射到金属表面上，达到除净锈蚀及一切杂质的除锈方法，此种方法适用于大面积、除锈质量要求较高的防腐蚀工程，其除锈效率比半机械除锈效率高。

（5）除锈剂除锈。除锈剂除锈是近年来发展起来的一项新的除锈技术，它主要适用于无法采用其他除锈方法进行除锈的防腐蚀工程，如列管结构设备的内壁及管束除锈等。此种除锈方法随着除锈剂质量的不稳定，除锈质量也不太稳定。

9.1.2.2 刷油、防腐蚀工程

刷油、防腐蚀工程施工中常用的施工方法有刷涂、喷涂、浸涂、淋涂及电泳涂装法五种。比较普及的方法是刷涂和喷涂。

（1）刷涂。刷涂是最常用的涂漆方法。这种方法可用刷子、刮刀、砂纸、细铜丝端和棉纱头等简单工具进行施工。但施工质量在很大程度上取决于操作者的熟练程度，工效较低。

（2）喷涂。喷涂是用喷枪将涂料喷成雾状液，在被涂物面上分散沉积的一种涂覆法。它的优点是工效高，施工简易，涂膜分散均匀，平整、光滑。但涂料的利用率低，施工中必须采取良好的通风和安全预防措施。对施工现场的漆雾用抽风机抽去为宜。一般干燥快的涂料才适合于喷涂施工；否则，会造成涂膜流挂和厚薄不均。喷涂一般分为高压无空气喷涂和静电喷涂。

（3）电泳涂装法。电泳涂装法是一种新的涂漆方法，适用于水性涂料。以被涂物件的金属表面作阳极，以盛漆的金属容器作阴极。将被涂物件浸于漆液中，在电极上通以直流电。这两个电极与外电源构成一个密闭电路，在外电源施加电压下，带负电的涂料颗粒以电泳方式趋向阳极，在阳极上进行电中和而沉积于被涂物面上，其所带的水透过沉积的涂膜向电泳相反的方向扩散，使被涂物面涂上含水分不大的涂膜。此方法的优点是涂料的利用率高，施工工效高，涂层质量好，任何复杂的工件均能涂得均匀的涂膜。

9.1.2.3 手工糊衬及橡胶、塑料板衬里工程

（1）手工糊衬玻璃钢工程

玻璃钢又叫玻璃纤维增强塑料。它以玻璃纤维制品（布、毡、带）为骨架，以合成树脂加入固化剂、增韧剂、稀释剂及耐蚀填料为胶粘剂而糊制或机械成型的一种耐蚀材料。

① 施工方法

玻璃钢衬里工程常用的施工方法为手工糊衬法，其中有分层间断贴衬和多层连续贴衬两种糊衬方法。

分层间断贴衬和多层连续贴衬方法，工序基本相同，所不同的是前者涂刷底漆后待干燥至不粘手后进行下道工序，每贴上一层玻璃纤维衬布后都要自然干燥12～24h再进行下一道工序。后者则是不待上一层固化就进行下一层贴衬，此方法工作效率显然比前者高，但质量不易保证。

② 施工程序

除锈→涂刷第一层底漆→刮腻子涂刷第二层底漆→刷胶料贴衬布→检查修整→刷胶料贴第二层衬布→检查修整……（以此类推至要求层次数）→刷面漆两层→养生→加热固化→质量检查。

在上述工序中必须注意，加热固化不能采用明火方式，可采用间接蒸汽加热或其他加热形式。对于有些玻璃钢自然固化即可。

（2）橡胶板衬里工程

橡胶板衬里按硫化形式划分为自然硫化、预硫化及加热硫化三种。自然硫化采用氯丁橡胶板，预硫化采用丁基橡胶板，加热硫化采用天然橡胶板。衬胶层都有耐腐蚀性和较好的机械强度。

① 施工方法

橡胶衬里一般采用手工贴衬的施工方法。

a. 设备衬胶：设备衬胶分为冷贴冷压法、冷贴热压法和热贴热压法三种。这三种方法对加热硫化橡胶衬里工程都可以使用，自然硫化及预硫化橡胶衬里工程则只能采用冷贴冷压法一种。

b. 管道衬胶：采用卷制胶筒气顶法施工。

c. 胶板下料打坡口。

② 橡胶衬里施工程序及硫化工艺

除锈→刷底涂料→刷胶浆→粘衬胶板（分段赶气压实）→胶板打毛打坡口脱脂→刷胶浆→检查修整→贴衬第二层胶板→检查修整→成品养生（常温硫化）。

需要注意的问题有：

a. 底涂料、胶浆现场随用随配制。

b. 不再进行加热硫化处理。只需要在常温条件下养生（常温硫化）。

c. 由于预硫化橡胶板生产厂家牌号不同而常温硫化时间各异。YI-100、YE-20 胶板需要 15～30d；ZR-10 胶板 7～14d；JHF 胶板 3～7d。

d. 胶板打毛处理也因生产厂家牌号不同而不同。JHF 胶板要进行打毛处理，其他胶板则不需要。

③ 自然硫化橡胶衬里施工程序

除锈→涂底涂料（两遍）→刷胶浆（3 遍）→胶板预热处理→下料打坡口→刷胶浆（3 遍）→贴衬胶板（赶气压实）→检查修整→常温自然硫化→成品。

9.1.2.4 耐酸砖、板衬里工程

（1）耐酸砖、板衬里施工方法

耐酸砖、板衬里施工方法有揉挤法、勾缝法、浇筑法。常用方法是前两种，不管采用哪种施工方法，灰缝均是施工控制的主要指标，必须按设计要求或现行施工及质量验收规范执行。

（2）耐酸砖、板衬里施工程序

耐酸砖、板衬里施工中，由于所采用的耐酸胶泥性质不同，施工程序略有差异。

（3）挂网胶泥抹面及胶泥找坡施工

① 挂网胶泥抹面：主要用于设备顶部，衬砌砖、板难度较大或无法进行衬砌的部位。其效果较好。挂网胶泥抹面是在设备表面上先焊接钉钩铺贴金属网，用固定的钉钩将金属网固定，然后再用胶泥涂抹，胶泥厚度大于金属网。

② 胶泥找坡：胶泥找坡是根据设计要求，为防止设备底部积存介质而采用的一种措施，找坡一般的坡度比为 1：40、1：70 等。

9.1.2.5 绝热工程

绝热工程是指在生产过程中，为了保持正常生产的最佳温度范围和减少热载体（如过热蒸汽、饱和水蒸气、热水和烟气等）和冷载体（如液氨、液氮、冷冻盐水和低温水等）在输送、贮存和使用过程中热量和冷量的散失浪费，提高热、冷效率，降低能源消耗和产品成本而对设备和管道所采取的保温和保冷措施。绝热工程按用途，可以分为保温、加热保温和保冷三种。

（1）绝热结构

绝热结构分保温和保冷两种结构形式。保温结构一般由防锈层、保温层、保护层、防腐蚀层及识别标志层组成。保冷结构在保温层外面还应增加防潮隔气层。

① 防锈层

将防锈涂料直接涂刷于管道和设备的表面，即构成防锈层。

② 保温层

在防锈层的外面是保温层，一般用保温材料围成。

③ 防潮层

对保冷结构，为了防止凝结水使保温层材料受潮而降低保温性能需设防潮层。常用防潮层的材料有沥青、沥青油毡、玻璃丝布、塑料薄膜等。

④ 保护层

该层设在保温层或防潮层外面，主要是保护保温层或防潮层不受机械损伤。保护层常用的材料有石棉石膏、石棉水泥、金属薄板、玻璃丝布等。

⑤ 识别标志层及防腐蚀层

为了使保护层不被腐蚀，在保护层外设防腐蚀层。一般做法是在保护层外直接刷油漆。不同颜色的油漆同时起到识别标志的作用。

（2）绝热工程施工内容

绝热工程施工包括绝热层施工、防潮层施工、保护层施工。

① 绝热层施工

在被绝热设备、管道按规定做了水压试验或气密性试验，以及支架、支座和仪表接管等安装工作均已完毕，表面除锈刷漆后，即可进行绝热层的施工。绝热层施工应注意：

a. 用平板材料加工异形预制块时，切割面应平整，长、宽误差不大于±3mm，厚度无负公差。

b. 用预制瓦块做设备、管道绝热层时，瓦块应错缝，内外层要盖缝，使用专用胶粘剂粘缝或填缝，每个预制瓦块上应用两道钢丝或钢带固定。

c. 用预制块砌筑设备封头，应将其加工成扇形，用钢丝或钢带捆扎在浮动环上固定。

d. 用预制管壳在垂直管道上保温时应自下而上安装；在水平管道上保温时应上下覆盖并错缝，每块应用两道钢丝或钢带固定。

e. 用棉毡在管道上保温时，环向接缝应接合紧密，水平管道纵向接口应留在管子上部，应用镀锌钢丝或钢带扎紧，间距为200mm。

大管径长距离水平管道应先在管道顶面加辅20~30mm厚棉毡，宽度约为管道周长的1/3，然后再沿管周壁包扎棉毡。

f. 超细玻璃棉毡应按最佳压缩密度50%~60%设计保温厚度；岩棉毡密度为80~100kg/m³，其厚度压缩比为80%~90%。

g. 设备、管道经常拆卸部位的绝热结构应做成45°斜坡；阀门、人孔及法兰螺栓连接处的绝热施工，应在热（冷）绝热层合格及其他部位绝热层施工完后进行。

② 防潮层施工

a. 阻燃性沥青玛碲脂贴玻璃布作防潮隔气层时，它是在绝热层外面涂抹一层2~3mm厚的阻燃性沥青玛碲脂，接着缠绕一层玻璃布或涂塑窗纱布，然后再涂抹一层2~3mm厚阻燃性沥青玛琋脂。

b. 塑料薄膜作防潮隔气层,是在保冷层外表面缠绕聚乙烯或聚氯乙烯薄膜1~2层,注意搭接缝宽度应在100mm左右,一边缠一边用热沥青玛琋脂或专用胶粘剂粘结。

③ 保护层施工

a. 金属保护层的连接,根据使用条件可采用挂口固定或用自攻螺钉、抽芯铆钉紧固等方法。

b. 用于保冷结构的金属保护层,为避免自攻螺钉刺破防潮层,应尽可能采用挂口安装或在防潮层外增加一层20mm厚的棉毡。

c. 使用铅皮作保护层时,对铅皮有腐蚀作用的碱性较大的绝热层或防潮层应采取隔离措施,如用塑料薄膜隔离。

d. 用黑铁皮作保护层时,安装前应按规定涂刷防锈漆。

e. 为增加金属保护层的强度和防水作用,在制作卷板的同时,应在搭接缝(包括设备人孔、阀门和接管等接缝)处压边。

f. 用金属薄板作设备封头保护层时,应根据绝热结构封头的形状及尺寸下料,分别压边后进行安装。接缝处用自攻螺钉或铆钉紧固,用专用密封剂密封。

g. 金属保护层应紧贴在绝热层或防潮层上,立式设备应自下而上逐块安装。环缝和竖缝可采用搭接或挂口,缝口朝下,以利于防水,搭接长度为30~50mm。用自攻螺栓紧固时,其间距不大于200mm。

h. 安装管道的金属保护层时应从低到高逐块施工。环缝、竖缝均应搭接30~50mm,竖缝自攻螺栓间距不大于200mm,环缝不少于3个螺栓,如直管环缝采用凹凸搭接,可以不上螺栓。

i. 缠绕施工的保护层如玻璃布,缠绕材料的重叠部分应为其宽度的1/3;立式或立管应自下而上缠绕,料的起端和末端应用铁丝捆扎,以防脱落。

j. 在捆扎有钢丝网的绝热层上施工石棉水泥等保护层时,应分层涂抹并压平。

k. 立式设备、管道为防止金属保护层自垂下滑,一般应分段将金属保护层固定在托盘等支承件上。

(3) 绝热工程施工方法

绝热工程施工方法有人工捆扎法、机械喷涂法、浇筑法和刮涂法四种。

(4) 绝热工程施工程序

材料准备→安装绝热层→安装防潮层→安装保护层→涂刷→成品。

9.2 刷油、防腐蚀、绝热工程预算定额

根据《全国统一安装工程定额》第十二册的规定,《刷油、防腐蚀、绝热工程》适用于新建、扩建项目中的设备、管道、金属结构等的刷油、防腐蚀、绝热工程。

9.2.1 定额费用规定

(1) 脚手架搭拆费,按下列系数计算,其中人工工资占25%:

① 刷油工程:按人工费的8%;

② 防腐蚀工程：按人工费的 12%；

③ 绝热工程：按人工费的 20%。

（2）超高降效增加费，以设计标高±0.000 为标准，当安装高度超过±6.000m 时，人工和机械分别乘以相应的超高降效系数。

（3）厂区外 1～10km 施工增加的费用，按超过部分的人工和机械乘以系数 1.10 计算。

（4）安装与生产同时进行增加的费用，按人工费的 10% 计算。

（5）在有害身体健康的环境中施工增加的费用，按人工费的 10% 计算。

9.2.2 定额应用及工程量计算规则

9.2.2.1 除锈工程

（1）定额应用

① 本章定额适用于金属表面的手工、动力工具、干喷射除锈及化学除锈工程。

② 各种管件、阀件及设备上人孔、管口凸凹部分的除锈已综合考虑在定额内。

③ 喷射除锈按 Sa2.5 级标准确定。若变更级别标准，如按 Sa3 级则人工、材料、机械乘以系数 1.1，按 Sa2 级或 Sa1 级则人工、材料、机械乘以系数 0.9。

④ 手工、动力工具除锈分轻、中、重三种，区分标准为：

轻锈：部分氧化皮开始破裂脱落，红锈开始发生。

中锈：部分氧化皮破裂脱落，呈堆粉状，除锈后用肉眼能见到腐蚀小凹点。

重锈：大部分氧化皮脱落，呈片状锈层或凸起的锈斑，除锈后出现麻点或麻坑。

⑤ 喷射除锈标准如下：

Sa3 级：除净金属表面上油脂、氧化皮、锈蚀产物等一切杂物，呈现均一的金属本色，并有一定的粗糙度。

Sa2.5 级：完全除去金属表面的油脂、氧化皮、锈蚀产物等一切杂物，可见的阴影条纹、斑痕等残留物不得超过单位面积的 5%。

Sa2 级：除去金属表面上的油脂、锈皮、松疏氧化皮、浮锈等杂物，允许有附紧的氧化皮。

⑥ 本章定额不包括微锈（标准：氧化皮完全紧附，仅有少量锈点），发生时执行轻锈定额乘以系数 0.2。

⑦ 因施工需要发生的二次除锈，应另行计算。

（2）工程量计算

① 管道及设备筒体表面除锈工程量计算公式：

$$S = \pi \times D \times L \qquad\qquad 式（9-1）$$

式中 π——圆周率；

$\quad D$——管道及设备筒体直径；

$\quad L$——管道延长米或设备筒体高。

② 在计算管道长度（或延长米）时，不扣除管道上各种管件及阀门所占长度。

③ 在计算设备筒体表面积时，人孔、管口凸凹等部分不另外计算。

④ 管道、设备除锈工程量以"m^2"为计量单位；金属结构（钢结构）除锈工程量以

"t"为计量单位。

9.2.2.2 刷油工程

（1）定额应用

① 本章定额适用于金属面、管道、设备、通风管道、金属结构与玻璃布面、石棉布面、玛琋脂面、抹灰面等刷（喷）油漆工程。

② 金属面刷油不包括除锈工作内容。

③ 各种管件、阀件和设备上人孔、管口凸凹部分的刷油已综合考虑在定额内，不得另行计算。

④ 本章定额按安装地点就地刷（喷）油漆考虑，如安装前管道集中刷油，人工乘以系数0.7（暖气片除外）。

⑤ 本章定额主材与稀干料可以换算，但人工与材料消耗量不变。

⑥ 标志色环等零星刷油，执行本章定额相应项目，其中人工乘以系数2.0。

（2）工程量计算

① 管道、设备筒体表面刷油面积计算公式：

$$S = \pi \times D \times L \qquad\qquad 式（9-2）$$

式中　π——圆周率；

　　　D——管道或设备筒体直径；

　　　L——管道延长米或设备筒体高。

② 在计算管道延长米时，不扣除管道上各种管件及阀门所占长度。

③ 在计算设备筒体表面刷油工程量时，不扣除或增加人孔、管口凸凹部分面积。

④ 刷油工程中设备、管道以"m²"为计量单位。金属结构中，一般钢结构以"t"为计量单位，H型钢制钢结构以"m²"为计量单位。

⑤ 计算设备、管道内壁防腐蚀工程量时，当壁厚大于等于10mm时，按其内径计算；当壁厚小于10mm时，按其外径计算。

⑥ 本章刷油定额不包括热固化内容，应按相应定额另行计算。

⑦ 涂料配合比与实际设计配合比不同时，应根据设计要求进行换算，但人工、机械消耗量不变。

⑧ 本章定额过氯乙烯涂料是按喷涂施工方法考虑的，其他涂料均按刷涂考虑。若发生喷涂施工时，其人工乘以系数0.3，材料乘以系数1.16，增加喷涂机械内容。

9.2.2.3 防腐蚀涂料工程

（1）本章定额适用于设备、管道、金属结构等各种防腐涂料工程。

（2）本章定额不包括除锈工作内容。

（3）涂料配合比与实际设计配合比不同时，可根据设计要求进行换算，但人工、机械消耗量不变。

（4）本章定额聚合热固化是按采用蒸汽及红外线间接聚合固化考虑的，如采用其他方法，应按施工方案另行计算。

（5）如采用本章定额未包括的新品种涂料，应按相近定额项目执行，但人工、机械消耗量不变。

本章定额中设备、管道、金属结构等防腐涂料工程量的计算规则同刷油工程。

9.2.2.4　手工糊衬玻璃钢工程

（1）本章定额适用于碳钢设备手工糊衬玻璃钢和塑料管道玻璃钢增强工程。

（2）施工工序：材料运输→填料干燥过筛→设备表面清洗→塑料管道表面打毛→清洗→胶液配制→刷涂→腻子配制→刮涂→玻璃丝布脱脂→下料→贴衬。

（3）本章施工工序不包括金属表面除锈。发生时应根据其工程量执行本册定额第一章"除锈工程"相应项目。

（4）如因设计要求或施工条件不同，所用胶液配合比、材料品种与本章定额不同时，可以本章定额各种胶液中树脂用量为基数换算。

（5）塑料管道玻璃增强所用玻璃布幅宽是按 200～250mm 考虑的。

（6）玻璃钢聚合是按间接聚合法考虑的，如因需要采用其他方法聚合时，应按施工方案另行计算。

9.2.2.5　橡胶板及塑料板衬里工程

（1）定额应用

① 本章定额适用于金属管道、管件、阀门、多孔板、设备的橡胶衬里和金属表面的软聚氯乙烯塑料板衬里工程。

② 本章定额橡胶板及塑料板用量包括：

a. 有效面积需用量（不扣除人孔）。

b. 搭接面积需用量。

c. 法兰翻边及下料时的合理损耗量。

③ 热硫化橡胶板的硫化方法，按间接硫化处理考虑。需要进行直接硫化处理时，其人工乘以系数 1.25，所需材料和机械费用按施工方案另行计算。

④ 带有超过总面积 15％衬里零件的贮槽、塔类设备，其人工乘以系数 1.4。

⑤ 本章定额中塑料板衬里工程，搭接缝均按胶接考虑，若采用焊接时，其人工乘以系数 1.8，胶浆用量乘以系数 0.5，聚氯乙烯塑料焊条用量为 $5.19kg/10m^2$。

⑥ 本章定额不包括除锈工作内容。

（2）工程量计算规则

① 在手工糊衬玻璃钢工程中，如因设计要求或施工条件不同，所用胶液配合比、材料品种与本章定额不同时，应以本章各种胶液中树脂用量为基数换算。

② 玻璃钢聚合固化方法与定额不同时，按施工方案另行计算。

③ 热硫化橡胶板的硫化方法，按间接硫化处理考虑；需要直接硫化处理时，其人工乘以系数 1.25，所需材料和机械费用按施工方案另行计算。

④ 带有超过总面积 15％衬里零件的贮槽、塔类设备，其人工乘以系数 1.4。

⑤ 本章定额中塑料板衬里工程，搭接缝均按胶接考虑。若采用焊接时，其人工乘以系数 1.8，胶浆用量乘以系数 0.5，聚氯乙烯塑料焊条用量为 $5.19kg/10m^2$。

9.2.2.6　衬铅及搪铅工程

（1）本章定额适用于金属设备、型钢等表面衬铅、搪铅工程。

（2）铅板焊接采用氢氧焰；搪铅采用氧乙炔焰。

（3）设备衬铅不分直径大小，均按卧放在滚动器上施工，对已经安装好的设备进行挂衬铅板施工时，其人工乘以系数 1.39，材料、机械消耗量不得调整。

（4）设备、型钢表面衬铅，铅板厚度按 3mm 考虑；若铅板厚度大于 3mm 时，其人工乘以系数 1.29，材料按实际进行计算。

（5）本章不包括金属表面除锈，发生时按本册定额第一章"除锈工程"相应项目计算。

9.2.2.7 喷镀（涂）工程

（1）本章定额适用于金属管道、设备、型钢等表面气喷镀工程及塑料和水泥砂浆的喷涂工程。

（2）施工工具：喷镀采用国产 SQP-1（高速、中速）气喷枪；喷塑采用塑料粉末喷枪。

（3）喷镀和喷塑采用氧乙炔焰。

（4）本章不包括除锈工作内容。

9.2.2.8 耐酸砖、板衬里工程

（1）定额应用

① 本章定额适用于各种金属设备的耐酸砖、板衬里工程。

② 树脂耐酸胶泥包括环氧树脂、酚醛树脂、呋喃树脂、环氧酚醛树脂、环氧呋喃树脂耐酸胶泥等。

③ 硅质耐酸胶泥衬砌块材需要勾缝时，其勾缝材料按相应项目树脂胶泥消耗量的 10％计算，人工按相应项目人工消耗量的 10％计算。

④ 调制胶泥不分机械和手工操作，均执行本定额。

⑤ 定额工序中不包括金属设备表面除锈，发生时应执行本册定额第一章相应项目。

⑥ 衬砌砖、板按规范进行自然养护考虑，若采用其他方法养护，其工程量应按施工方案另行计算。

⑦ 立式设备人孔等部位发生旋拱施工时，每 10m² 应增加木材 0.01m³、铁钉 0.20kg。

（2）工程量计算

① 耐酸砖、板衬里工程量按设计图示尺寸，以"m²"计算。

② 设备耐酸砖、板衬里工程，计算工程量时，应分圆形立式、圆形卧式、矩形、锥（塔）形设备，并按设备尺寸大小分"1.5m 以下"和"1.5m 以上"分别计算工程量，执行相应定额。

9.2.2.9 绝热工程

（1）本章定额适用于设备、管道、通风管道的绝热工程。

（2）伴热管道、设备绝热工程量计算方法是：主绝热管道或设备的直径加伴热管道的直径、再加 10～20mm 的间隙作为计算的直径，即：$D=D_{主}+D_{伴}+$（10～20mm）。

（3）依据《工业设备及管道绝热工程施工规范》GB 50126—2008 的要求，保温厚度大于 100mm、保冷厚度大于 80mm 时应分层施工，工程量分层计算。但是，如果设计要求保温厚度小于 100mm、保冷厚度小于 80mm 也需分层施工时，也应分层计算工程量。

（4）仪表管道绝热工程，应执行本章定额相应项目。

（5）管道绝热工程，除法兰、阀门外，其他管件均已考虑在内；设备绝热工程，除法兰、人孔外，其封头已考虑在内。

（6）保护层

① 镀锌薄钢板的规格按 1000mm×2000mm 和 900mm×1800mm，厚度 0.8mm 以下综合考虑。若采用其他规格薄钢板时，可按实际调整。厚度大于 0.8mm 时，其人工乘以系数 1.2；卧式设备保护层安装，其人工乘以系数 1.05。

② 此项也适用于铝皮保护层，主材可以换算。

（7）采用不锈钢薄钢板作保护层安装，执行本章定额金属保护层相应项目，其人工乘以系数 1.25，钻头消耗量乘以系数 2.0，机械乘以系数 1.15。

（8）聚氨酯泡沫塑料发泡工程，是按现场直喷无模具考虑的。若采用有模具浇筑法施工，其模具制作安装应依据施工方案另行计算。

（9）矩形管道绝热需要加防雨坡度时，其人工、材料、机械应另行计算。

（10）管道绝热均按现场安装后绝热施工考虑。若先绝热后安装时，其人工乘以系数 0.9。

（11）卷材安装应执行相同材质的板材安装项目，其人工、铁线消耗量不变，但卷材用量损耗率按 3.1% 考虑。

（12）复合成品材料安装应执行相同材质瓦块（或管壳）安装项目。复合材料分别安装时应按分层计算。

9.2.2.10 管口补口补伤工程

（1）本章定额适用于金属管道的补口补伤的防腐工程。

（2）管道补口补伤防腐涂料有环氧煤沥青漆、氯磺化聚乙烯漆、聚氨酯漆、无机富锌漆。

（3）本章定额项目均采用手工操作。

（4）管道补口每个口取定为：426mm 以下（含 426mm）管道每个补口长度为 400mm；426mm 以上管道每个补口长度为 600mm。

（5）各类涂料涂层厚度：

① 氯磺化聚乙烯漆为 0.3～0.4mm 厚。

② 聚氨酯漆为 0.3～0.4mm 厚。

③ 环氧煤沥青漆涂层厚度：

a. 普通级 0.3mm 厚，包括底漆一遍、面漆两遍；

b. 加强级 0.5mm 厚，包括底漆一遍、面漆三遍及玻璃布一层；

c. 特加强级 0.8mm 厚，包括底漆一遍、面漆四遍及玻璃布二层。

（6）本章定额施工工序包括了补伤，但不含表面除锈，发生时执行本册第一章"除锈工程"相应项目。

9.2.2.11 长输管道工程阴极保护及牺牲阳极工程

（1）本章定额适用于长输管道工程阴极保护、牺牲阳极工程。

（2）阴极保护恒电位仪安装包括本身设备安装、设备之间的电器连接线路安装。至于通电点、均压线塑料电缆长度如超出定额用量的 10% 时，可以按实调整。牺牲阳极和接地装置安装，已综合考虑了立式和平埋设，不得因埋设方式不同而进行调整。

（3）牺牲阳极定额中，每袋装入镁合金、铝合金、锌合金的数量按设计图纸确定。

9.3 刷油、防腐蚀、绝热工程的工程量清单计算规则

9.3.1 刷油工程

刷油工程工程量清单项目设置、项目特征描述的内容、计量单位及工程量计算规则，应按表9-1的规定执行。

刷油工程（编码：031201）

表9-1

项目编码	项目名称	项目特征	计量单位	工程量计算规则	工作内容
031201001	管道刷油	1. 除锈级别 2. 油漆品种 3. 涂刷遍数、漆膜厚度 4. 标志色方式、品种	1. m² 2. m	1. 以平方米计量，按设计图示表面积尺寸以面积计算 2. 以米计量，按设计图示尺寸以长度计算	1. 除锈 2. 调配、涂刷
031201002	设备与矩形管道刷油				
031201003	金属结构刷油	1. 除锈级别 2. 油漆品种 3. 结构类型 4. 涂刷遍数、漆膜厚度	1. m² 2. kg	1. 以平方米计量，按设计图示表面积尺寸以面积计算 2. 以千克计量，按金属结构的理论质量计算	
031201004	铸铁管、暖气片刷油	1. 除锈级别 2. 油漆品种 3. 涂刷遍数、漆膜厚度	1. m² 2. m	1. 以平方米计量，按设计图示表面积尺寸以面积计算 2. 以米计量，按设计图示尺寸以长度计算	
031201005	灰面刷油	1. 油漆品种 2. 涂刷遍数、漆膜厚度 3. 涂刷部位	m²	按设计图示表面积计算	调配、涂刷
031201006	布面刷油	1. 布面品种 2. 油漆品种 3. 涂刷遍数、漆膜厚度 4. 涂刷部位			

项目编码	项目名称	项目特征	计量单位	工程量计算规则	工作内容
031201007	气柜刷油	1. 除锈级别 2. 油漆品种 3. 涂刷遍数、漆膜厚度 4. 涂刷部位	m²	按设计图示表面积计算	1. 除锈 2. 调配、涂刷
031201008	玛琋脂面刷油	1. 除锈级别 2. 油漆品种 3. 涂刷遍数、漆膜厚度			调配、涂刷
031201009	喷漆	1. 除锈级别 2. 油漆品种 3. 涂刷遍数、漆膜厚度 4. 喷涂部位			1. 除锈 2. 调配、喷涂

注：1. 管道刷油以米计算，按图示中心线以延长米计算，不扣除附属构筑物、管件及阀门等所占长度。
　　2. 涂刷部位：指涂刷表面的部位，如设备、管道等部位。
　　3. 结构类型：指涂刷金属结构的类型，如一般钢结构、H型钢结构等类型。
　　4. 设备筒体、管道表面积：$S=\pi \times D \times L$，π—圆周率，D—直径，L—设备筒体高或管道延长米。
　　5. 设备筒体、管道表面积包括管件、阀门、法兰、人孔、管口凹凸部分。
　　6. 带封头的设备面积：$S=L \times \pi \times D+(D/2) \times \pi \times K \times N$，$K$—1.05，$N$—封头个数。

9.3.2 防腐蚀涂料工程

防腐蚀涂料工程工程量清单项目设置、项目特征描述的内容、计量单位及工程量计算规则，应按表9-2的规定执行。

防腐蚀涂料工程（编码：031202）　　　　　　　　　表9-2

项目编码	项目名称	项目特征	计量单位	工程量计算规则	工作内容
031202001	设备防腐蚀		m²	按设计图示表面积计算	
031202002	管道防腐蚀	1. 除锈级别 2. 涂刷（喷）品种 3. 分层内容 4. 涂刷（喷）遍数、漆膜厚度	1. m² 2. m	1. 以平方米计量，按设计图示表面积尺寸以面积计算 2. 以米计量，按设计图示尺寸以长度计算	1. 除锈 2. 调配、涂刷（喷）
031202003	一般钢结构防腐蚀		kg	按一般钢结构的理论质量计算	
031202004	管廊钢结构防腐蚀			按管廊钢结构的理论质量计算	

项目编码	项目名称	项目特征	计量单位	工程量计算规则	工作内容
031202005	防火涂料	1. 除锈级别 2. 涂刷（喷）品种 3. 涂刷（喷）遍数、漆膜厚度 4. 耐火极限（h） 5. 耐火厚度（mm）	m²	按设计图示表面积计算	1. 除锈 2. 调配、涂刷（喷）
031202006	H型钢制钢结构防腐蚀	1. 除锈级别 2. 涂刷（喷）品种 3. 分层内容 4. 涂刷（喷）遍数、漆膜厚度			
031202007	金属油罐内壁防静电				
031202008	埋地管道防腐蚀	1. 除锈级别 2. 刷缠品种 3. 分层内容 4. 刷缠遍数	1. m² 2. m	1. 以平方米计量，按设计图示表面积尺寸以面积计算 2. 以米计量，按设计图示尺寸以长度计算	1. 除锈 2. 刷油 3. 防腐蚀 4. 缠保护层
031202009	环氧煤沥青防腐蚀				1. 除锈 2. 涂刷、缠玻璃布
031202010	涂料聚合一次	1. 聚合类型 2. 聚合部位	m²	按设计图示表面积计算	聚合

注：1. 分层内容：指应注明每一层的内容，如底漆、中间漆、面漆及玻璃丝布等内容。
　　2. 如设计要求热固化需注明。
　　3. 设备筒体、管道表面积：$S=\pi \times D \times L$，π—圆周率，D—直径，L—设备筒体高或管道延长米。
　　4. 阀门表面积：$S=\pi \times D \times 2.5D \times K \times N$，$K$—1.05，$N$—阀门个数。
　　5. 弯头表面积：$S=\pi \times D \times 1.5D \times 2\pi \times N/B$，$N$—弯头个数，$B$值取定：90°弯头$B=4$；45°弯头$B=8$。
　　6. 法兰表面积：$S=\pi \times D \times 1.5D \times K \times N$，$K$—1.05，$N$—法兰个数。
　　7. 设备、管道法兰翻边面积：$S=\pi \times (D+A) \times A$，$A$—法兰翻边宽。
　　8. 带封头的设备面积：$S=\pi \times D \times L+ (D^2/2) \pi \times K \times N$，$K=1.5$，$N$—封头个数。
　　9. 计算设备、管道内壁防腐蚀工程量，当壁厚大于10mm时，按其内径计算；当壁厚小于10mm时，按其外径计算。

9.3.3 手工糊衬玻璃钢工程

手工糊衬玻璃钢工程工程量清单项目设置、项目特征描述的内容、计量单位及工程量计算规则，应按表9-3的规定执行。

手工糊衬玻璃钢工程（编码：031203） 表9-3

项目编码	项目名称	项目特征	计量单位	工程量计算规则	工作内容
031203001	碳钢设备糊衬	1. 除锈级别 2. 糊衬玻璃钢品种 3. 分层内容 4. 糊衬玻璃钢遍数	m²	按设计图示表面积计算	1. 除锈 2. 糊衬

项目编码	项目名称	项目特征	计量单位	工程量计算规则	工作内容
031203002	塑料管道增强糊衬	1. 糊衬玻璃钢品种 2. 分层内容 3. 糊衬玻璃钢遍数	m²	按设计图示表面积计算	糊衬
031203003	各种玻璃钢聚合	聚合次数			聚合

注：1. 如设计对胶液配合比、材料品种有特殊要求需说明。
　　2. 遍数指底漆、面漆、涂刮腻子、缠布层数。

9.3.4　橡胶板及塑料板衬里工程

橡胶板及塑料板衬里工程工程量清单项目设置、项目特征描述的内容、计量单位及工程量计算规则，应按表 9-4 的规定执行。

橡胶板及塑料板衬里工程（编码：031204）　　　　表 9-4

项目编码	项目名称	项目特征	计量单位	工程量计算规则	工作内容
031204001	塔、槽类设备衬里	1. 除锈级别 2. 衬里品种	m²	按图示表面积计算	1. 除锈 2. 刷浆贴衬、硫化、硬度检查
031204002	锥形设备衬里	3. 衬里层数 4. 设备直径			
031204003	多孔板衬里	1. 除锈级别 2. 衬里品种 3. 衬里层数			
031204004	管道衬里	1. 除锈级别 2. 衬里品种 3. 衬里层数 4. 管道规格			
031204005	阀门衬里	1. 除锈级别 2. 衬里品种 3. 衬里层数 4. 阀门规格			
031204006	管件衬里	1. 除锈级别 2. 衬里品种 3. 衬里层数 4. 名称、规格			
031204007	金属表面衬里	1. 除锈级别 2. 衬里品种 3. 衬里层数			1. 除锈 2. 刷浆贴衬

注：1. 热硫化橡胶板如设计要求采用特殊硫化处理需注明。
　　2. 塑料板搭接如设计要求采取焊接需注明。
　　3. 带有超过总面积15%衬里零件的贮槽、塔类设备需说明。

9.3.5 绝热工程

绝热工程工程量清单项目设置、项目特征描述的内容、计量单位及工程量计算规则，应按表9-5的规定执行。

绝热工程（编码：031208）   表9-5

项目编码	项目名称	项目特征	计量单位	工程量计算规则	工作内容
031208001	设备绝热	1. 绝热材料品种 2. 绝热厚度 3. 设备形式 4. 软木品种	m³	按图示表面积加绝热层厚度及调整系数计算	1. 安装 2. 软木制品安装
031208002	管道绝热	1. 绝热材料品种 2. 绝热厚度 3. 管道外径 4. 软木品种			
031208003	通风管道绝热	1. 绝热材料品种 2. 绝热厚度 3. 软木品种	1. m³ 2. m²	1. 以立方米计量，按图示表面积加绝热层厚度及调整系数计算 2. 以平方米计量，按图示表面积及调整系数计算	
031208004	阀门绝热	1. 绝热材料品种 2. 绝热厚度 3. 阀门规格	m³	按图示表面积加绝热层厚度及调整系数计算	安装
031208005	法兰绝热	1. 绝热材料品种 2. 绝热厚度 3. 法兰规格			
031208006	喷涂、涂抹	1. 材料 2. 厚度 3. 对象	m²	按图示表面积计算	喷涂、涂抹安装
031208007	防潮层、保护层	1. 材料 2. 厚度 3. 层数 4. 对象 5. 结构形式	1. m² 2. kg	1. 以平方米计量，按图示表面积加绝热层厚度及调整系数计算 2. 以千克计量，按图示金属结构质量计算	安装

项目编码	项目名称	项目特征	计量单位	工程量计算规则	工作内容
031208008	保温盒、保温托盘	名称	1. m² 2. kg	1. 以平方米计量，按图示表面积计算 2. 以千克计量，按图示金属结构质量计算	制作、安装

注：1. 设备形式指立式、卧式或球形。

2. 层数指一布二油、两布三油等。

3. 对象指设备、管道、通风管道、阀门、法兰、钢结构。

4. 结构形式指钢结构：一般钢结构、H 型钢制结构、管廊钢结构。

5. 如设计要求保温、保冷分层施工需注明。

6. 设备筒体、管道绝热工程量：$V=\pi\times(D+1.033\delta)\times1.033\delta\times L$，$\pi$—圆周率，$D$—直径，1.033—调整系数，$\delta$—绝热层厚度，$L$—设备筒体高或管道延长米。

7. 设备筒体、管道防潮和保护层工程量：$S=\pi\times(D+2.1\delta+0.0082)\times L$，2.1—调整系数，0.0082—捆扎线直径或钢带厚。

8. 单管伴热管、双管伴热管（管径相同，夹角小于 90°时）工程量：$D'=D_1+D_2+(10\sim20mm)$，D'—伴热管道综合值，D_1—主管道直径，D_2—伴热管道直径，10~20mm 为主管道与伴热管道之间的间隙。

9. 双管伴热（管径相同，夹角大于 90°时）工程量：$D'=D_1+1.5D_2+(10\sim20mm)$。

10. 双管伴热（管径不同，夹角小于 90°时）工程量：$D'=D_1+D_{伴大}+(10\sim20mm)$。将注 8、9、10 的 D' 代入注 6、7 公式即是伴热管道的绝热层、防潮层和保护层工程量。

11. 设备封头绝热工程量：$V=[(D+1.033\delta)/2]^2\times\pi\times1.033\delta\times1.5\times N$，$N$—设备封头个数。

12. 设备封头防潮和保护层工程量：$S=[(D+2.1\delta)/2]^2\times\pi\times1.033\delta\times1.5\times N$，$N$—设备封头个数。

13. 阀门绝热工程量：$V=\pi\times(D+1.033\delta)\times2.5D\times1.033\delta\times1.05\times N$，$N$—阀门个数。

14. 阀门防潮和保护层工程量：$S=\pi\times(D+2.1\delta)\times2.5D\times1.05\times N$，$N$—阀门个数。

15. 法兰绝热工程量：$V=\pi\times(D+1.033\delta)\times1.5D\times1.033\delta\times1.05\times N$，1.05—调整系数，$N$—法兰个数。

16. 法兰防潮和保护层工程量：$S=\pi\times(D+2.1\delta)\times1.5D\times1.05\times N$，$N$—法兰个数。

17. 弯头绝热工程量：$V=\pi\times(D+1.033\delta)\times1.5D\times2\pi\times1.033\delta\times N/B$，$N$—弯头个数；$B$ 值：90°弯头 $B=4$；45°弯头 $B=8$。

18. 弯头防潮和保护层工程量：$S=\pi\times(D+2.1\delta)\times1.5D\times2\pi\times N/B$，$N$—弯头个数；$B$ 值：90°弯头 $B=4$；45°弯头 $B=8$。

19. 拱顶罐封头绝热工程量：$V=2\pi r\times(h+1.033\delta)\times1.033\delta$。

20. 拱顶罐封头防潮和保护层工程量：$S=2\pi r\times(h+2.1\delta)$。

21. 绝热工程第二层（直径）工程量：$D=(D+2.1\delta)+0.0082$，以此类推。

22. 计算规则中调整系数按注中的系数执行。

23. 绝热工程前需除锈、刷油，应按刷油工程相关项目编码列项。

9.3.6 管道补口补伤工程

管道补口补伤工程工程量清单项目设置、项目特征描述的内容、计量单位及工程量计算规则，应按表 9-6 的规定执行。

管道补口补伤工程（编码：031209）　　　　表 9-6

项目编码	项目名称	项目特征	计量单位	工程量计算规则	工作内容
031209001	刷油	1. 除锈级别 2. 油漆品种 3. 涂刷遍数 4. 管外径	1. m² 2. 口	1. 以平方米计量，按设计图示尺寸以面积计算 2. 以口计量，按设计图示数量计算	1. 除锈、除油污 2. 涂刷
031209002	防腐蚀	1. 除锈级别 2. 材料 3. 管外径			

续表

项目编码	项目名称	项目特征	计量单位	工程量计算规则	工作内容
031209003	绝热	1. 绝热材料品种 2. 绝热厚度 3. 管外径	1. m² 2. 口	1. 以平方米计量，按设计图示尺寸以面积计算 2. 以口计量，按设计图示数量计算	安装
031209004	管道热缩套管	1. 除锈级别 2. 热缩管品种 3. 热缩管规格	m²	按图示表面积计算	1. 除锈 2. 涂刷

9.3.7 阴极保护及牺牲阳极

阴极保护及牺牲阳极工程量清单项目设置、项目特征描述的内容、计量单位及工程量计算规则，应按表9-7的规定执行。

阴极保护及牺牲阳极（编码：031210） 表9-7

项目编码	项目名称	项目特征	计量单位	工程量计算规则	工作内容
031210001	阴极保护	1. 仪表名称、型号 2. 检查头数量 3. 通电点数量 4. 电缆材质、规格、数量 5. 调试类别	站	按图示数量计算	1. 电气仪表安装 2. 检查头、通电点制作安装 3. 焊点绝缘防腐 4. 电缆敷设 5. 系统调试
031210002	阳极保护	1. 废钻杆规格、数量 2. 均压线材质、数量 3. 阳极材质、规格	个		1. 挖、填土 2. 废钻杆敷设 3. 均压线敷设 4. 阳极安装
031210003	牺牲阳极	材质、袋装数量			1. 挖、填土 2. 合金棒安装 3. 焊点绝缘防腐

9.3.8 相关问题及说明

（1）刷油、防腐蚀、绝热工程适用于新建、扩建项目中的设备、管道、金属结构等的刷油、防腐蚀、绝热工程。

（2）一般钢结构（包括吊架、支架、托架、梯子、栏杆、平台）、管廊钢结构以kg为计量单位；大于400mm型钢及H型钢制结构以m²为计量单位，按展开面积计算。

（3）由钢管组成的金属结构的刷油按管道刷油相关项目编码，由钢板组成的金属结构的刷油按H型钢刷油相关项目编码。

（4）矩形设备衬里按最小边长塔、槽类设备衬里相关项目编码。

9.4 刷油、防腐蚀、绝热工程预算编制实例

【例1】某焊接钢管,管径 $DN100$(外径为114mm),管长50m,保温材料为聚氨酯泡沫塑料,厚度 $\delta=50mm$,保护层为玻璃丝布,试计算该管除锈、刷油、绝热及保护层工程量。

【解】需计算的工程量既可查附录,也可利用公式计算,下面用公式计算工程量。

1. 除锈、刷油工程量

$$S=\pi \times D \times L=3.14 \times 0.114 \times 50=17.898m^2$$

2. 绝热工程量

$$V=\pi \times L(D+1.033\delta) \times 1.033\delta=3.14 \times 50 \times (0.114+1.033 \times 0.05) \times 1.033 \times 0.05$$
$$=1.343m^3$$

3. 保护层工程量

$$S=\pi \times L(D+2.1\delta+0.0082)=3.14 \times 50 \times (0.114+2.1 \times 0.05+0.0082)=35.67m^2$$

则该管除锈、刷油面积为 $17.898m^2$,绝热工程量为 $1.343m^3$,保护层工程量为 $35.67m^2$。

分部分项工程量清单见表9-8。

分部分项工程量清单　　　　　　　　　　　　　　　　　　　　表9-8

序号	项目编码	项目名称	项目特征描述	计量单位	工程量
1	031201001001	管道刷油	1. 除锈级别:中锈 2. 油漆品种:醇酸调合漆 3. 遍数:2	m^2	17.90
2	031208002001	管道绝热	1. 材料:聚氨酯泡沫塑料 2. 厚度:50mm 3. 管道外径:114mm	m^3	1.34
3	031208007001	保护层	1. 材料:玻璃丝布 2. 层数:2	m^2	35.67

习　题

1. 试计算第一章第五节例1排水铸铁管除锈、刷油工程量(该排水铸铁管除锈后,刷两道沥青漆)。

2. 试计算第三章第五节例1和例2中(1)散热器、焊接钢管及支架除锈工程量;(2)若散热器、焊接钢管和支架除锈后均刷二道红丹防锈漆和一道银粉漆,计算刷漆工程量;(3)若焊接钢管保温层为岩棉管壳,厚度为50mm,保护层为玻璃丝布,计算地沟内管道保温层和保护层工程量。

3. 试计算第四章第五节例2和例3中风管保温工程量(保温材料为岩棉,厚度为50mm)。

参 考 文 献

［1］《建设工程工程量清单计价规范》GB 50500—2013［S］. 北京：中国计划出版社，2013.

［2］《通用安装工程工程量计算规范》GB 50856—2013［S］. 北京：中国计划出版社，2013.

［3］规范编制组. 2013 建设工程计价计量规范辅导［S］. 北京：中国计划出版社，2013.

［4］《建筑给水排水制图标准》GB/T 50106—2010［S］. 北京：中国建筑工业出版社，2010.

［5］《暖通空调制图标准》GB/T 50114—2010［S］. 北京：中国建筑工业出版社，2011.

［6］中国建筑标准设计研究院. 建筑电气工程设计常用图形和文字符号 09DX001［S］. 北京：中国计划出版社，2010.

［7］丁云飞. 安装工程预算与工程量清单计价［M］. 北京：化学工业出版社，2005.

［8］周国藩. 给水排水、暖通、空调、燃气及防腐绝热工程概预算编制典型实例手册［M］. 北京：机械工业出版社，2002.

［9］工程量清单计价编制与典型实例应用图解安装工程（上下册）［M］. 北京：中国建材工业出版社，2005.

［10］电气工程造价员一本通［M］. 哈尔滨：哈尔滨工程大学出版社，2008.

［11］给水排水、采暖、燃气工程造价员一本通［M］. 哈尔滨：哈尔滨工程大学出版社，2008.

［12］安装工程［M］. 天津：天津大学出版社，2009.

［13］符康利. 建筑及安装工程施工图预算速算手册［M］. 长春：吉林科学出版社，1995

［14］刘庆山. 建筑安装工程预算（第二版）［M］. 北京：机械工业出版社，2004.

［15］全国统一安装工程预算定额（第二册）电气设备安装工程 GYD—202—2000［S］. 北京：中国计划出版社，2001.

［16］全国统一安装工程预算定额（第六册）工业管道工程 GYD—206—2000［S］. 北京：中国计划出版社，2001.

［17］全国统一安装工程预算定额（第七册）消防及安全防范设备安装工程 GYD—207—2000［S］. 北京：中国计划出版社，2001.

［18］全国统一安装工程预算定额（第八册）给排水、采暖、燃气工程 GYD—208—2000［S］. 北京：中国计划出版社，2001.

［19］全国统一安装工程预算定额（第九册）通风空调工程 GYD—209—2000［S］. 北京：中国计划出版社，2001.

［20］陈宪仁. 水电安装工程预算与定额［M］. 北京：中国建筑工业出版社，2003.

［21］宋景智. 电气工程工程量清单计价［M］. 北京：中国建筑工业出版社，2008.

［22］房志勇. 工程造价案例分析复习精析［M］. 北京：中国建筑工业出版社，2009.

［23］建筑施工企业关键岗位技能图解系列丛书预算员［M］. 哈尔滨：哈尔滨工程大学出版社，2008.

［24］工程造价员网校. 安装工程工程量清单分部分项计价与预算定额计价对照实例详解［M］. 北京：中国建筑工业出版社，2009.

［25］工业管道工程造价员一本通［M］. 哈尔滨：哈尔滨工程大学出版社，2008.

［26］马松玲. 建筑电气工程施工技术与质量控制［M］. 北京：机械工业出版社，2009.

［27］何伟良，王佳，杨娜. 建筑电气工程识图与实例［M］. 北京：机械工业出版社，2008.

［28］ 何增勤，王亦虹.2010 年版全国造价工程师执业资格考试应试指南 工程造价案例分析 ［M］. 北京：中国计划出版社，2010.

［29］《智能建筑工程施工规范》GB 50606—2010 ［S］. 北京：中国计划出版社，2010.

［30］《智能建筑工程质量验收规范》GB 50339—2013 ［S］. 北京：中国计划出版社，2014.

［31］ 信息产业部电子工程标准定额站. 全国统一安装工程预算定额（第十三册）建筑智能化系统设备安装工程预算手册 ［M］. 北京：中国计划出版社，2004.

［32］ 苑辉，莫骄等. 智能建筑工程造价员一本通 ［M］. 哈尔滨：哈尔滨工程大学出版社，2008.

［33］ 沈从周，游浩. 建筑工程设计施工系列图集 智能建筑工程 ［M］. 北京：中国建材工业出版社，2003.

［34］ 鲁功诚. 现代智能建筑系统设计、施工技术与工程图集 ［M］. 北京：中国建筑出版社，2005.